JN434214

Healing & Horticultural

허브뜨락에서의

힐링 원예 I

김남순 · 양영자

허브뜨락에서 함께하는 허브식구들은 수년 동안에 걸쳐 이곳의 토양과 기후에 적응된 종류들이다. 바질, 세이지, 캐모마일, 멜로, 펜넬 등 외국에서 도입된 종류들도 있지만 전통적인 향료 허브 종류들도 함께 재배되고 있다. 허브뜨락의 허브들은 물론 차로 이용되기도 하지만 주로 활용하는 것은 '허브비니거'이다. 허브뜨락에서 직접 재배한 신선한 허브를 와인비니거 혹은 사과식초에 넣어 만든 것으로 많은 방문객들의 호평을 받고 있다.

교육과학사

프롤로그

조용하던 창밖에서 풀벌레 소리들이 요란해진다.

잠자던 풀벌레들이 일어나는 시각이 된 듯하다.

요즈음은 4시에서 5시 사이가 되면 요란스러워 진다.

유난히 귀뚜라미 소리는 크게 들리는 듯하다.

상쾌한 새벽공기가 방 안으로 스며든다.

밤낮 가리지 않고 기승을 부리던 폭염은 간 데조차 없다.

엊그제 입추가 지났으니 가을인가 보다.

읽던 책을 펴 들고 밖을 내다보니 이미 훤해 보인다.

문득 '오늘은 무엇을 하지' 하는 생각이 떠오른다.

허브뜨락이 한눈에 들어온다.

며칠 전에 옮겨 심은 비파나무는 잘 있을까?

블루베리는 다 익었을까?

뜨락 앞에 크고 있는 바질과 삼채는 얼마나 자랐을까?

어느새 아내와 나는 누가 먼저랄 것도 없이 작업복을 주섬주섬 입고 있다.

그리고 발길은 벌써, 우리들의 놀이터, 원예 체험장 앞에 와 있다.

정성들여 삽목해 둔 수국들의 푸른 모습을 보니 활착률이 매우 높을 듯하다.

두 달 전, 월남 다낭의 어느 맘씨 좋은 커피가게 주인한테 얻어다 심은 커피나무는 발아가 잘 되어 키가 훌쩍 커 있다.

생명의 신비스러움을 실감한다.

여기저기 식물 식구들과 이야기하다 보니 벌써 8시에 가까워졌다.

아침 식사를 할 시각이다.

매일 반복되는 허브뜨락의 아침 시간이다.

생로병사는 운명적으로 피할 수 없다 치더라도, 살아가는 동안 건강하게 살고 싶어 하는 것은 모두의 소망이다. 그리고 '건강한 삶'을 위하여 수단과 방법을 고민하는 것 또한 공통적이고, 기본적인 욕구일 것이다.

우리들 또한 마찬가지이다.

지난 17년 동안 우리들은 허브뜨락에서 많은 식물 식구들과 함께 살아왔다.

처음에는 그저 취미 삼아 시작한 일이다.

그러나 어느새 그들은 동고동락하는 집안 식구가 되어 있었다.

처음 시작할 때, 어떻게 하면 식물들을 잘 보살펴 줄 것인가를 생각하던 나와 아내는 이미 식물 식구들로부터 많은 것을 배우고 있음을 알아차렸다.

생각 끝에 붓을 들었다.

그동안의 우리가 식물 식구들로부터 배운 것들을 함께 공유하자는 생각이었다.

내친 김에 인간과 식물들이 함께 살아온 역사를 살펴보았고, 앞으로 어떻게 살아야 할 것인가에 대해서도 생각해 보았다.

물론 허브뜨락의 많은 식물 식구들을 통해서이다.

우리 주변에 수많은 보물들, 식물 식구들이 있음을 새삼스럽게 깨닫게 되었고, 그들을 통해서 행복을 알게 되었다.

"인간은 아는 만큼 보인다"라고 한다.

신비롭고 아름답고 유익한 식물세계에 대해서 아는 만큼 우리들의 삶에 대한 이해도 깊어진다. 상상을 초월하는 식물의 세계를 들여다보면서 스스로 감탄하고 즐거워하고, 감사하면서 생명에 대한 신비로움도, 각자에 대한 자중감을 갖기도 하고, 때로는 겸손을 배우기도 한다. 삶의 가치를 터득하기도 하고 생활의 즐거움을 느끼기도 한다. 바로 이것이 식물 가족들과 함께하는 즐거움이다.

본 서의 내용은 크게 두 개의 장으로 구성되어 있는데 첫 장에서는 식물과 인간이 함께해 온 역사를 더듬어 보았다.

두 번째 장에서는 허브뜨락의 식물들을 소개하는 내용이다. 7개의 소 영역으로 구성되어 있는데, 허브, 정원식물, 과수류, 수중식물, 채소류 그리고 약초식물과 밀원식물들에 대한 소개이다.

물론 여기에 소개되는 식물들은 우리 허브뜨락 안에 있는 식물들만을 소개한 것이며 극히 일부에 지나지 않는 종류들이다.

힐링을 자연 생태환경을 통한 정신적 돌봄이라 한다면 웰빙은 식물들을 통한 좋은 먹을거리를 챙기는 일이다.

힐링과 웰빙은 조금만 부지런을 떨면 일상생활에서 얼마든지 가능한 일이다.

가장 중요한 것은 관심과 소통이다. 나의 몸에 대한 마음의 관심, 내 마음에 대한 몸의 관심으로부터 시작하여 주변의 사람과 생명체들에 대한 관심과 소통이다.

허브뜨락의 식물들, 즉 우리 지근에서 쉽게 찾을 수 있고, 대화할 수 있고, 먹을 수 있는 방법들을 소개한 것이다.

그렇게 하기 위해서는 역할의 분담이 필요했다. 끊임없이 꽃과 나무 그리고 허브의 활용방법과 내용에 대하여 해박한 지식을 가진 아내의 도움이 절실했다.

결국 긴밀한 협력을 통해 내용을 정리하게 되었다.

아무쪼록, 우리들을 진정 행복하게 해 줄 수 있는 소중한 인류의 자원, 가장 근접해 있는 우리들의 진정한 벗들, 식물 식구들과 가까이 할 수 있는 계기가 되면 좋겠다.

그래서 맑고 깨끗한 물과 공기 속에서, 사람과 사람 그리고 사람과 식물들과의 진정한 대화를 나누면서 삶을 새롭게 조명하는 일, 새로운 가치를 창조하는 일 그리고 스스로 삶의 질을 향상시키는 데 작은 보탬이 되기를 기원한다.

2017년 8월 15일 허브뜨락에서 김남순, 양영자

Contents

Part_ 2

허브뜨락의 '365' 식물 식구들 77

Part_ 1
인간의 영원한 친구 '식물'

식물들은 인간의 오랜 친구들이다.

그들은 지구촌에서 인간과 생사고락을 함께해온 우정 어린 친구들이며 인간이 이 지구상에 오래도록 존재할 수 있었던 것도, 만물의 영장으로 군림할 수 있도록 한 것도, 식물들의 공이 크다.

식물들은 인간의 생명을 보존하는 데 필수적인 먹을거리일 뿐 아니라 생각하고, 행동하도록 하는 바탕을 만들어 주었다.

사람들은 자신의 생명을 유지·보존하기 위하여 지구상에 존재하는 동·식물과 균류는 물론 심지어는 무생물들에 이르기까지 자신의 먹거리로 삼아 왔다. 하지만 먹이사슬 관계에서 자신의 세포와 엽록소만으로 광합성 작용을 하고, 독립적으로 생활하는 '식물'

을 유별나게 아끼고 사랑한 것은 인간에게 도움을 주는 생명체들이었기 때문이다.

배가 고플 때, 아무런 저항 없이 자신의 몸을 기꺼이 내주는 식물들, 지근 거리에서 손쉽게 찾아낼 수 있는 먹거리가 바로 식물들이다. 누군가에게는 '어떻게 좀 더 맛있고, 영양가 있게 먹을 것인가'를 고민하게 만드는 대상이 되기도 했다.

이제는 좀 더 예쁘고 향이 나는 식물, 약이 되는 식물들 그리고 어떻게 우아하게 먹을 것인가를 생각하게 하면서, 인간의 두뇌를 다른 생명체들이 상상하기 어려운 수준으로 빠르게 진화시켜 왔다.

인류의 역사는 결국 식물들과 불가분의 관계라는 점이다.

민속식물학(Ethnobotany)에서는 "전통적인 사회로부터 시작하여 과거 또는 현재 사람들에 이르기까지 식물과 인간의 관계를 과학적으로 규명하려고" 노력하고 있으며 원예학자들은 인간에게 이로운 새로운 식물을 만들어 내기 위해 노력하고 있다. 식물경제학(Economic botany)자들은 "식물이 지닌 인간에게 유용하다고 생각되는 경제적 가치를 찾아내고 이를 경제화"하려고 애쓰고 있으며, 첨단을 달리는 미항공우주국 나사에서는 우주공간, 또는 다른 어떤 혹성에서 식물 재배를 꿈꾸고 있다.

식물과 인간이 만들어 내는 세상은 경이로운 세상이며 가장 평화롭고 아름다운 세상이라고 믿기 때문이다.

1. 인간과 생사고락을 함께하는 친구 '식물'의 세계

인류의 출현과 발전과정에 대한 시각을 우리는 인류의 발전사라 한다. 역사란 과거에 있었던 사실들을 역사가가 조사하여 객관적으로 재구성한 것이며, 과거의 사람들이 남긴 기록물이나 유물, 유적들이 그 자료로 활용된다.

이와 같은 역사를 기술하고 학습하는 목적은 현재에 대한 이해뿐 아니라, 과거를 통해서 우리의 현재 위치를 파악하면서 삶의 지혜와 문제 해결의 실마리를 찾아 궁극적으로는 올바른 삶의 자세와 방향을 찾고자 하는 것이다.

식물을 통해 살펴보는 인류의 역사적 발자취는 "우리가 사는 지구촌에 생명체와 인류의 출현은 어디서부터이고, 지금 지구상에 존재하고 있는 나 자신은 과연 누구이며, 나의 조상의 조상은 누구인가"에 대하여 식물이라는 존재를 중심으로 밝혀진 사실들을 근거로 인류의 삶을 추정해보자는 것이다.

1) 인류와 식물은 영원히 존재할 수 있을까?

일상에서 끊임없이 제기되는 의문의 하나는 "지구촌에서 인류의 삶은 영원할 수 있을까"이다.

만약 지구상에 인류의 종말이 온다면 그것은 왜이고, 인류의 삶과 함께해온 식물들은 어떠할까를 생각한다.

지난 1974년에는 에티오피아에서 320만 년 된 인류의 화석이 발견되어 루시(Lucy)라는 이름이 붙여졌는데, 이를 근거로 추정하는 인간은 오스트랄로피테쿠스 아파렌시스, 즉 '남방의 원숭이'라는 의미의 사람이었고, 이를 인류의 시작으로 보았다.

390만 년 전부터 살아온 인간이다. 지금과는 사뭇 다른 모양일 것이다. 당연히 그들의 먹이는 지금의 원숭이들과 비슷한 것들이며, 날것이고 매우 거친 것들로 추정할 수 있다.

일부의 원숭이들이 끊임없는 생각을 하면서 그리고 행동으로 옮기면서 그 후 '곧선 사람'이라는 뜻의 호모 에렉투스, 그리고 호모 네안데르탈렌시스를 거치면서 호모 사피엔스, 즉 '슬기로운 사람'이라는 뜻의 인간으로 출현된 것은 약 20만 년 전으로 추정한다.

원숭이에서 인간으로의 진화에 소요된 시간은 약 370만 년이라는 것이다. 그러나 인간은 인간의 생각과 행동으로는 어찌할 수 없는 '혹독한 빙하기'가 도래함으로써 생태환경에 무릎을 꿇어야 했다. 길게 잡아 19만 년 동안의 긴 빙하기가 끝나고, 지금부터 약 1만 2천 년 전 인간이 살아갈 수 있는 온화한 기후가 시작되면서 약 1만 년 전부터는 '신석기 시대'가 시작된다.

혹독한 빙하기의 경험들은 인간의 체내에는 새로운 유전인자로 축적되었고, 이를 바탕으로 움집이라는 편리하고 새로운 주거를 만들어 냈을 것이다.

움집이라는 정착된 삶은 많은 변화를 가져오는데, 함께 더불어 살아가는 삶과 농경과 목축 생활을 하면서 자연생태계에는 무한

한 힘이 있음을 깨닫게 된다. 해, 달, 강, 산, 동물, 큰 나무 등 모든 사물에 영혼이 있다고 믿는 "애니미즘"의 출현이다. 스스로 나약함을 인정하면서 무엇인가에 의존하고 싶어 하는 생각의 결과이며 동시에 스스로 강인해지고 싶은 욕구가 표현된 것이다.

그 후 신석기와 구석기 시대를 거쳐 청동기를 활용하고 도시국가를 형성하기 시작한 것은 기원전 3500년경으로, 자연상태의 먹잇감들만을 먹고 살아가는 삶으로부터 벗어나 저장하고, 가공하는 기술이 개발되었다.

인류의 발전과정에서 어림잡아 320만 년 동안, 좀 더 구체적으로는 소위 슬기로운 사람이라고 호칭되는 호모사피엔스 이후 사람들은 자신의 생명을 유지하기 위하여 끊임없이 생태계의 식물들과 새로운 관계를 맺어온 것이다.

허브뜨락에 들어와 "허브뜨락을 어떻게 그리고 왜 만들어야 하는가?"에 대한 질문과 대답을 끊임없이 해 왔다. 마치 나의 삶을 어떻게 살 것인가에 대해 자문자답하는 것처럼, 그러나 그러한 생각들은 허브뜨락의 각종 수목들과의 대화를 통해서 자연스럽게 답을 찾아낼 수 있었다.

각각 식물들의 과거사를 살펴보고, 그리고 우리 삶에 어떻게 활용할 것인가를 생각하는 과정에서 나오는 자연스러운 답이었다.

허브뜨락은 나의 과거와 현재 그리고 미래에 대한 표상이 되었다. 허브뜨락의 각기 다른 식물들을 보면서 나는 왜 그리고 무엇이 다른 사람들과 다른 점이고 동일한 점이며, 내가 지닌 특수성들은 어디로부터 연원한 것인가에 대하여 허브뜨락의 식물들을 매체로 좀 더 깊이 생각하게 되었다.

인간은 자연 생태계의 생명체들과 밀접한 관계 속에서 출현되었고 함께 공존하는 운명체임도 잘 알고 있다. 그러나 인간은 과학이라는 발명품들을 활용하기 시작하면서 모든 것이 인간의 전유물인 것처럼 착각의 세계로 급속하게 전락하기 시작했다.

자연이 인간에 의해 파괴되고, 탈취와 착취가 거듭되고 공존과 협력은 경쟁과 투쟁으로 변화되면서 결국 '평화로운 공존상태'가 깨지기 시작했다.

행복하고 건강한 삶이 '자연'으로부터 만들어져 나온다는 사실과 그리고 언젠가 우리는 다시 자연으로 돌아가야 할 운명이라는 사실조차도 망각하고 있는 것처럼 살아가고 있다. 그리고 그러한 결과는 고스란히 갈등과 불안 그리고 질병으로 연결되고 있다.

우리는 자연과의 진실한 새로운 참만남을 가져야 한다.

자연을 통해서 진정한 삶의 질을 높이는 지혜를 터득해야 한다.

자연을 통해서 얻어내는 지혜는 생명을 살리는 길이며, 세상에 존재하는 모든 것들이 함께 조화를 이루면서 평화를 만들어 내는 길이라는 진리를 알아야 한다.

원예활동이란 마치 자연 속에 잠자고 있는 보물창고 속의 자연자원들을 어떻게 평화롭고 행복한 삶으로 연계할 것인가를 생각하는 활동이다.

2) 인류의 출현에 대한 시각들

인류의 출현은 곧 자연과 생명체와의 만남이다.

지구의 출현, 생명체의 출현 그리고 인류의 출현에 대한 확실한 근거들은 존재하지 않는다. 단지 추정할 뿐이다.

창조이론을 대표하는 밀러(Miller, S.: 1930~2007)와 유리(Urey, H.: 1893~1981)는 '전기방전에 의해서 무기물이 유기물로 합성되는 실험'에서 인류의 기원을 찾아낸다.

탈레스(Thales, 기원전 640?-546?)는 우주의 최초의 물질은 '기체, 물 또는 습기'라는 시각에서 출발한다.

만물의 근원은 물이고, 그러한 물은 모든 생물의 씨와 영양분 속에 들어 있고, 어떠한 생명체도 물이 없이는 살 수 없다는 것이 곧 탈레스의 물활론이다.

최근에는 우주의 진화 과정 자체를 계층구조, 즉 홀아키holarchy라고 주장하는 아서 케슬러(Koestler, A.: 1967) 이론도 눈길을 끌고 있다.

홀아키란 전체(holos)와 부분(-on)을 함께 뜻하는 'holon(홀론)'과 위계를 의미하는 '-archy'의 합성어이다(Koestler, 1967).

자연에서 진화하는 생명의 구조는 이전의 하위 구조를 바탕으로 새로운 이후의 상위 구조로 초월하려는 포월적 전개과정을 가진다. 따라서 현재의 인류는 137억 년 동안 진화한 이 우주의 구조와 패턴들이 함께 녹아 있으면서, 동시에 다음 세대의 새로운 인류 발전의 밑거름이 되고 있는 과정상의 존재라고 본다.

리처드 리키의 아프리카 기원설도 이와 비슷한 내용이다.

그는 오늘날의 우리 인류가 누구이며 어디에서 왔는가에 대한 대답을 찾기 위해 뜨거운 아프리카 사막과 유럽의 구석기 동굴 속을 뒤져 인류 조상의 흔적을 찾아냈고, 이를 바탕으로 극단의 진화론이나 창조론적 시각을 벗어나 호미니드 화석으로부터 인류발전의 대장정을 설명한 것이다. 마치 걷지 못해 기어 다니던 신생아가 점차 두 발로 일어서고 걷는, 미숙한 존재로부터 점차 단순한 옹알이와 엄마와 아빠라는 단어를 사용하고, 필요에 따른 말과 행동을 익혀 나가는 것처럼 인류는 그동안 직립 보행으로 멈추지 않았고, 말을 멈추지 않으면서 오늘의 인류가 된 것이라는 주장이다.

리처드 리키의 책, 〈인류의 기원(The Origin of Humankind)〉은 자신이 지닌 원초적인 '인류의 기원과 발전'에 대한 의구심을 풀어가는 과정이며, 현대인들이 공통적으로 품고 있는 의문의 하나인 우리들의 원래의 모습을 추적해보고, 그리고 미래의 우리들의 모습을 추정해 가는 시각이라는 점에서 왜 우리는 우리의 뿌리를 논의하는가에 대한 가치를 암시해준다.

3) 인류문명의 발전

불가사의한 인류문화의 발상지 수메르인들은 털가죽이 아닌 직조물을 입고 다녔다는 사실은 매우 의미 있는 역사적 사실이다.

그러나 그처럼 찬란했던 메소포타미아의 핵심지 수메르가 망한 것은 지극히 단순한 생태환경의 문제이었다. 수메르 땅이 염분의 증가로 인하여 농업 생산력이 급속하게 감소하였기 때문이었다.

기원전 2000년 전부터 상상하기 어려울 만큼 민주적 법체계인 노동자를 보호하는 노동법규가 있었고, 선거를 통해 왕을 선출했으며, 같은 시대의 다른 문명권에서 가공되지 않은 털가죽을 입었던 것과는 달리 직조물을 사용한 의복을 입고 생활한 수메르인들이었다. 고급의 문명화된 삶을 유지하던 수메르인들도 가뭄의 연속으로 농업용수의 증발량이 많아지면서 염분으로 가득 찬 물은 농업용수로 사용하기에 부적합하였고, 농작물 재배를 어렵게 하면서 그들은 다른 어디론가 농작물을 재배할 수 있는 새로운 개척지를 향해 발걸음의 방향을 돌릴수 밖에 없었다. 자연환경의 위력 앞에서 나약한 존재의 민낯을 보여준 것이다.

메소포타미아란 그리스어로 강 사이라는 뜻인데, 유프라테스강과 티그리스강 사이와 그 주변부, 즉 오늘날 이라크의 바그다드와 바스라(Basrah) 중간 위치이다.

라르사(Larsa), 우룩(Uruk), 우르(Ur) 등이 유프라테스강 주류에 위치해 있었으며, B.C. 4200년경에 우바이드 사람들이 거주하던 우룩에 기원전 3500년부터는 새로운 문화, 또는 토착적인 우바이드 문화의 진화된 특징이 나타나기 시작했다.

문양이 있는 화병과 토기, 재산의 소유권을 표시하는 원통형 인장(cylinder seal)의 발달 그리고 B.C. 3200년경의 설형문자가 출현되었다.

수메르의 운하들은 농업용수로로는 물론 교역로로서 중요시되어 수메르문명의 5대 중심지가 되었다. 그들의 삶에서 찾아볼 수 있는 특징의 하나는 신에 대한 믿음이었다.

우룩은 하늘의 신 아누(Anu)와 사랑의 신 에-아나(E-Anna)라는 두 신에게 헌정되었고, 사랑의 여신 에-아나에게 바쳐질 아름다운 사원의 정원들이 만들어진다.

기원전 4000년 말 즈음에는 우룩에 그림문자도 출현한다.

르곤 왕조에 의해 B.C. 2300년 무렵 점령당했던 에블라(Ebla, 북부 시리아 지역) 유적에서는 15,000여 개의 토판이 발견되었다.

대부분 농업생산과 관련된 것들로 정착된 거주형태와 삶의 도구 그리고 신과 인간 간의 관계를 이어주는 일들과 관련된 것들이었다.

이처럼 메소포타미아는 기원전 7000년부터 수메르 지방에서 수메르문명을 발전시켜왔으며, 이는 이집트문명과 인더스문명 사이에서 농업을 중심으로 하는 광범위한 문명을 출현시킨 곳이다.

또 다른 하나의 불가사의한 인류의 역사는 이집트문명이다.

이집트의 피라미드는 지금부터 약 4500년 전에 축조된 거대하고 웅장한 인류문명의 유적이라 한다면, 세상을 놀라게 하는 또 다른 하나는 아주 작고 섬세하게 만들어진 꽃병이다. 거대한 피라미드와 섬세한 꽃병은 그들의 삶을 상징적으로 표현한 것이다. 작은 꽃병은 당시 사람들이 꽃을 사랑하는 정서적 수준의 상징이다.

이집트 제3왕조시대의 조세르 왕(기원전 2650년)이 만든 것으로 계단식 피라미드의 아랫부분에 있는 방에서 발견되었으며 그 방에 있던 약 3만개 이상의 용기들 중의 일부이었다.

밀이나 아마와 같은 곡식들을 담거나 식기로 사용하는 용기들과 함께 키는 크고 길고 갸름하며 우아한 목을 지닌 매우 정교하면서도 만들기 힘든 돌을 파서 만든 꽃병이었다. 이처럼 섬세함과 우아함을 추구하는 마음과 기술이 누적되어 피라미드를 만들어 내는 기술로 발전했다는 것이다.

이집트인들은 이미 4600여 년 전에 꽃을 재배하고, 꽃병을 만들어 즐기는 우아하고 격조 높은 삶을 즐길 줄 아는 사람들이었다. 그러나 그들 또한 위대한 자연환경 앞에서 한 방울의 아침 이슬과 다를 바 없이 역사의 뒤안길로 감춰졌다.

4) 신의 출현과 자연과학을 이용하는 인류의 노력

고대 시대의 혁혁한 인류문명의 발전은 불가사의한 것이었다.

신의 등장 이후 점차 문자의 사용과 과학 문명을 활용하는 농업경영은 새로운 문명사회로 진전된다.

수메르인은 매해 봄마다 수태 준비를 마친 대지에 씨를 뿌린 뒤 탐무즈의 부활제를 올렸다.

탐무즈를 성장의 신으로 그리고 대지의 여신이 탐하는 남성적인 힘의 상징으로서 숭배하면서 풍년을 기원하는 것이다.

대지의 수태처럼 인간의 수태도 마찬가지이었다. 그러나 수메르인들이 믿었던 신은 그들의 기원을 저버렸다.

오랜 가뭄으로 되돌려 준 것이다. 인류문명은 그러한 신의 저버림을 극복하기 위한 대안을 찾아내기 시작한다.

인류발전의 중심이 된 전문화의 시작이었다.

전문화의 특징은 누군가는 다른 누구에 비하여 신으로부터 부여받은 특별한 재능을 지니고 있다는 것을 믿고 신뢰하는 일이었다.

다시 말하면 비를 내리게 하는 힘은 신이 아니라 곧 자연현상이며, 그러한 일을 전문적으로 예측하는 능력을 지닌 천문학자들이 등장하였고, 인간의 아픔의 문제를 해결하는 것 또한 신이 아닌 의사라는 전문가들이라는 생각이 나타난 것이다.

결국 신의 영역은 점차 좁아지고 그러한 일을 대신하는 전문가들이 속속 등장하면서 급속하게 전문화된 사회로의 전환이 이뤄지기 시작한 것이다.

원예활동이라는 영역에서 마냥 신비스럽게 생각하던 자연 속의 식물들이 점차 새로운 종을 개발하는 원예학자들이 출현하였고, 신의 영역으로 생각하던 크고 맛이 좋은 먹을거리들이 인간의 노력으로 만들어지기 시작했다.

이집트의 나일 강변에서 괄목할 만한 일들이 발생한다.

비옥해진 옥토를 중심으로 농업이 발달하면서 더 많은 농작물을 수확하고 관리하기 위하여 성학(星學), 역학, 수학, 토목학 등이 발달한 것이다.

영혼과 악귀와 주문을 통해서 신비스러운 문제들을 해결하던 삶에서 점차 과학적인 방법들이 등장하기 시작한 것이다.

신 중심의 삶과 사고를 벗어나 경험적·합리적 사고를 바탕으로 한 새로운 철학사조의 등장과 자연과 소통을 위한 노력은 점차 체계를 갖추기 시작했다.

이를 대표하는 피타고라스는 일월성신(日月星辰)은 우주의 중앙에 위치하는 원화(原火)를 중심으로 회전한다는 천체원형설(天體圓形說)을 논리적으로 설명하였다.

만물은 사원소, 즉 불, 물, 흙, 공기로 구성되어있으며, 그것은 온·습·건·한의 네 가지 기본 특성을 가지고 있고, 이들은 생성도 소멸이 아닌 결합과 분리에 따른 변화가 있을 뿐이라고 주장했다. 결국 보이지 않는 신비스러운 자연현상에 대한 새로운 과학적 사고의 출발이 된 것이다.

이집트인들은 이와 같은 원리들을 이해하고 수용하면서 새로운 작물 재배방법과 기술을 찾아내고, 새로운 종자를 찾아내면서 삶의 방법과 질이 달라지기 시작한 것이다.

아직은 원시적이지만 주변의 식물들을 중심으로 한 원예활동과 원예치료의 방법과 기술도 개발되기 시작했다.

자연 상태에서 인간의 삶은 점차 일정한 지역에 거주하고, 농경으로 비교적 안정된 생활을 하면서 미래를 준비하는 생활, 즉 생산된 농산물을 저장하는 문제가 자연스럽게 등장하면서 물물교환 형태에서 화폐라는 편리한 도구가 만들어진다.

파피루스에 기록된 바에 따르면 인류발전과정에서 이미 기원전 9000년 전에 물물교환 형태가 시작되었다. 그리고 그 후 기원전 3000년 전부터는 일부 지역들에서 소금, 조개 껍질, 동물의 뼈, 곡물 등을 물물교환으로 사용하다가 그 후 곡물 그 자체를 물품화폐로서의 사용했을 뿐 아니라 점차 곡물을 담는 항아리 그리고 직물로 그 역할을 대신하였다.

인간을 사용한 최초의 금속화폐는 기원전 700년경으로 거슬러 올라가 엘렉트럼 코인이라는 자연합금의 불규칙한 모양의 화폐가 등장한다.

지금의 터키 지역에 위치한 리디아 왕국의 주화인 엘렉트럼 코인은 금과 은을 섞어 콩 모양으로 만들어진 화폐이며, 무게나 크기가 불규칙하고 어떤 표시도 없는 모양이었다.

아라비아와 아시아 지역 간에 가죽이나 금 혹은 구리 등과 장식에 필요한 물건들을 사용하는 교환제도에서 좀 더 세련된 화폐 형태의 교환제도가 나타난 것은 1290년경 중국에서 그리고 구체적인 종이화폐가 등장한 것은 1661년 스페인에서이다.

그러나 특이한 것은 화폐와 농업과의 관계이다.

세계에서 가장 오래된 금속화폐는 기원전 7세기경 중국의 춘추시대 말부터 전국시대의 말기까지 사용된 포전과 도전이다.

도전은 칼 그리고 포전은 삽과 농기구의 상징적 형태이었다.

포전에는 일족의 이름과 만든 장소 그리고 무게가 기록되어 있었으며, 이처럼 농기구를 모방한 화폐의 활용은 풍요로움을 기원하는 농경사회의 발달을 의미한다. 화폐는 교환과 매매는 물론 물건의 가치척도로서의 기능을 가졌을 뿐 아니라 자원의 비축 수단으로 활용됨으로써 물질적 '욕망'이라는 인간의 잠재되어 있던 기본적인 욕구를 자극하는 심리적 변화를 만들어 준 것이다.

그날그날 먹고사는 형태의 삶에서 미래를 위한 준비라는 개념이 만들어진 것이고, 그러한 미래의 준비는 자신의 미래로부터 자식을 위한 미래의 준비로 확대되면서 축재와 인간의 사회 · 경제적 계층을 만드는 계기가 된다.

5) 르네상스와 산업화와 과학기술의 발전

한동안 찬란했던 메소포타미아 문명과 이집트 문명은 신이라는 이름으로 포장된 종교의 베일 속으로 숨어버린다. 모든 것이 신에 의해서이고 신을 위하여만 존재의 가치를 가지게 했다. 그러나 새로운 종교에 대한 다른 신념들과 인간에 대한 철학적 인식의 계몽사상의 출현 그리고 과학기술의 발전은 그러한 베일을 벗겨내기 시작했다.

특히 인간의 이성에 대한 시각, 지능의 발달, 심리학의 발달 등은 새로운 인간에 대한 시각을 만들어 주었고, 생명에 대한 신비로움이 점차 과학기술 앞에서 안개처럼 서서히 벗겨져 노출되기 시작했다. 14세기부터 16세기에 걸쳐 이탈리아를 중심으로, 나중에는 전 유럽에 걸쳐 일어난 인류문명사에서 획기적인 전환점이 된 르네상스 운동이다. 프랑스어의 renaissance, 이탈리아어의 rina scenza, rinascimento 어원은 학문 또는 예술의 재생 · 부활이라는 의미를 가지고 있으며, 이는 고대 그리스 · 로마 문화를 부흥시킴으로써 새 문화를 창출해 내려는 운동이었다.

고대의 찬란했던 문명이 중세로 접어들면서 신의 그늘 속으로 혹은 신의 종속물로 전락하면서 어둠 속에서 헤매던 인간의 사고와 지능을 일깨워 준 것이다.

르네상스 운동은 학문 또는 예술의 재생 혹은 사상 · 문학 · 미술 · 건축 등에서 일어난 복고운동으로 중요한 핵심은 인간의 지적 · 창조적 힘의 부흥, 인간성의 해방과 인간의 재발견, 그리고 합리적인 사유(思惟)와 생활태도의 길을 열어 준 근대문화의 선구라고 볼 수 있다. 단절된 과거와의 소통, 즉 고대시대와의 소통이다. 멈추어버린 인류문명은 시칠리아섬, 스페인 등을 중심으로 아랍인들과 소통하면서 그들이 보존하고 있던 고대의 문서들이 라틴어로 번역되어 나왔다. 옥스퍼드 대학을 포함한 50여 개의 대학들이 1400년대에 들어서 유럽에 세워지면서 그리스 수학자 유클리드의 학문이 재조명되어 수학교육의 기본이 되었고, 인도에서 고안된 새로운 숫자체계와 소수점, 0의 개념이 구축되었다.

여기에 1450년경에 만들어진 인쇄기 발명은 축적된 문명을 대중화하는 중요한 계기가 되었다. 그리고 르네상스운동은 권력의 배분과 대중적 삶의 질을 향상시켰다.

성지를 되찾고자 시작된 십자군 원정은 동서양의 통로를 만들었고, 무역을 통해 부를 축적한 상인들은 점차 문화예술발전의 기초를 만들었다.

이탈리아를 중심으로 형성된 대규모 상업도시와 윤택한 시민생활은 건축, 음악, 조각, 회화, 문학 등 생활 전반에 걸쳐 확산되었고, 이들 분야에서 새로운 창조적 표현 양식으로 발전되고, 대중화되어 나갔다.

식물과 인간의 교류는 새로운 영역으로 확산되었다. 생명체에 대한 분류가 체계화되었고 새로운 종들이 개발되기 시작했다.

그러나 1780년대 증기기관의 발명으로 공장생산이 시작되면서 농업 중심의 삶의 축은 공업 중심으로 바뀌기 시작했다.

소위 제1차 산업혁명의 도래이었다. 그리고 100년이 지난 1870년대 전기를 이용한 대량생산체제가 이루어지면서 제2차 산업혁명기 그리고 다시 100년이 지난 1970년대 컴퓨터와 네트워크로 정보화시대를 연 3차 산업혁명으로 이어져 왔다.

이와 같은 인류문명의 발달은 이제 상상을 초월하는 새로운 고도화된 제4차 산업의 시대로 접어들고 있다.

사이버 물리 시스템(CPS: Cyber Physical Systems) 기술을 토대로 탄생한 제4차 산업혁명은 사물 인터넷, 클라우드 컴퓨팅, 인공지능, 빅데이터, 3D 프린팅, 생명공학 등 첨단 정보통신 기술을 활용하여 모든 사물들의 지능화와 초연결을 지향한다. 따라서 기존 산업혁명에 비해 제4차 산업혁명의 속도와 범위, 시스템에 끼치는 영향은 매우 크다. 2016년 세계 경제 포럼(WEF: World Economic Forum)에서는 현존하는 직업의 절반이 사라지고 그 역할을 인공지능이 담당할 것이라는 추측과 로봇으로부터 인간이 지배를 받는 시대가 도래할 것이라는 예측도 나오고 있다.

전통적인 자립생활중심의 농업은 기계 기술의 발전으로 대량생산체제로 전환되면서 이제는 첨단 과학기술이 융·복합하여 고부가가치를 창출하는 미래의 산업으로서 생산과 여가 그리고 건강한 삶을 살아가도록 하는 생명산업으로서 자리 잡아가고 있다.

농장에 정보통신기술(ICT)을 접목해 각종 정보를 수집·분석하고 자동으로 최적의 환경을 조성하는 스마트 팜은 첨단온실 및 축사, 식물공장, 정밀농업 트랙터 등 다양한 형태로 발전하면서 동시에 즐기는 여가활동으로 자리 잡고 있다.

4차 산업혁명으로서의 농업은 '먹는 농업', '보는 농업', '생명농업', '신소재농업', '관광농업' 등 미래성장 산업으로 지칭되고, 농업과 정보통신, 환경, 생명공학과 의학, 교육학 등이 융·복합된 새로운 패턴으로서의 원예산업을 만들어 내고 있다.

4차 산업혁명으로서의 원예활동은 인력부족과 고령화의 위기를 극복하고 국민들에게 매력적인 일터이자 쉼터를 제공하게 될 것이다.

2. 현대인과 원예 활동

봄기운이 가시고 여름 냄새가 짙게 풍기는 6월의 아침 풍경은 유달리 아름답다. 갖가지 꽃들이 피어나고 온갖 색깔과 향기를 머금고 있다가 토해내는 장미 향기는 오감을 자극하기에 충분하다. 그럼에도 불구하고 이처럼 아름다운 색과 감미로운 향을 얼마나 많은 사람들이 진정 즐길 수 있을까?

1) 현대사회와 인간의 갈등

현대사회, 현대인, 그들은 누구이고, 그들의 삶에서 갈등의 문제는 무엇인가.

21세기를 살아가는 현대인들에게 정보화, 즉 컴퓨터와 통신기술의 발전은 현대사회를 대변하는 가장 상징적인 의미가 되었다. 빠른 속도로 변화하는 사회의 흐름에 핵심을 이루는 정보통신기술은 상상을 초월하는 많은 양의 정보를 시 · 공간을 초월하여 신속하게 처리되고 전달 · 공급함으로써 삶의 질과 양을 크게 변화시켜가고 있다.

미국의 저술가이자 미래학자인 앨빈 토플러는 이와 같은 사회를 지식정보화 사회라고 지적하면서 미래를 그렇게 예견했으며, 지식정보화사회라는 그의 주장은 매우 정확한 것이었다.

뒤돌아보면 농경사회에서 농촌은 사람들이 모이는 곳이었다.

농사일을 하다가 새참을 먹기 위해 빙 둘러앉은 곳에서는 온갖 식물의 경작방법과 수확량, 마을의 대소사가 논의되었고 바쁜 농번기를 도와주는 '두레'라는 공동체를 만들어 내었다.

어린 시절 모내기철이 되면 들판에는 온통 사람들로 북적였다.

그러나 산업사회의 등장은 농촌 사람들을 공장 사람들로 변화시켰다. 많은 농촌의 일들이 기계로 대치되면서 남는 일손들은 부가가치가 높은 공장의 산업일꾼들로 변화시킨 것이다.

공장 주변에는 언제나 사람들이 들끓던 농번기 때의 농촌처럼 사람들로 붐벼 있었다. 그러한 산업사회의 물결이 다시 자동화된 기계시스템과 그리고 다양한 로봇들이 등장하기 시작하면서 새로운 사회상으로 변모하고 있다. 소위 지식 · 정보화사회라는 이름으로, 지식과 정보가 있는 곳으로 몰려가고 있다.

건강생활, 여가활용에 대하여 배움의 열기로 가득한 노인교실, 컴퓨터 기술과 컴퓨터를 활용하여 새로운 지식과 정보를 배우려는 주부들, 육아방법을 배우려는 신혼 주부, 취업에 필요한 정보와 지식을 습득하기 위한 젊은이들은 대학과 취업 고시원으로 몰려들어, 이와 같은 교육장들은 어디를 막론하고 사람들로 들끓고 있다.

평생학습사회를 실감 나게 한다. 남녀노소를 막론하고 모두가 틈만 나면 교수–학습의 장으로 몰려들고 있기 때문이다.

이와 같은 지식정보화 사회는 몇 가지 특징을 가지고 있다.

시간과 공간의 개념이 달라졌다.

사람, 물자, 정보, 자본, 미디어 등의 신속한 흐름과 이동은 과거와 현재와 미래 간의 개념, 밤과 낮의 개념이 모호해지고, 그곳과 이곳 그리고 저곳의 개념, 국가와 지역 간 심지어는 지구와 우주간의 공간개념 마저 초월하는 삶으로 변화되고 있다.

혼성(Hybrid)과 융합(Convergence)을 통한 새로운 질서가 나타나고 있다. 지식정보화사회에서 살아남는 것과, 사라져 버리는 것들의 기준은 지식과 정보를 새롭게 창출하는 능력과 그것을 생활 속에 활용하는 역량의 유무이다.

농경사회에서의 토지와 육체적 건강, 산업사회에서의 대량생산체제의 기계화된 기술이 그러하였던 것처럼 현대사회에서의 지식과 정보와 관련된 역량은 모든 것들을 새롭게 융·복합화하고 새로운 질서를 찾아가는 과정이 되었다.

농부의 개념은 종래의 땅 파고 밭을 일구어 종자를 뿌려 농산물을 생산하는 사람이 아니라 생산은 물론 필요에 따라 다양하게 가공하고, 판매하며, 생산과 가공의 기술을 교육하는 융·복합화된 일을 하는 사람이며, 그들의 작업 공간은 농장만이 아니라 인터넷이 연결되어있고 가공기계가 설치된 모든 곳이 농부의 일터가 되었다.

상상을 초월하는 고층건물과, 초고속의 인터넷은 지구촌을 한마을로 변화시켜 가고 있다.

인간 지능의 한계를 벗어난 로봇을 만들고 있으며, 지구를 벗어나 새로운 삶의 터를 마련하기 위한 우주선이 날아들고 있다.

마치 정보화시대 속에서 다양한 언어와 문화와 사상과 이념조차도 보편화되어가고 하나의 체제, 즉 지식과 정보통신에 의한 지식정보화 시대로의 전환이 꿈이나 환상을 현실로 바꾸어 놓는 듯한, 인류의 이상사회가 실현되고 있는 것처럼 보이고 있다.

2) 인간의 삶과 질병

풍요롭고 고도로 발달된 지식정보 사회 속에서 현대인들은 과연 행복한가? 만약 그렇지 않다면 그 이유는 무엇일까. 그리고 물질문명의 발달이 인간의 행복과 반비례한다는 생각들은 왜 일어나는 것일까?

아마도 이것은 현대인이기 때문이 아니라 인간이 태곳적부터 지닌 본능일지도 모르는 일이다.

고대 시대는 고대 시대 나름대로의 문제가 있듯이 오늘날 현대사회는 현대 사회 나름대로 어려움과 문제를 지니고 있다.

물질문명의 발전과 행복한 삶은 별개의 것이며, 행복은 인간본질의 욕구와 갈등의 조절능력에서 만들어진다.

그동안 문명사회로의 전환을 위한 끊임없는 노력들은 말 그대로 이상사회, 꿈의 동산을 만들어 놓았다.

공장에서 만들어지는 공산품들–옷, 신발, 각종 가전도구와 시설 등–은 필요 이상으로 생산되고 세상을 마치 휘황찬란한 지상낙원처럼 보여주고 있다. 시공간을 초월하는 정보 통신은 마치 지구촌을 하나의 작은 마을로 착각하게 하고 있으며 인간의 사상과 이념의 자유는 어떠한 규제들도 인간 이상의 위에서 군림할 수 없는 것처럼 인간 지상최대주의로 나타나고 있다.

그럼에도 불구하고 사람들에게 평화로움과 만족감을 가져다주기보다는 더 큰 욕망을 추구하고, 스스로를 파괴하는 도구로 전락되어 자연생태계의 파괴와 훼손을 불러오고 있다.

자연생태계에서의 괴란은 사람들과 사람들 간의 사회구조와 계층구조에서도 마찬가지이다. 자연스럽게 인식되고 수용되던 연령이나 성, 역할 수행 역량 등에 준거한 계층구조는 점차 새로운 문명의 이기들을 사용하는 능력에 따라 재편되어가고 있다.

이처럼 농경사회로부터 산업혁명 그리고 지식정보화사회를 거치면서 나타난 풍요롭고 편리한 문명사회로의 변화는 새로운 문명의 이기로 만들어진 풍요로운 의식주, 편리한 일상생활을 가져다주었음에도 불구하고, 가공할 만한 기계문명의 발달과 지나친 인간의 욕구로 인하여 자연생태계의 파괴로 이어지고, 각종 새로운 질병의 발생, 상대적 빈곤감으로 불안과 갈등을 만들어 내고 있다.

특히 자연생태계의 파괴와 그에 대한 불안은 가중, 가속화되고 있다. 전통적인 사회계층구조의 파괴에 설상가상으로 나타나는 자연 생태계와의 갈등은 매우 불안한 미래를 예고하고 있으며 다양하고 심각한 질병들로 그 징후를 보여주고 있다. 결국 홍수와 가뭄, 지진 등과 같은 자연재해가 빈번해지면서 먹이사슬이 파괴되고, 균형과 조화가 상실되어가고 있다.

이와 같은 자연재해의 원인은 대부분 인위적인 것–새로운 간척지, 도시와 도로 개설을 포함하여 자동차와 공장매연 등–에서 비롯된 것이다. 생태계를 파괴하는 인위적인 요인들은 인간이 살아가는데 피할 수 없는 이유들보다 지나친 욕심으로부터 연유된 것이며, 스스로 또 다른 재앙을 초래하고 궁극적으로는 인간의 생명을 위협하는 요인들로 부메랑이 되어 돌아온다.

3) 인간과 원예활동

인간이란 생각하는 동물이다.

일상생활에서 다가오는 신체적 고통이나 불편함을 느끼게 될 때, 누구나 '왜 힘들까', '왜 고통스럽고 불편할까'라는 생각을 하게 마련이며, 어떻게 하면 불편함을 해소하고 고통으로부터 스스로를 벗어나게 할 것인가를 생각하도록 되어있다.

다시 말하면 불편함과 고통이라는 문제는 곧 새로운 창조로 인류발전의 단초를 만들어 낸 것이다.

불편함과 고통이란 편함이나 평화로움의 반대되는 말이며, 인간이 편안하고 평화롭다는 것은 몸과 마음이 안정된 상태이고 어떤 일을 해 나가는 데 편리하고 안락함을 의미한다.

이와 같은 편안함과 평화로움이 인간의 질병으로부터의 해방이라 한다면 편리함은 일상생활에서 다양한 과학기술의 발달에

터한 기계와 기술문명의 발달로 만들어졌고, 그와 같은 편리함이 과체중, 필수영양 결핍, 운동 부족 등으로 이어지면서 때로는 생명을 위협하는 중대한 질병과 인간의 면역체계의 약화를 초래하고 있다.

설상가상으로 고급의 과학과 기술의 발달은 때때로 인간의 가장 지근거리에 있는 먹을거리들을 오염되고 변형된 유전자를 만들어 내는 데 사용되기도 했다.

흙과 물, 공기의 오염은 곧 먹거리로 이어지고 이는 곧 인간의 질병으로 이어지는 바람직하지 못한 현실을 이해하면서 사람들은 식물로부터 새로운 길을 찾고 있다.

마치 현대화된 과학과 기술이 전무한 인류 발전의 초기 상태로의 복귀를 의미하는 새로운 르네상스운동이다.

스스로 생명을 유지하기 위한 수단으로서 먹을 수 있는 식물들을 선택하고, 재배하면서 자연과 살아가는 것이다.

현대화된 기술은 최소화된 범위 내에서 활용하고 땅으로부터 무리한 요구를 하지 않는 삶, 자연이 주는 혜택이 무엇인지를 깨닫고 감사할 줄 알아야 하고, 진정 필요한 삶의 지혜를 자연으로부터 배워야 한다는 인식들이 점차 확산되면서 새로운 변화가 나타나고 있다. 이것이 인간과 자연, 자연과 인간이 함께하는 원예활동이다.

4) 원예활동의 개념과 가치

원래 어원상 원예(園藝, horticulture)란 라틴어의 'hortus'(garden, enclose : 둘러싸임)와 'cultura'(culture : 재배, 가꾸기)라는 말의 합성어이며, 일정한 둘러싸인 공간 속에서 가꾸는 것을 의미한다.

둘러싸인 일정한 공간에서 무엇을 그리고 왜 가꾸느냐에 따라서 원예활동의 정의는 크게 달라진다.

가장 일상적인 의미의 원예는 일정한 울타리 안에서 먹을 수 있는 식물들을 가꾸는 것, 즉 가장 전통적인 개념의 원예활동이다.

1678년 처음으로 'horticulture'라는 용어가 사용되기 시작했는데, 이는 '개인이 소유한 땅에서 먹을거리를 가꾸는 것'이라는 의미이었다.

원시시대의 먹을거리들은 기장, 피와 같은 곡물류들을 포함하여 야생의 원예작물들, 쑥, 알리움(allium)의 일종인 달래, 산마늘 등이었다는 기록들이 있으나 현대사회에는 오히려 보호지역을 상징하는 울타리 혹은 일정한 공간 안에서 보고 즐기기 위한 목적으로서의 원예활동에 중심을 두고 있다.

채전이라는 의미, 즉 채소원예는 점차 과수와 화훼원예라는 새로운 영역으로 확대되면서 일정한 공간이 확대되었고 그 기능과 역할이 격조 있고, 여유로운 여가활동으로 변화된 것이다.

화훼원예는 식물의 꽃과 줄기 그리고 잎과 열매 등 식물의 일체를 감상하는 데 도움을 줄 뿐만 아니라 때로는 식용과 가공품으로 활용할 수 있다는 점에서 점차 사람들의 관심의 대상이 되었고, 특히 지배계층들은 일반 서민들과 차별화하는 중요한 수단으로서 활용하기도 했다.

전통적으로 채전이란 '개인이 소유한 땅에서 먹을거리를 가꾸는 곳'이면서 동시에 정신적 위안과 편안함을 주는 활동의 장이었고, 때로는 '한'을 풀어내는 곳으로서 활용되었다. 자신의 마음속에 뭉쳐있는 한을 풀어 내면서 혼잣말을 하기도 하고, 속삭이듯 노래도 불렀으며, 다른 여인들과의 내밀한 이야기들도 나누면서 정신적 위로를 받고, 스트레스를 풀어 건강을 유지하고 질병을 예방하는 공간으로 활용되어왔다. 이는 흡사 현대인들에게 절실하게 필요한 심신의 휴식처이고 갈등과 스트레스를 풀어주는 일종의 노래방이고 명상센터이며 치유의 공간과 같은 곳이었다.

원예활동의 영역은 보는 시각에 따라 다양하게 구분된다.

이를테면 일정한 공간 안에 어떤 작물을 식재하느냐에 따라서 채소원예, 화훼원예 그리고 과수원예활동으로 구분된다.

원예활동의 목적에 따라서 생산원예와 생활원예로 구분하기도 한다. 생산원예는 이윤을 추구하고 전문적인 기술과 방법들을 동원하는 원예활동이라 한다면 생활원예는 이윤을 추구하지 않으며 아마추어적으로 취미활동으로 이루어지는 원예활동이다.

때문에 생산원예는 농촌에서 식량과 사료 그리고 약재, 의상, 원료 등을 집중적으로 전문성을 가지고 생산함으로써 경제적 이익 창출을 목적으로 하는 반면 생활원예는 생활 주변에서 원예식물들을 관상용으로 재배하거나 취미 혹은 오락 혹은 건강과 관련하여 질병의 예방과 치료를 위한 활동을 목적으로 이루어진다.

산업 구조적 측면에서 1차 산업으로서의 원예활동은 주로 식량과 동물의 사료, 약재, 의상, 원료 등을 직접 생산하는 산업으로서의 원예활동이라 한다면, 2차 산업으로서의 원예활동은 공기의 정화, 기후조절, 침식, 홍수 방지 등과 같은 생태환경보호로서의 원예활동, 혹은 건물환경(옥상 혹은 벽면 녹화)과 방음 및 방풍 등을 목적으로 이루어지는 원예활동, 그리고 1차 산업으로서의 원예활동으로 생산된 제품들을 가공하여 활용하도록 하는 각종 원예 가공 산업이 여기에 포함된다.

3차 산업으로서의 원예는 1, 2차 산업과는 달리 원예활동의 목적이 정서안정이나 각종 질병 등과 관련된 치료활동 그리고 자연생태에 대한 교육활동과 휴식 및 오락 그리고 여가선용 등 매우 광범위하게 활용되는 새로운 영역으로서의 원예활동이다.

최근 들어 제6차 산업으로서의 원예가 각광받는 새로운 영역으로 나타나고 있는데 이는 제1차, 2차, 3차 산업으로서의 원예활동을 포함하여 원예활동으로 생산된 모든 생산품들을 가공하거나 유통하고 판매하는 상업적 활동은 물론 원예활동을 교육과 정서함양, 질병의 예방과 치료활동 등으로 생산과 실 생활에서 일어나는 모든 활동들을 총체적으로 동시에 이루어지도록 하는 신생 원예활동이다.

원예활동의 가치는 매우 다양하다.

일상생활에 필요한 에너지, 영양공급원으로서의 원예는 원예활동을 통해서 얻어지는 채소, 과일 그리고 화훼 등 다양한 식물들이 그 자체로 지니고 있는 다양한 영양분–인체에 필요한 영양소와 비타민 종류, 각종 칼슘 · 인 · 철 · 요오드 등 무기질, 셀룰로오스 등–을 사람에게 공급해주며, 이는 인간의 생명과 보건에 직결되는 가치로 볼 수 있다.

경제 활동의 수단으로서의 원예활동은 대량생산체제를 통해 다양하고 신선한 먹을거리와 보고 즐길 거리를 공급함으로서 경제적 가치를 창출하는 수단으로 활용되고 있다.

여가활동으로서의 원예활동은 과학기술문명의 발달에 따른 소득수준의 향상, 여가시간의 증대에 따른 심리적 · 정서적 안녕을 중요시한다. 때문에 사람과 다른 생명체들의 생명의 소중함을 강조하며, 여유와 즐거움과 그리고 관계를 강조한다.

인간과 자연의 관계로부터 인간과 인간의 혈연 · 가족관계는 물론 일과 지역사회 등의 관계형성에 필요한 매개물이 된다.

원예활동은 식물들의 이름을 아는 즐거움을 줄 뿐 아니라 세상에 존재하는 것들 각자의 특수성을 이해하고 가치를 존중할 줄 아는 기회를 만들어 준다.

3. 원예활동과 원예치료

1) 인간의 질병과 식물

편리하고 물질적으로 풍요로워진 현대사회는 그와 역행하는 나약한 심신, 새로운 질병들로 새로운 과제에 봉착해 있다. 이러한 와중에 식물, 자연과의 관계를 중시하면서 그 해결의 실마리를 원예활동에서 찾는 사람들이 많아지고 있음은 매우 바람직한 대안이라고 여겨진다.

식물이 인간의 질병과 관계를 가지기 시작한 것은 고대시대 이전의 원시적인 삶에서부터이다. 그동안 축적된 식물과 인간의 질병에 대한 경험적 지식들은 고도로 발달된 현대의학에서조차도 유용한 자료로 이용되고 있다. 그 중요한 이유는 인간과 식물간의 깊은 관계성에서 비롯된 것이다. 살아가는 데 가장 중요한 먹을거리의 대부분을 차지하고 보고 즐기는 생활의 기본 바탕을 제공해 주기 때문이다.

원예활동과 인간의 질병관계는 추구하는 목적에서 특성을 갖는다. 경제적 이익 창출이나 취미활동의 차원을 넘어서 특정한 식물을 재배하거나 재배활동을 통해 질병을 치료하기 위한 것이다.

채전에 발을 들여놓는 사람의 마음은 어쩌면 극과 극의 차이를 나타내게 할지도 모른다. 어떤 경우에는 채소의 경작을 위하여 움직이는 육체적 활동은 말 그대로 노동이며 스트레스의 원인이 된다. 생산에 따른 경제적 보상에, 스스로에 대한 심리적 만족감 조차도 적다면 이는 말 그대로 고달픈 노동이며 그에 따른 육체적 피로감, 노동의 대가로 주어지는 자신에 대한 낮은 보상의 수준은 결국 심신의 고달픔으로 나타나게 될 것이다.

그러나 어떤 질병의 치료 혹은 취미로서의 원예활동은 이와는 전혀 다른 양상으로 나타난다. 스스로 선택했다는 점에서 모든 식물들은 관심의 대상이 된다.

관심을 갖는다는 것은 흥미를 유발할 수 있음을 의미하며 흥미 속에서 각각의 식물 개체들의 새로움을 발견하게 될 것이다. 식물에 대한 관심과 새로움의 발견은 결국 삶의 의미를 인식하는 근거들이 되면서 자연스럽게 쌓인 스트레스나 피로감을 경감시켜 주는 긍정적 효과를 가져다줄 것이다.

이처럼 원예활동은 고달픔과 갈등을 만들어 내는 노동으로부터 벗어나 새로운 가치를 창조해 주는 창조의 매개체로 돌변하게 되고, 이는 곧 건강한 생활, 때로는 치료의 효과를 가져다준다.

스트레스를 만들어 주는 활동이 아니라 스트레스가 무엇인지조차 망각하게 해 주는 대상이 되어버린다.

원예활동을 통해 얻어지는 건강과 관련된 효과가 체계적으로 연구되기 시작한 것은 최근의 일이다. 이를테면 식물을 가꾸거나 가공하는 과정을 포함하여 정원 가꾸기 등으로 연령, 배경, 능력에 상관없이 그리고 약물이나 수술 없이 신체적, 정신적 병리를 개선시키는 효과들이 원예치료라는 이름으로 나타나기 시작했다.

원예치료(Horticultural Therapy)에서 치료(治療)란 상처나 병을 낫게 하는 일이라는 의미에서 원예활동을 이용하여 각종 질병을 낫게 하는 것을 의미한다. 그러나 좀 더 구체적으로 치료와 치유를 구분한다면 "치료"란 제3자가 개입해서 질병의 증상을 없애는 일이라는 개념이며, "치유(Healing)"란 스스로 자신의 질병의 발병 원인을 제거하여 증상을 없애는 개념으로 많이 활용한다.

전통적으로 한국의 여인들은 채전 형태의 원예활동을 통해 자신의 "한"을 풀어왔다. 상추와 아욱을 가꾸면서, 옥수수를 따면서 나름대로 쾌감을 느끼기도하고 약자의 입장에서 강자로 상징되는 나물을 송두리째 캐내 버리기도 했다. 때문인지 자살도 거의 없었고, 암이라는 병도 많지 않았다.

분명한 치유활동이다.

그러나 많은 현대인들은 그와 같은 채전이 없다. 아예 무엇인지도 모른다. 왜 식물이 중요하고 어떻게 키워야 하는지도 모르는 사람들이 많아지고 있다. 그러나 사회구조상 스트레스, 즉 소위 "한"은 더 많아지고 있다. 누군가의 도움이 필요하다.

이처럼 누군가의 도움으로 원예활동을 이용한 신체, 정신, 영적 개선을 도모한다면 이는 분명한 치료활동이라고 정의할 수 있다.

그러나 중요한 것은 아무리 원예활동을 통한 치료, 즉 제3자인 전문가의 도움을 필요로 한다 하더라도 결국 치료의 대상이 스스로 문제를 해소하고자 하는 의지와 자율적 활동이 중요하다는 의미에서 원예활동을 통한 치유와 치료는 불가분의 관계가 될 것이다.

다음은 신체, 정신, 영적 개선이란 무엇인가의 문제이다.

하바드 의과대학의 허버트 벤슨(Herbet Benson) 교수에 따르면 오늘날 병원을 찾는 환자의 80% 정도가 스트레스나 기타 심리적인 이유로 병이 발생한 환자라고 한다.

일반적인 원예치료의 대상은 스트레스나 기타 심리적인 이유로 일어난 질병들을 대상으로 한다. 질병을 치료하는 개념으로서의 원예치료는 탈자연화에 따른 문제를 해결하는 방법이다.

원예치료는 자연상태의 생물체들을 활용하여 산업사회에서 나약해진 심신을 회복하는 데 활용하는 원예활동을 말한다.

원예치료는 가까운 생활 장면에서 손쉽게 '나'는 누구인가를 원예활동을 통해 재발견하는 기회를 만들어 주기도 하고, 원예활동을 통해서 생명체에 대한 새로운 시각을 가지고 자신을 돌아보기도 하면서 자신의 새로운 삶의 목표와 가치를 올바르게 설정할 수 있다.

인간과 원예식물들과의 공통점과 차이점을 이해하면서 존재의 소중함을 찾아내기도 한다. 이러한 노력들은 나와 다른 사람들 간의 차이가 무엇이고, 궁극적으로는 함께 더불어 살아가는 사회 속에서 내가 나와 그리고 더불어 사는 생태계와 다른 사람들을 위해서 무엇을 더 잘 할 수 있는가를 찾아냄으로써 생명의 소중함을 인식해 가면서 자연스럽게 치유의 효과를 가져온다.

2) 원예치료의 발전과정

원예활동이 원예치료라는 구체적인 용어로 사용되기 시작한 것은 최근의 일이지만 일상생활에서 치료적 개념의 원예활동은 고대시대부터 시작되었다. 기원전 4000년경 바빌로니아에서는 환자에 대한 치료를 의사가 아닌 시장 사람들이 행하였다.

그들은 환자가 생기면 시장 길가에 갖다 놓고, 지나는 사람들이 아픈 데를 묻고, 같은 병을 앓았거나 비슷한 병을 앓은 사람에게 물어 환자에게 어떤 약을 쓰라고 권하는 방법을 이용했다.

아편(opium)이나 대마(大麻), 감초근(甘草根) 등의 내용약초(內用藥草)를 이용하거나, 호마유(胡麻油)를 주성분으로 한 외용약의 활용이었다. 그리고 점차 마사지, 목욕, 관장 등의 방법이 포함되었으며, 이러한 내용들은 함무라비 법전에 설명되고 있다.

이집트의 경우도 예외는 아니다.

임호텝은 기원전 2900년경의 제3왕조의 파라오, 도저 왕의 장관이며 고승이었으며, 최초의 의사이었다. 그의 질병과 치료에 관한 경험과 관찰을 토대로 하는 합리적인 고대 이집트 의술들이 파피루스 두루마리에 기록되었다. 다양한 식물들을 포함한 500종류 이상의 물질을 써서 만든 876종의 처방이 기록되어 있으며, 다양한 식물들, 이를테면 구충제로는 석류 열매, 해충, 싸리풀을 사용하며, 겨드랑이의 악취를 없애기 위하여 과일과 계피 등으로 만든 약을 처방하여 활용했다.

아이리스 꽃과 민트 등은 소금과 후추 등과 배합하여 치주병 예방약으로 활용되었다. 이는 현대 의학에서도 아이리스 꽃에는 치주병 예방성분이 포함되어 있음을 확인할 수 있다.

피라미드를 건설하는 데 인부들에게 마늘과 서양무, 양파 등을 공급하여 그들로 하여금 전염병을 예방하고 항생물질이 강화되도록 하였다.

이처럼 고대의 이집트인들은 이집트에서 나오는 원예식물을 이용하거나 주변의 자연상태의 자료들을 가지고 인간의 건강 여부를 살펴보거나 예방 혹은 치료방법으로 활용했다.

고대 인도의 원예치료는 괄목할만한 내용이다.

5천 년 전부터 아유르베다라는 인도의 전통의학이 활용되었다. 산스크리트어로 생명을 의미하는 '아유르(ayur)'와 지식을 의미하는 '베다(veda)'라는 두 단어가 결합한 '아유르베다'는 '생명의 과학'을 의미하는데, 일상적인 삶을 통해서 질병을 예방하고 치유하는 식이 요법과 생활 습관을 통한 신체와 정신 그리고 의식의 균형을 추구하는 방법이었다. 인도의 아유르베다는 전염병이나 유전병을 제외한 일반적인 질병은 인체에 축적된 체내 독소가 발달되어 생기는 경우가 대부분이라고 생각하고, 자연 속에 숨어 있는 지혜를 이용하여 병의 원인이 되는 체내 독소를 배출시키는 것이 치료 의학의 원리이다.

아유르베다 의학의 기본 원리는 '인간=작은 우주'이며, 이 작은 우주는 에테르(허공), 흙, 물, 불, 공기의 5가지 요소로 구성되어 있다고 본다.

인간은 체질이론에 바탕을 두고 바타(Vata), 피타(Pitta), 카파(Kapha)로 구분되는 체질로 나뉘며, 인간에게 공기, 담즙, 점액이 생활의 3요소인데, 노인에서는 공기, 중년에서는 담즙, 소아에서는 점액이 주된 위치를 차지하고 있으며, 병은 이 3체액의 손실 또는 과다로 나타난다고 믿었다.

모든 음식은 장에서 유미(乳糜)가 되고, 유미는 간, 비장에서 혈액이 되고, 혈액은 변하여 근육이, 근육은 지방으로, 지방은 뼈가 되고, 뼈에서 골수가 생기면 골수는 정액이 된다는 믿음이었으며, 자연의 다섯 가지 근본 원리(흙, 물, 불, 기, 하늘)와 서로 연관되어 병을 일으키게 된다고 보았다. 그리고 이와 같은 질병 치료법으로 사원수면, 소화와 영양상태를 호전시키는 식이요법, 목욕이나 연기, 더운 증기요법, 고약, 흡입, 관장, 좌약 등의 처치법을 활용했다.

인도의 카리카(Charaka)는 500종의 식물성 약품을, 수스루타는 760종의 식물성 약품을 기재하고 있으며, 라우올피아 세르펜티나[Rauwolfia serpentina, 인도 사목(蛇木)]라는 약초는 20세기에 이르러 고혈압 치료약으로 서양의학에서 레세핀(reserpine)이라는 이름으로 합성되어 항정신병 약물이 개발되기 전에는 정신병 치료제로도 흔히 사용되었다. 이와 같이 인도에서도 다양한 식물들이 직 · 간접적으로 각종 질병치료에 활용되었음을 알 수 있다.

3) 현대화된 원예치료

원예치료의 방법과 내용은 매우 일상적인 삶에서 찾아낸다.

1699년 영국에서는 메거(Leonard Maeger)라는 사람이 영국의 정원사(English Gardener)라는 농업관계 정기 간행물에 원예의 치료효과에 대해서 보고하면서 관심을 모으기 시작했는데, 그는 "여가시간이 있다면 정원에 나가 땅을 파거나 풀을 베어라. 이것처럼 건강을 유지하는 데 좋은 방법은 없다"라는 주장을 하면서 실제 일상생활에서 식물과 함께하는 생활을 강조했다.

1789년 미국의 필라델피아에 있는 의학치료의 실제 연구소(Institute of Medicine and Clinical Practic)의 러시(Benjamin Rush) 교수는 정신병 환자들이 농장에 나가 작업을 하면서 병세가 호전되는 것을 발견하고 흙을 만지며 농사를 짓는 것이 치료효과가 있다고 발표하였다. 그 후 1800년 초 북스코틀랜드 의사 그레고리(Gregory)에 의한 농장 일과 정신병 치유효과, 1806년 스페인 정신질환자에 대한 농경활동의 효과 등이 속속 보고되었고, 1878년에는 미시간주의 폰티액(Pontiac)주립병원에서는 원예활동 및 농경 작업을 정신치료의 중요한 과목으로 다루면서 학문적 연구가 본격적으로 시작되었으며, 구체적으로 펜실베아니아의 수용소 정신병원(현재의 필라델피아 Friends Hospital)에서는 농장 대신에 그늘진 산책로, 조용한 숲길, 훤히 트인 목초지를 포함한 공원 같은 시설을 만들어 치료방법으로 이용하고, 유리 온실 등을 만들어 치료용으로 활용하기 시작했다.

2차 세계 대전을 거치면서 급진적인 발전을 하는데, 특히 상이군인의 심리 및 정신의 치료도구로서 인간-원예 관계를 중요시하면서 심리학을 포함한 다양한 영역에서 관심을 기울이기 시작했다.

본격적으로 학문영역에서 연구되기 시작한 것은 1955년 미시간주립대학에서 원예치료(Horticultural Therapy) 학사학위가, 그리고 1975년에 대학원과정이 캔사스 주립대학에 개설되면서부터이다.

우리나라에 원예치료는 1980년대 초반부터 시작하여 본격적으로 시작된 것은 1988년 장애인 올림픽 이후로 장애인의 시설과 특수학교 등에서 원예를 직업교육의 목적으로 이용하면서부터이다.

그 후 병원에서 치료 및 재활의 목적으로 이용되기 시작한 것은 1990년대에 들어와서부터이고 사회 저변에 관심 있는 사람들이 모이면서 1997년에는 한국원예치료연구회가 발족된다.

그 후 1998년에는 한국식물인간환경학회가 발족되었고, 2000년에는 한국원예치료연구회와 한국식물인간환경학회가 통합하여 한국원예치료협회로 발족되었으며 현재는 대학, 사회교육원(평생교육원), 관련단체 등에서 원예치료과정을 교육하고, 장애인 관련기관, 병원 등에서 원예치료 프로그램을 운영하고 있다.

4) 원예활동과 치유효과

원예활동을 통해 얻어지는 효과는 무한하다. 그러나 그러한 효과는 개인에 따라서, 그리고 활동의 내용과 방법에 따라 대단히 큰 차이를 가진다.

원예활동이란 원예식물들과 함께하는 삶을 통해서 자신이 추구하는 가치를 생산하는 활동이다. 원예활동을 통해 자기 자신의 존재의 중요성, 필요성, 정당성을 찾는 긍정적 활동이며 일이다. 원예활동을 통해 보다 더 건강하고 행복한 생활로 전환될 수 있다면 이는 곧 원예활동에 의한 치료효과라고 말할 수 있다.

따라서 원예치료는 식물이나 자연 생태적 조건이라는 매개물을 통해 얻어지는 심리 · 정서 · 신체적 긍정적 변화를 말하며 구체적으로 다음과 같은 효과들을 들 수 있다.

♣ 정신기능의 향상과 긍정적 사고에 도움을 준다.

건강한 삶에서 필수적인 요인의 하나는 건강한 정신력이다.

건강한 정신력은 대뇌의 기능이 정상적으로 작동한다는 의미이며, 뇌의 왼쪽에 위치한 언어능력과 수리능력, 분석능력과 뇌의 오른쪽에 위치한 시공간적 능력과 종합능력, 예술적인 능력 등에 극단적인 결함이 없음을 의미한다.

원예활동은 건강한 정신력과 정신기능에 매우 밀접한 관계를 가진 활동이다. 즉 다양한 식물들의 이름을 기억하고 각각의 특성과 식물의 역사를 이해하고 현재의 생활과 연계시키는 일은 물론 식물을 기르거나 가꾸면서 자연스럽게 일어나는 활동이다.

식물의 번식, 이식과 토양의 배합, 식물을 심는 위치 설정 등과 같은 판단능력도 필요하다.

이와 같은 활동들은 당연히 언어능력과 수리능력은 물론 시공간적 능력과 종합능력 등을 요하는 일이며, 꾸준한 두뇌활동을 필요로 한다. 이처럼 원예식물을 기르거나 가꾸면서 자연스럽게 일어나는 노작 활동은 신경계통의 긍정적인 자극으로 인지능력을 향상시키거나 노화의 속도와 정도를 느리게 할 수 있다.

♣ 새로운 창의력의 향상이다.

대부분의 신체적 · 정신적 질병은 일상생활의 무기력함으로부터 출발한다.

미국의 심리학자 길포드는 〈지성의 자연〉이라는 그의 저서에서 창의력은 문제를 볼 줄 아는 능력과 주어진 시간 내에 보다 많은 아이디어를 생각하는 능력, 보다 융통성 있고, 정보를 분석하고 종합하는 능력, 주어진 의미를 다시 정의하거나 조잡한 것을 정교하게 만드는 능력 등을 의미한다고 주장한다.

인간이 가지는 즐거움의 하나는 새로운 발견의 기쁨이다.

스스로 무언가를 생각하고 행동으로 옮겨 새로움을 찾아내거나 만들어 냄으로써 얻는 기쁨은 삶의 활력소가 된다.

앞서 길포드의 주장처럼 역시 중요한 것은 명확하게 정의되지 않은 문제를 발견하고 해결해가는 과정에서 창의력이 향상되는데, 원예활동과 관련된 많은 활동들은 결코 결정된 상황, 고정된 상황이 아니라 끊임없이 변화하는 내 · 외의 환경과 조건 속에서 식물의 상태를 살펴야 한다는 것이다. 영양과 수분 상태, 질병 상태 등을 확인하고 분석하여 종합하고 적절한 조치를 취해야 한다. 이와 같은 과정에서 무기력은 곧 창의력으로 대체된다.

창의력은 더 많은 희열과 환희, 감동을 가져다주며 질병과 멀어지게 만든다.

원예활동은 아주 작은 씨앗을 뿌려 꽃이 피고 많은 새로운 열매를 맺게 하는 성취감을 느끼게 하며, 무기력과 무관심으로부터 탈피할 수 있게 한다.

원예활동은 좁은 공간에서 그리고 짧은 기간 동안에 이와 같은 쾌감을 맛보기에 매우 적합한 활동이며, 이와 같은 쾌감과 성취감 그리고 스스로 느껴 보는 감동들은 새로운 발상의 원천이며 창의력의 기초가 된다.

♣ 사회적 관계성 향상에 도움을 준다.

인간은 사회적 동물이다. 소외되고 고립된 생활은 무기력과 무관심으로 이어져 정신적 · 정서적 문제를 만들어 낸다.

대부분의 육체적 혹은 정신적 치료를 필요로 하는 사람들의 문제는 사회성의 결여, 즉 협동과 협력의 부족, 대화기술과 자기표현기술의 부족, 인식과 이해력 부족 등이 원인이 된다. 이와 같은 결핍은 성장과정에서 관계 형성의 기회 부족과 표현에 대한 억압, 소외 등에서 비롯된 것이다.

원예활동은 다양한 각자의 역할을 배울 뿐 아니라 상대방의 도움을 필요로 하기도 하고, 상대방을 도와주기도 하는 협업 활동이다. 협업을 위해서는 자신의 필요를 표현해야 하며, 상대방의 요구를 경청하는 것이 필수적이다.

원예식물들과의 좋은 관계를 유지하기 위해서는 좋은 인간관계를 위해서 필요한 것처럼 끊임없이 관심을 가져야 한다. 그리고 오랜 시간의 기다림도 필요하다.

좋은 인간관계는 사람을 매체로 사회적, 교육적, 심리적, 신체적 적응력을 향상시켜 몸과 마음과 영혼을 개선시키기 위해 이루어지는 활동이며, 이러한 바람직한 인간관계를 갖게 하는 환경으로 자연상태의 식물과 원예활동을 이용하는 것은 매우 적절한 방법이 될 것이다.

♣ 정서적 안정성에 기여한다.

일반적으로 대인관계에 부정적인 문제를 지니고 있거나, 정상적인 환경하에서 부적절한 행동이나 감정을 나타내고, 늘 불안해하고 우울한 기분으로 생활하는 사람으로 그 정도가 심할 때 우리는 정서 · 행동 장애자로 칭한다.

특히 학령기의 아동들은 특별히 지적, 신체적, 또는 지각적인 면에 이상이 없음에도 불구하고 학업성적이 극히 부진한 경우를 포함하여 친구나 교사들과의 관계에 문제를 가지거나 정서적인 장애로 인하여 신체적인 통증이나 공포를 느끼거나, 감각적 자극에 대한 반응, 언어, 인지능력 또는 대인관계에 결함이 있는 자들을 정서 · 행동장애 학생으로 분류하여 특별한 지도를 한다.

이와 같은 정서 · 행동장애의 원인들을 찾아내는 일은 매우 어려운 일이나, 주로 유전 및 생물학적 요인과 사회 문화적인 요인 등에서 찾을 수 있다. 특히 환경적 요인의 하나로 영 · 유아기에 부모의 비일관적 양육태도나 지나친 체벌, 자녀와의 친사회적 활동의 부재, 무관심 등 바람직하지 못한 양육환경들이 지적된다.

창자가 꼬이면 소화를 할 수 없으며, 몸이 꼬이면 아픔을 느낀다. 마음이 꼬이면 올바른 생각을 하기 어렵다.

몸과 마음이 꼬이면 이 또한 육체적 고통을 느끼고 생각이 복잡해지면서 건강을 잃게 된다.

몸과 마음이 꼬인다는 것은 몸과 마음의 소통이 원활하게 이루어지지 못하기 때문이며 소통을 위한 기회와 자극이 필요하다.

자연을 매개물로 활용하는 소통은 비교적 마음의 평정을 유지하면서 자기표현을 수월하게 해준다.

자연과 인간의 원활한 소통을 위해서는 자연을 감상할 수 있는 시간과 공간이 중요하며 원예활동은 인간과 자연 간의 필요한 대화의 장을 만들어 준다.

자연의 아픔을 알아볼 수 있는 눈을 가지게 하고, 사랑을 담은 손으로 매만져 주는 기회를 만들어 준다. 흙과 나무와 식물들 간의 상호작용을 직접 나의 감각기관을 통해 탐색하고 느껴 보면서 그들의 소중함도 이해하면서 자신의 생각도 정리하고 삶을 반추하는 기회를 만들어 준다. 이와 같은 과정은 스트레스나 각종 부정적 감정을 점차 감소시키거나 아예 사라지게 만들어 준다.

때로는 꼬인 생각들의 원인을 찾아 준다. 꼬여있는 생각들이 육체적 평정을 깨트려 질병을 만들어 내게 된다는 사실을 알게 하기 때문에 스스로 피하게도 만든다. 이것이 원예활동을 통해서 얻게 되는 마음의 조화로움이다.

히포크라테스 시대에는 마음이 질병과 건강에 매우 중요한 역할을 한다고 알고 있었다.

원예활동은 인간에게는 자연치유력이 있다는 신념으로, 정서적으로 문제를 가진 아동들의 다양한 행동특성, 특히 과잉행동이나 공격적 행동들에 대한 치료에 도움을 주고 있다.

이는 곧 몸과 마음의 균형을 스스로 유지하기 위한 본능적인 것이며, 정서적으로 안정된 생활을 하는 것이다.

스스로 자신의 몸 안에 병을 치유할 수 있는 인자가 있다는 생각은 곧 몸과 마음의 조화를 찾는 데서부터 시작된다.

연약한 식물들을 보고 있노라면 스스로 애착이 일어난다.

이것은 자기 자신에 대한 애착을 가지는 출발점이다. 점차 식물과 나는 하나가 되고, 서로를 사랑하게 된다.

생명에 대한 고귀함의 발견이다.

이와 같은 고귀함의 발견은 자신을 돌아보게 하는 계기를 만들어 준다. 손과 발, 오장육부의 아픈 곳을 찾아보게 되고, 스스로 치유되기를 기원하게 된다.

주변의 식물들에게 자신의 감정과 욕구, 생각들이 투사되고 그에 따른 반응과 현상들을 통해서 스스로 반성도 하고, 기쁨과 희열, 관심과 흥미를 느끼면서 자신을 돌아보고, 스스로 조화를 찾아가는 것이 원예활동이다.

결국 원예의 활동을 통해서 얻어지는 정서적 효과는 스스로 자신감과 자중감 향상, 자제력 증가, 장래에 대한 희망을 만들어 가면서 창의력과 자아실현의 강한 의지로 이어진다.

식물의 작은 씨앗으로부터 큰 나무를 만들어 내는 기쁨, 꽃꽂이를 위해 꽃의 줄기를 자르거나, 정원에서 잡초를 뽑는 등의 활동을 통해 부정적인 분노와 공격적인 감정을 완화시키는 기쁨을 얻게 해 준다. 이처럼 원예 활동은 무기력한 생활로부터 벗어나 스스로 자신의 장래에 대한 희망을 만들어가는 일이고 죽어있는 듯한 작은 종자가 싹이 트고, 꽃이 피는 모습을 보면서 자연스럽게 만들어지는 정서적 안정효과를 거둘 수 있다.

♣ 신체적 측면에서의 치료효과이다.

원예활동은 자연생태계에 존재하는 식물 형태의 생명체들을 돌보는 활동들이 대부분이다.

때로는 무거운 물건을 옮기는 일에서부터 아주 섬세하게 삽수를 다듬거나, 접목을 하는 작업 등이 포함되며, 물주기, 잡초 뽑아주기, 벌레 잡아주기 등과 같은 단순한 행동들이 반복되기도 한다. 섬세한 관찰력으로 목말라하는 식물들을 구분하고, 그들에게 물을 주거나 보이지 않는 병충해를 찾아내기도 해야 한다.

돌봄의 행동, 물을 주는 동안에 다른 식물이나 생명체에 대한 애정이 생기며 이는 곧 조심성으로 나타난다. 결국 자신과 식물 그리고 자연환경이 하나가 되는 과정이다.

생명체들에 대한 돌봄의 과정이기 때문에 부지런한 행동, 섬세하고 신중한 몸놀림을 하게 된다.

신체적 건강함이란 정상적인 신체발달과정을 거치면서 자신의 의지를 행동으로 옮기는 데 불편함이 없음을 말한다. 다시 말하면 원예활동은 신체적으로 조화로운 발달을 가져다준다는 의미이다.

무거운 물건을 옮기면서 혹은 삽수를 다듬거나 종자를 파종하면서 대 · 소근육은 물론 균형감각과 시선과 손의 협응활동과 관절 등의 전신의 종합적인 기능의 발달이 이루어지는 과정이다.

때문에 적절한 원예활동은 건강한 신체적 기능을 유지하거나 발달하도록 하는 데 매우 유익한 활동이다.

신체적 운동기능의 발달은 단순한 몸놀림만으로 이루어지지 않는다. 몸과 마음의 합작이어야 한다.

본능적으로 생명을 소중하게 생각하는 것이 인간의 본성이라 한다면 주변의 작은 생명체들과의 관계행동들에서 서로의 가치를 존중하는 태도가 만들어지게 된다.

원예활동은 자연생태계와 그리고 그 주변의 많은 생명체들에 대한 존재가치를 인식하게 해준다.

존재 가치의 인식은 이기적 사고와 행동이 아닌 이타적 삶의 자세를 만들어 주며, 흙과 친밀해질 수 있는 계기를 만들어 준다.

흙은 모든 생명체들이 살아가는 데 필요한 모체이다. 식물들의 뿌리를 돌보고, 수많은 생명체들의 보금자리이다.

많은 생명체들은 흙에서 와서 흙으로 돌아가며, 언제나 그리고 무엇이나 받아주는 따뜻함과 진솔함을 가지고 있다.

동물들이 병이 나면 흙을 파고 들어가 휴식을 취하거나, 평상시에도 흙을 좋아하는 이유는 간단하다. 흙 속에서 편안함을 찾을 수 있고, 흙 속에 담겨있는 다양한 이로운 기운을 알고 있기 때문이다.

그래서 인간은 본능적으로 흙을 좋아한다.

식물들은 토양 속의 다양한 영양소와 유기물과 무기물들을 이용하여 성장한다. 토양에 존재하는 것으로 밝혀진 16가지의 무기염류 가운데 13가지가 식물생장에 필요한 것들이다. 공기 중의 탄소 · 산소 · 수소는 땅속의 질소 · 인 · 칼륨 · 칼슘 · 마그네슘 · 황 그리고 여러 가지의 미량원소들이 화학작용을 일으키면서 식물들이 이용 가능한 형태로 변화한다.

이러한 토양은 식물들의 뿌리의 발육, 영양소의 농도 등을 결정하고, 식물성장에 필수적으로 작용하면서 도움을 주게 된다.

원예활동은 바로 이러한 흙이 그냥 만들어지는 것이 아님을 알게 하고 신체적 활동을 통해서 파고, 배합하고 그리고 부드럽게 할 때 식물들이 잘 자란다는 사실을 알게 해준다.

땀을 뻘뻘 흘리면서 좋은 흙을 만들어 내는 것은 좋은 흙에서 좋은 꽃과 열매를 얻을 수 있다는 것을 알기 때문이다.

좋은 흙을 만들어 내기 위한 육체적 몸놀림은 다양한 육체적 기능들-다리와 손의 근육 발달, 시각과 취각의 원활한 기능 등-을 조화롭게 발달하도록 한다.

끊임없이 움직이고, 전신을 사용하면서 스스로 건강한 육체에 필요한 균형과 조화를 꾀하고, 건전한 생각을 하게 하며, 긍정적 사고를 하면서 건강한 삶을 가져다주는 것이 원예활동의 치료효과이다.

♣ 만병의 근원인 스트레스 해소에 도움을 준다.

일상생활에서 가장 큰 스트레스의 원인은 '자신의 의도대로 되지 않음'에서부터 비롯된다. 모든 일들-인간관계, 생계유지의 문제, 심지어는 자신의 몸과 마음의 관계까지도-자신의 의도대로 되지 않을 수 있다는 것은 자명한 사실이다. 그럼에도 불구하고 자신의 의도대로 일이 되지 않을 때 스스로 부정적 반응을 보인다. 심지어 극단의 분노, 좌절감, 상실감, 슬픔, 우울, 소외감, 공포감 등을 갖기도 한다.

이를 우리는 스트레스라고 말하며, 스트레스로 인해 만들어진 부정적 감정들이 생리학적으로 면역력을 떨어뜨리고 불균형하게 호르몬을 분비시키면서 비정상 세포가 생겨나는 원인을 만들어 준다.

칼 사이먼튼 박사의 암 발생에 대한 '심신모델'에서 지적하는 것처럼 일상생활에서 일어나는 부정적 스트레스는 우울과 절망, 무력감, 분노 등을 유발하고, 이는 곧바로 대뇌변연계에 영향을 미치는데 이는 시상하부에 두 가지의 메시지를 작동시키게 된다. 하나는 면역 체계 제어에 관여하고 또 다른 하나는 뇌하수체 활동을 통제하도록 하는 일이다.

뇌하수체 활동의 통제는 다시 신체 전역에 미치는 광범위한 호르몬 제어 기능으로 나머지 내분비계를 통제한다.

일상생활에서 만들어진 스트레스는 시상하부를 통해 대뇌변연계에 의해 전달되며, 이렇게 전달된 감정적 스트레스는 면역 체계의 억압을 유발함으로써 신체가 암이나 기타 질병의 원인이 되는 물질들을 수용하게 만든다.

스트레스를 감지한 시상하부는 내분비계통을 통해 전달되는 다양한 호르몬들의 균형을 변경시키는 방식으로 뇌하수체를 자극하는데, 특히 부신호르몬의 불균형은 발암물질의 수용성을 더욱 높이는 것으로 드러났다. 뿐만 아니라 호르몬 불균형의 결과는 신체 내 비정상세포를 증가시키고, 이러한 세포와 싸우는 면역 체계의 능력을 약화시키게 된다. 결국 이러한 일련의 생리학적 변화를 통해 암 성장에 적합한 조건이 조성되고 그 결과는 생명을 위협하는 질병이 될 수 있는 것이다.

일반적으로 많은 사람들은 '자신의 의도대로만 되지 않음에 대한 조절능력'을 가지고 있다.

이는 스트레스를 적게 받거나 해소하는 중요한 방법이다.

그러나 일부의 사람들은 그와 같은 조절능력이 약화되거나 제대로 작동되지 않음으로 인해서 쌓인 스트레스가 불안한 마음을 만들어내고, 더 나아가서는 스스로 조절이 불가능한 '분노, 좌절감, 상실감, 슬픔, 우울, 소외감, 공포감 등'으로 변화하면서 고스란히 스트레스로 나타나게 된다.

원예활동은 자신의 의도를 스스로 분명하게 알아차리도록 하는 활동들이며 동시에 자신의 의도와 다른 결과들에 대한 겸허한 수용력 혹은 조절능력을 길러주는 효과적이고 적절한 방식이라는 것이다.

이를테면 아무도 없는 채전에 나가서 밉고 보기 싫은 사람을 배추로 여기면서 한 잎 두 잎 상한 배추잎을 뜯어내는 행위는 분노나 상실감을 희열감으로 변화시켜준다. 잡초를 뽑아내면서 슬픔이나 우울감 대신 즐거움을 느끼기도 한다. 이러한 행동들은 완벽한 스트레스 해소의 역할을 해 줄 수 있는 동작이다.

가족 간의 갈등이나 동료들과의 불편한 인간관계가 만들어질 때, 협업활동을 필요로 하는 원예활동은 자연스럽게 소통의 기회를 만들어주며, 특히 식물들의 푸른색이 만들어 주는 그린에너지는 상호 간에 상실감이나 소외감 등을 해소하는 데 긍정적 영향을 주어 미래지향적 사고와 희망을 가져다주기 때문에 매우 효과적이다.

끊임없이 새롭게 변화하는 식물들을 보면서, 때로는 죽어가던 정원수에서 새로운 아주 작은 잎이 돋아나는 모습을 보면서, 그리고 주렁주렁 열린 탐스러운 과일을 상상하면서 노작활동에 임하다 보면 소소한 스트레스가 근접하지 못하게 함은 물론 축적된 스트레스를 송두리째 날려버릴 수 있는 신비스런 힘이 곧 원예치료의 효과일 것이다.

원예작물은 다양한 형태와 향기, 색소 등을 가지고 있다. 이들에 대한 보살핌을 통해 오감각기관이 자극을 받게 되고 동시에 자신이 아닌 다른 생명체들을 보살피고, 섬기면서 다양한 생각들을 하게 된다. 어떤 대상에 대한 증오나 분노, 때에 따라서는 자기자신에 대한 좌절감이나 자기상실감을 해소해 주며, 슬픔이나 우울로부터 탈피하도록 하는 소재가 될 것이다.

사회생활에서 만들어진 다양한 유형의 스트레스를 유발하는 원천들을 해소시켜 주거나 해결되지 못하는 문제들에 대한 해결방법을 찾아내는 기회가 되기도 한다.

자기 조절능력의 향상과 자존감을 키워주는 힘을 만들어 주기도 한다. 때문에 건강한 신체와 건강한 정신을 만들어 내는 일상생활에서의 변화가 곧 원예활동을 통해서 얻게 되는 치료의 효과라고 말할 수 있다.

이처럼 원예활동은 일상생활에서 올바른 판단능력과 균형감각을 유지시키는 효과를 높여주며, 정서적으로 안정되고, 의도와 시선과 손과 발이 협응하여 움직일 수 있는 능력(eye-hand coordination)을 증가시키고, 신체 움직임의 근간인 근력강화, 관절 움직임의 범위(range of motion: ROM)를 확대시켜 온전한 생활을 하는 데 도움이 되는 치료활동이다.

4. 허브동산의 힐링 길 2,000m

1) 달콤한 시골의 아침 공기 맛

허브뜨락은 하늘과 땅과 그리고 사람이 함께 화합(和)하면서 서로를 존중하고 따를 줄 아는(順) 모든 생명체들의 요람 "전남 화순"에 자리 잡고 있다.

남태평양으로부터 올라오는 살아있는 기운을 머물게 하는 무등산을 울타리 삼아, 맑고 깨끗한 물과 공기는 흙을 기름지게 하고, 사람과 자연이 조화를 이루는, 그래서 예나 지금이나 사람이 살기 좋은 고장 "전라도 화순"이다.

허브뜨락은 무등산줄기의 종괘산 중턱에서 몸과 마음과 정신의 조화를 꾀하고자 만들어진 힐링의 동산이다.

힐링의 동산, 산책길은 허브뜨락의 대문간에 들어서부터 다시 대문간을 걸어 나오면 정확하게 직선거리로는 358m이다. 그러나 꾸불꾸불 내 나름대로 만들어 놓은 산책로를 따라서 걸어 나오면 2,000m는 족히 된다. 그러니까, 신선한 아침 공기를 마신답시고 여기저기 해찰을 하면서 식물친구들과 이야기를 하면서 걷다 보면 때로는 2시간이 걸리기도 한다. 물론 좀 재촉하면서 걷다 보면 15~20분이면 족히 걸을 수 있는 거리이다. 길다면 길지만 짧다면 보잘것없이 짧은 산책길이지만 나에게는 더없이 소중한 힐링하는 길이다.

아침 산책길은 허브 정원에서부터 시작된다. 아침을 상쾌한 기분으로 맞이하는 것은 역시 옆 마당에 우뚝 서 있는 은목서 나무 3그루이고 그 아래에는 곰솔 두 나무가 서 있다.

은목서 나무 밑에 있는 벌통을 들여다보면 이른 봄부터 가을까지는 여지없이 이 녀석들이 가장 부지런한 듯하다. 꿀벌들과의 아침인사를 하고 살짝 모퉁이 길을 지나서 약간의 오르막길을 걸어가다 보면 이 마을의 원래 수원지라고 알려진, 지금은 보잘것없는 아주 작은 연못이지만 연못이 나오고 그리고 철쭉들이 도열해 서 있는 허브동산의 끝자락이 나온다.

여기서부터가 힐링 로드의 시작점이 된다.

사색의 길은 첫 번째 힐링 로드의 길이다.

아무리 무더운 여름철이라 하더라도 고로쇠나무와 목백합나무가 어우러진 숲 길은 시원함을 느끼게 하고, 천천히 걷다 보면 사색하는 나를 발견할 수 있다.

양옆으로 다양한 나무들이 나름대로의 역사적 사명을 띠고 자라는 것 같다.

처음 맞이하는 나무는 역시 산벚나무와 목백합 그리고 고로쇠나무들이다. 이 나무들은 지난 2003년 봄에 지리산 산동면에 있는 국립 지리산 수목원(지금은 전남 보성의 수목원으로 통합되어 남부지방에 적합한 나무 수종들을 육성함)에서 구해다 심은 나무들이다.

당시 아주 작은 묘목 3년생이었으니 벚나무뿐 아니라 목백합, 고로쇠나무들의 일생으로 치면 갓 태어난 신생묘목에 해당하는 수준이었다.

이곳 허브뜨락으로 처음 들어올 당시를 생각하면 내 자신이 좀 어리석지 않았나 하는 생각이 들 정도이었다.

이곳을 한마디로 표현하면 야성스런 골짜기이었기 때문이다.

오랫동안 버려진 골짜기이었기 때문에 온갖 잡초와 가시덤불들이 무성해 걸어서 들어오기조차 어려웠던 곳이었고, 매우 척박하고 거친 땅이었다.

난생 처음으로 포크레인을 운전하면서 길을 냈던 곳이다. 사색의 길 끝부분에는 붉은 아카시아나무가 있어 봄철이면 꿀벌들이 잔치를 벌이는 곳이다.

이렇게 시작된 아침 산책은 두 번째 황칠나무 길로 접어든다. 황칠나무는 보성의 국립 수목원에서 구해다 심은 나무들이다. 처음에는 100여 주를 구해다 심었는데, 겨울철을 보내는 사이 모두 동사해버렸다. 나중에 알고 보니 겨울철 기온이 영하로 떨어지는 이곳 화순지역의 기후 탓이었다.

100여 주의 비싼 황칠 묘목을 대가로 얻은 지식의 하나는 동해에 약한 식물들을 구해다 심을 때는 반드시 재배할 지역의 온도보다 더 낮은 기온의 지역에서 키운 식물을 구입해서 심어야 겨울에 얼어 죽지 않는다는 것이었다.

그와 같은 지식이 없어서 실패한 경우는 황칠나무뿐이 아니었다.

남부 지방의 묘목을 구해다 심어 겨울을 나지 못하고 얼어 죽은 대표적인 묘목은 허브정원 앞마당의 '먼나무'이다.

제주도 학회를 마치고 시내를 관광하던 차 아름다운 꽃과 향기가 진동하는 가로수를 보고 반해서 5년생 20그루를 구해다 심었다.

그해 여름 잘 자라는 모습이 너무나 보기 좋았다. 그런데 그해 겨울 영하의 날씨를 견디지 못하고 다음 해 봄 내내 기다려도, 보고 싶어 하던 새 잎은 보여 주질 않았다. 안타깝지만 대단히 비싼 대가를 치르고 얻은 지식이었다.

그 후 황칠나무에 대하여 큰 열정을 가진 정병석 박사의 소개로 심어 기른 나무들이 즐비하게 서 있다.

정병석 박사는 오랫동안 교육계에 몸담고 후학들을 가르치면서 황칠연구로 대단한 공을 세운 사람이었다.

황칠나무 거리를 내려오면 다음은 키위와 다래나무 길이 나온다.

다래나무와 키위는 전남 완도에 있는 난지 수목원의 조윤섭 박사가 소개해줘서 심은 나무들이다.

키위나무 아래에는 양화가 심어져 있다. 마치 생강과 같이 생겼는데 지하경에서 꽃이 피는 우리나라의 전통적인 식물의 하나이다.

다음 길은 블루베리와 초크베리가 심어져 있는 길이 나온다. 이어져 내려오면 자두나무와 석류나무 길이 나오고, 그 아래에는 귀한 산딸나무 길이 나온다.

산딸나무 길은 잠시 나의 생각을 2000년 전으로 되돌려 놓는 길이다.

왜냐하면 예수님이 십자가에 매달려 고통스럽게 끌려가는 모습이 연상되기 때문인데, 일설에 의하면 예수가 매달린 십자가의 나무가 산딸나무로 알려져 있기 때문이다.

그다음 마지막 힐링로드가 나오는데 이곳은 지난 5년 전부터 삽목으로 키운 오색 병꽃나무로 가로수를 만들어 놓은, 다섯 가지 색깔의 아름다운 꽃비를 맞으며 걷는 산책길이다.

산딸나무 길과 오색병꽃나무 길을 통과하면 내리막길이 나온다.

약간의 경사가 있는 길가에는 산수국과 꽃 치자나무 그리고 가시나무가 줄줄이 서서 반겨준다. 허브뜨락의 산책길은 이렇게 사색의 길로 시작하여 꽃 치자나무를 통과하면 끝이 나면서, 연못을 바라보면서 쉴 수 있는 춘호정이라는 정자가 나온다.

정자라고 부르기에는 약간 민망스럽지만 내가 처음으로 만든 작품이기 때문에 애착이 가는 정자이다. 몇 년 전 앞산의 잡목들을 베어내고 편백나무로 수종을 갱신하는 과정에서 몇 그루의 굵은 삼나무를 벌목업자로부터 구입하여 둔 통나무를 이용하여 만든 정자이다.

정자에서 쉬는 즐거움은 봄 · 가을을 가리지 않는다.

뙤약볕이 내리쬐는 한여름 낮에 정자에 앉아 먼 산을 바라보고 있노라면 만감이 오간다. 더운 여름이라 하더라도 불과 2~3분만 지나면 땀방울이 싹 가시는 것을 느낄 수 있다. 네 귀퉁이에 잘 큰 단풍나무가 완벽한 그늘을 만들어 주고 있고, 한쪽 면에 맞닿은 작은 연못에는 수백 송이의 수련들이 있기 때문이다.

멀리 보이는 무등산 줄기의 산 모양은 갖가지 모습으로 표현되지만 최소한 나의 눈에는 '부처님께서 누워 계시는 와불'이 연상되는 산이기에 나는 와불산이라고 이름 지어 부르고 있다.

잠시 동안 와불산을 바라보면서 휴식을 취한 후 다시 허브 정원의 산책을 시작한다.

정자를 내려와 연못을 돌다 보면 키가 제법 큰 파초가 여러 그루 서있고 그 밑에는 노루오줌이라는 앙증맞게 예쁜 화초가 터를 잡고 있다. 붉은색과 흰색의 노루오줌이 약간의 시차를 두고 피어날 즈음에는 연꽃까지 함께 피어 큰 조화를 이룬다.

야광나무와 소나무들이 함께 어우러진 연못 끝자락 즈음에는 왕보리수 나무가 넓은 자리를 차지하고 있다.

왕보리수 나무가 열리고 붉게 익어 갈 무렵에는 온갖 새들이 잔치를 벌인다. 처음 며칠 동안은 관망을 하지만 잘 익었다 싶을 때가 되면 떼거리로 몰려와 새들이 주인 행세를 톡톡히 해 낸다.

다시 연못을 휘돌아 목단과 작약밭이 나오고 새로운 인동초 터널이 나온다. 인동초 터널의 반은 인동초로 그리고 반은 키위나무로 덮여 있는데, 그 아래는 상사화가 자리 잡고 그 주변은 철쭉이 지키고 있다. 상사화가 피는 8월에는 양쪽 가로 모두가 파란 상사화 잎이 그리워 고개 숙인 상사화들의 세상이 된다. 두 줄로 서있는 모습이 경이롭다.

허브정원은 회양목으로 둘레가 만들어져 있으나 그 안에는 독일 아이리스와 오엽송 그리고 정면에는 매화나무가 심어져 있다. 매화나무 아래에 터 잡고 있는 복수초는 겨울 얼음 위에서 꽃이 피는 작은 다년생 식물이다.

남매나무, 야광나무 그리고 복수초와 매화는 이른 봄에 겨울이 다 가고 있음을 알려주는 부지런한 허브뜨락의 4인방 나무식구들이다.

인동터널 앞에는 5그루의 사과나무가 있고 해당화와 골단초, 회화나무 등이 각자의 자리를 지키면서 산책하는 나를 맞이한다.

다시 주 산책로인 중앙로를 걸어 내려오면 커다란 참나무 한 그루와 부부금실을 좋게 하는 나무로 알려진 합환화 혹은 자귀나무라고 불리는 두 그루의 나무가 지키고 서 있다. 그리고 오른쪽에는 니포피아와 로즈메리 그리고 비파 등의 나무들이 자라고 있는데 상당수의 나무들은 이곳에서 조금 더 키워 각자의 자리를 찾아 정식으로 살림을 차리게 될 것이다.

다시 주차장을 끼고 내려오다 보면 산머루 나무들이 울타리를 만들어 주고 있고 그 앞에는 아이리스가 한 줄로 열병식을 하듯 서있다.

다시 조금 내려오면 허브뜨락의 허브 정원을 만나게 된다.

허브뜨락의 카페를 중심으로 걷는 길가의 안쪽 부분에는 명자나무 가로수가 그리고 그 반대쪽에는 철쭉과 동백나무들이 둘레의 경계를 표시하면서 걷는 이들의 즐거움을 더해 준다.

그 반대쪽에는 역시 한쪽 면에는 돈나무가 그리고 그 반대쪽에는 철쭉과 단풍나무가 둘레를 싸고 있다.

마지막으로 나오는 것이 원예 힐링장이다. 바깥쪽에는 다양한 무궁화가 여름철의 아름다움을 더해주고 들어가는 입구 쪽에는 수국이 차지하고 있다.

원예실습을 즐길 수 있는 힐링 원예장은 새로운 종류의 초목류들을 삽목하거나 종자를 파종하여 번식시키는 장소이면서 다육식물들이 자라는 곳이다.

수십 종류의 다육식물들은 대부분 김경신 박사가 광주를 오가면서 가져다 놓은 식구들이다.

은사, 코인 워터, 오로나, 프로이데스, 라일릭 등 이름 외우기도 쉽지 않은 다육식물들이 살고 있다.

좀 더 안쪽에는 특별한 코너로 주로 외국에서 들여온 식물들이 살고 있는데, 얼마 전 베트남에서 가져온 커피나무 모종, 골든 트렘펫(Golden Trumpet)라고도 부르는 알라만다카다르티카는 노란 꽃이 예쁘게 피어 한 가지를 꺾어 가지고 와서 삽목으로 키우는데 잘 크고 있다. 지난 2015년 겨울에는 필리핀 세브에서 가져온 모닝가 씨앗을 발아시켜 키우는 모닝가 코너가 있다.

이렇게 허브 정원과 뜨락 그리고 원예 힐링장을 걷다 보면 여기저기에 나름대로 자리를 차지하고 있는 식물 가족들이 저마다 얼굴을 내밀면서 반가운 아침인사를 보낸다.

때문에 한두 시간 걷는 것은 일도 아니다.

짧지 않은 긴 세월을 정성 들여 심고 가꿔온 나무며 꽃들이 즐비하게 도열해 서 있으니 그도 그럴 만하다.

이곳 힐링 허브뜨락과 허브 동산은 정확하게 말해서 지난 1998년부터 시작한, 나와 아내가 합심해서 만든 공간이다.

그동안 많은 우여곡절을 겪으면서 나름대로 여러 사람들이 즐길 수 있는 작은 동산을 만든 것이다.

잠시 뒤돌아보면 처음 시작할 무렵의 허브동산은 말 그대로 버려진 별로 쓸모가 없는 땅이었다. 일부는 농사를 짓다 말았고 대부분은 찔레나무들로 울창한 숲을 이루고 있었다. 지금의 허브정원이 있는 곳은 처음에는 닭을 키우고, 나중에는 버섯을 키우던 말 그대로 폐허 같은 비닐하우스의 골격만 앙상하게 남은 곳이었다.

어느 날 아내는 우리 가정사에서 새로운 획기적인 변화를 만들어 내는 일을 저질렀다.

평상시와 마찬가지로 학교에서 퇴근해 집으로 들어오는데 그날은 유난스럽게 아내의 표정이 밝고 힘차 보였다.

특별한 일이 일어날 이유가 없는데 그처럼 힘차 보이는 것은 최근 들어 보기 힘든 표정이었기 때문에 뭔가 무척 궁금했다.

저녁 식사를 마칠 때까지 아무런 언급이 없기에 '아내의 학교에서 뭔가 좋은 일이 있었겠지'라고 생각하고 낮에 하던 연구를 계속하기 위해 내 방으로 들어왔다.

한참 후에 아내가 들어와 뭔가 서류를 내밀면서 "나 오늘 일 저질렀어요"라면서 작심을 한 듯 한마디를 건네 왔다.

나름 비장한 표정이 예사롭지 않음을 알 수 있을 것 같았다. 내용을 힐끔 들여다보니 "토지 매매계약서"이었다. 천만다행이라 생각했다. 이혼 서류는 아니었기 때문이다. 결국 아내는 그동안 준비해온 생각을 실천으로 옮기기 위해 첫발을 내디딘 것이었다.

화순읍 주도리 710번지 전 700평의 계약서 였다.

그렇게 시작된 주도리에서의 생활이다. 다시 말해 사전에 이곳 주도리라는 곳으로 들어오는 데 나의 의지와 생각은 전혀 반영된 바가 없다는 것이다. 완벽하게 아내의 의지와 판단으로 결정이 되었고, 그렇게 시작된 시골 생활이었다.

나중에 안 사실이지만 아내 역시 주도리라는 곳에 처음 와서 보고 그저 마음에 들어 결정했다는 것이다. 긴 세월이 지난 지금 생각해도 참 당돌한 생각이었고 행동이었다는 생각이 든다.

물론 우리들의 삶의 보금자리를 시골로 생각했던 것은 오래전부터이었다. 돌이켜보면 우리들에게도 아마도 시골스런 DNA가 잠재해 있었던 것 같다. 서울에 거주할 때부터 막연하지만 시골에서의 삶을 꿈꾸고 있었다.

서울 강남 개포동 주공아파트에서 거주하면서 당시 6살이었던 큰아들이 하루 종일 세발자전거를 타고 놀다 들어와 하는 소리가 "흙에서 놀고 싶어요. 어디쯤 가야 흙에서 놀 수 있나요?"라고 건넨 투정 어린 말은 상당한 충격으로 가슴에 와 닿았었다.

명색이 학교 교사이면서 동시에 교육학을 전공으로 공부하는 대학원생의 신분이면서 사랑하는 자식으로부터 땅에 대한 동경심을 노골적으로 표현하게 하는 스스로가 지행일치가 되지 않는 삶이었기 때문이었다.

하지만 당시의 생활로는 그저 꿈일 뿐이었다.

아내와 함께하는 교직생활이었지만 그리 많지 않은 교사의 봉급으로 대학원 등록금에 자녀양육과 생활비를 감당하기도 어려운 판이었기 때문이었다. 특히 우리 부부의 결혼 조건은 부모님의 도움 없이 "0"에서 시작한다는 것이었고, 그 조건을 실천했기 때문이다.

막연히 '시골 생활 참 좋지'라는 생각으로 주말이면 아내를 따라, 정확히 말하면 아내의 요구에 마지못해 구리와 덕소에서부터 시작해 마석과 청평, 가평 등지까지 돌아다니면서 나름 시골 생활을 준비하는 척을 했을 뿐이다.

당시 참 좋은 곳이 많았었다. 서울에서 지근거리에 있는 덕소는 우리들의 첫 보금자리이면서 아내에게는 첫 번째 교직생활을 시작한 첫 발령지이었다.

작은 단칸방에서의 우리들의 시작이라는 향수 때문에 그곳을 선호했는지도 모르지만 자주 덕소를 들러서 이곳저곳을 기웃대기도 했다.

하지만 사회 초년생이었던 우리들에게 미래에 대한 계획은 없었다. 지금 생각해 보면 그 주변에 작은 땅이라도 사놓았더라면 그리고 지금과 같은 전원 생활을 시작하였더라면 하는 아쉬움이 있지만 그것은 지나간 꿈일 뿐이다. 그동안 세월은 흘러 서울생활을 접고 광주로 직장을 옮기고, 이사를 해 오고, 아이들은 다 커서 나름대로의 자기들 길을 찾아 나가면서 어느 정도 안정된 생활이 찾아올 무렵 아내가 돌발적인 일을 저지른 것이다. 달리 표현하면 오랫동안의 꿈을 현실로 가져오는 새로운 변화를 만들어 낸 것이었다.

2) 꿈속의 허브동산

때때로 17년 전의 모습을 생각하곤 한다. 우리들의 동산, 허브동산과 허브뜨락에서의 새로운 삶은 나와 아내의 삶과 이곳 뜨락의 환경에서 참 많은 변화를 가져오게 했다.

스스로 선택한 일이었기에 그리고 그저 좋아하는 일이었기 때문에 지속적으로 할 수 있었다.

초창기의 허브동산은 말로 표현하기 어려운 버려진 골짜기의 모습 그대로이었다. 지금 대문간으로 들어서는 곳은 경작을 하지 않는 다랭이 논이었고, 허브 정원의 대부분은 걷기조차 어렵던 가시덤불이었다. 버섯을 키우기 위해 비닐하우스를 지어놓았지만 10여 년을 방치하다 보니 말 그대로 폐허와 같은 곳이었다.

담담한 마음으로 시작하긴 했지만 어디에서 무엇을 손대야 할지조차 막연하던 곳이었다. 하지만 몇 가지 신념을 가지고 시작한 것이기에 다행스럽게 목표만큼은 분명했던 것 같다.

누구나 함께 힐링하는 곳을 만들어 보자는 것이었다.

갈수록 사색하는 시간과 공간이 부족해지는 주변 환경에서 인심은 사나워지고 서로의 불신이 커가는 사회 환경에서 잠시나마 와서 편안한 마음으로 휴식하면서 자신을 돌아보는 공간을 만들자는 것이다.

자신의 미래를 탐색해보고, 계획을 짜보는 곳, 지쳐있는 마음과 몸을 최대한 릴랙스시키면서 스스로를 뒤돌아보는 곳으로 만들어 보자는 것이었다.

특히 당시는 내가 근무하는 대학에 새로운 특수교육학과를 신설하던 시기였고, 당시의 내 생각으로는 '많은 장애아동을 자녀로 둔 부모들의 어려움 중 하나가 곧 아이들과 함께 편안한 마음으로 쉴 만한 곳이 없다'라는 점에서 그러한 어려움을 함께 나누면서 편안한 마음으로 쉴 만한 곳을 만들고자 했던 것이다.

그러니까 내가 생각하는 허브 동산은 나의 꿈이 아니라 우리들의 꿈이며 필요로 하는 사람들이 함께 모락모락 꿈을 설계하고 만들어 가는 '허브뜨락'을 만들어 보자는 것이었다.

허브동산의 힐링로드와 허브뜨락 카페 그리고 원예 힐링장은 나와 아내의 공간이면서 동시에 함께 소통하면서 살아가는 우리 모두의 공간이 되도록 하려는 것이었다.

바로 언덕 위의 하얀 집은 아내와 내가 '함께 힐링하는 공간'을 설계하고 실천한 근거지가 되는 곳이었다.

17년 전, 막상 일을 저질러 놓은 이후의 생활은 사실 막막한 상태이었다. 정원에 대한 상식이나 기술이 없었을 뿐 아니라 농사짓는 기술 또한 마찬가지이었다.

막막함 속에서 이런저런 생각 끝에 얻은 결론의 하나는 필요한 농기구를 구비하는 일이었다. 작은 나무를 옮겨 심는 데서부터 시작하여 크고 작은 돌멩이들을 옮기고, 길을 만드는 데 하루하루 인건비를 지불해가면서 다른 사람들의 노동력을 빌려 활용하는 것도 한계가 있기 때문이었다.

결국 가능한 방법은 기구를 이용해야 한다는 생각과 함께 간단한 농기구들이 아닌 중장비들이 가능할 것으로 판단되었다.

중장비로서 포크레인을 생각한 것은 하얀 집의 집터를 다듬던 중장비 기사들과의 대화로부터 시작되었다. 엄청난 양의 흙을 일시에 옮기는 거대한 힘과 때로는 흙을 파고 나무를 옮겨 심는 일들에 얼마나 중장비가 필요한 것인가를 인식하게 되었다.

어느 날 보성의 시골길을 아내와 함께 산책하다가 우연히 길가에 세워진 포크레인과 그 옆에 붙여진 "포크레인 팝니다. 상태 양호하니 필요한 분은 000번으로 연락하세요"라는 문구이었다. 용기를 내 전화를 하니 얼마 후에 오토바이를 타고 주인이 나타났다. 이것저것 설명을 하는데 포크레인에 대해서 아는 바가 전혀 없는 나에게 어쩌면 사치품에 가깝지 않을까 하는 생각마저 들었지만 어찌 되었던 중고 포크레인을 사 들여왔다.

당연히 중고품이었기 때문에 상태가 좋지는 않지만 나름 사용하기에 큰 지장은 없다 하니 그 말을 믿을 수밖에, 헌데 막상 계약서를 쓰다 보니 도대체 내가 이처럼 큰 골짜기의 주인이라니, 이것은 마치 정글 속의 먹잇감을 찾는 일과 같았다.

하얀 집까지는 가옥을 신축하느라고 길을 만들었기 때문에 큰 지장이 없었지만 바로 산책길을 만드는 일은 오롯이 나의 몫이 된 것이었다. 그래서 처음 만들어진 것이 사색의 길까지 만든 힐링 로드이었다. 처음 시작할 당시 기계에 대해서 상식이 없었고 심지어는 키를 어디에 꽂는지조차 모르던 내가 덜컹 포크레인을 사다 놓았으니 또 다른 큰 걱정거리가 생긴 것이었다.

결국 학교 도서관에서 포크레인에 대한 책자를 빌려와 하나하나 비교해 가면서 읽어 보고 며칠 동안을 집중한 결과 어느 정도 이해가 되기 시작했다. 중요한 것은 트랙이 벗겨지지 않도록 하는 일과 그리고 안전문제이었다. 가능하면 다른 사람들이 접근하지 못하도록 하고 가장 안전하다고 판단되는 독립된 공간에서 작업을 시작하여 결국 힐링 로드의 길을 만들어 내는 데 일등 공신이 되었을 뿐 아니라 지금에 와서는 허브뜨락의 가장 충실한 일꾼으로 자리 잡고 있다. 그리고 초창기에 자그마한 문제가 생겨도 내가 스스로 할 수 없는 일이라고 판단하여 수리 전문가들을 불러 수리하곤 했으나 이제는 거의 대부분 자가 수리가 가능하게 되었다. 특히 포크레인을 활용하면서 가장 많은 어려움은 트랙 벗겨짐이었다. 초창기 무리하게 힘을 주면서 운전한 나머지 스스로도 모르게 트랙이 벗겨지고, 그럴 때마다 기술자를 불러 잠시 트랙을 한 번 씌워 주는 데 십오만 원으로 꽤 많은 비용을 지출하게 한 것이다. 그러나 이와 같은 과정들은 초창기의 폐허와 같은 골짜기를 언덕 위의 하얀 집과 그 앞에 자수정길, 라일락 길 그리고 인동초 터널과 키위 터널들이 만들어지게 했다. 허브동산에는 조팝나무 길, 자두나무 길 그리고 황칠나무 길, 붉은 아카시아 길이 나오는 구불구불한 산책하기 안성맞춤인 길들이 만들어지게 되었다. 일상에서 이들 길가에 서있는 꽃과 나무들과의 대화를 통해 크고 작은 일들, 때로는 삶과 죽음의 문제에 이르기까지 배우고 익히며 실천하는 기쁨 속에서 뭔가로 하루하루를 채워가고 있다.

Part_ 2

허브뜨락의 '365' 식물 식구들

허브, 이름만 들어도 향기가 코끝에서 묻어나는 느낌이 든다. 특히 아내는 허브 마니아급에 해당한다.

어디에 좋은 혹은 새로운 허브가 있다 하면 찾아가 보고 오지 않으면 잠을 못 이루는 성격이다.

어느 곳을 가든 제일 먼저 찾는 것은 허브샵이다.

외국여행을 하면서 제일 먼저 궁리하는 것은 '이 나라의 허브에는 무엇이 있고, 어떻게 종자를 구하고, 무사히 허브와 동반 귀국할 것인가'를 생각한다.

때문에 우리 집의 이름을 허브뜨락이라고 지은 것도 아내이다.

사실 허브라는 용어가 우리들의 일상생활에서 흔하게 사용되기 시작한 것은 그리 오래된 일이 아니다. 허브는 잎이나 줄기 그리고 꽃 등이 식용과 약용으로 쓰이거나 향과 향미(香味)로 이용되는 식물들의 총칭이다. 대부분 원산지가 주로 유럽, 지중해 연안, 서남아시아 등인 라벤더, 로즈메리, 세이지, 페퍼민트, 타임, 오레가노뿐만 아니라 우리나라에서 전통적으로 사용하던 향료와 방향제 등이 여기에 포함되는데, 이를테면 단옷날 머리를 감는 데 쓰던 창포, 음식 재료로 사용되는 깨와 더덕, 도라지, 질경이, 부추, 고수(코리안더), 마늘, 파, 고추 그리고 민간요법에 쓰이던 박하, 구기자, 생강, 치자, 쑥, 결명자, 익모초 등 지근거리에서 쉽게 볼 수 있는 초목류들이 모두 허브에 포함된다.

허브뜨락에서 함께하는 허브식구들은 수년 동안에 걸쳐 이곳의 토양과 기후에 적응된 종류들이다. 바질, 세이지, 라벤더, 캐모마일, 멜로, 펜넬, 딜, 보리지, 등 외국에서 도입된 종류들도 있지만 전통적인 향료 허브 종류들도 함께 재배되고 있다. 허브뜨락의 허브들은 물론 차로 이용되기도 하지만 주로 활용하는 것은 '허브비니거'이다. 허브뜨락에서 직접 재배한 신선한 허브를 와인비니거 혹은 사과식초에 넣어 만든 것으로 많은 방문객들의 호평을 받고 있다. 허브오일도 중요한 활용방법의 하나이다. 올리브유 혹은 일상에서 사용하는 참기름에 깨끗하게 씻어 물기를 제거한 허브를 넣어 만든 허브오일은 샐러드 드레싱으로 귀하게 활용되고 있다. 그 외에도 허브버터, 허브피클, 허브샐러드 등으로 다양하게 이용한다.

1. 허브 향기 속의 허브뜨락

1) 허브란 무엇인가?

허브란 '푸른 풀' 혹은 '잎, 줄기와 뿌리 그리고 꽃 등이 식용, 약용에 쓰이거나 향기나 향미가 이용되는 식물'의 총칭이다.

이와 같은 허브는 고대시대부터 인간의 건강 유지와 질병의 예방과 치료에 쓰이는 약초로 때로는 방충과 방부제로서 인간과 밀접한 관계를 맺어 왔다.

허브가 광범위하게 활용된 것은 향기와 맛 그리고 다양한 영양분을 포함한 건강유지에 필요한 성분들이 포함되어 있기 때문이다. 허브(herb)라는 말은 라틴어 '허바(herba)'에 어원을 두고 있으며, 고대 국가에서는 향과 약초라는 뜻으로 사용하였는데, 그러한 습성과 효용성은 인류의 발전과정을 거치면서 다양한 형태와 내용으로 광범위하게 활용되는 식물로 자리를 잡게 되었다.

특히 허브에 대한 기록의 시초는 메소포타미아에서 출토된 점토판에서 볼 수 있는데, 인간에게 유용한 식물의 목록들이 새겨져 있으며 그러한 내용 중에 허브들이 포함되어 있다.

중국에서는 기원전 5000년 무렵부터 허브를 사용하였다는 기록이 그리고 이집트에서는 기원전 2800년 무렵에, 바빌로니아에서는 기원전 2000년 무렵에 허브를 사용하였다.

고대 로마시대의 학자 디오스코리데스(Dioscorides)가 기원전 1

세기에 저술한 약학, 의학, 생물학의 원전인 『약물지(藥物誌)』에는 600여 종의 약초가 기록돼 있으며, '의술의 아버지'라고 불리는 히포크라테스의 저서에는 400여 종의 약초가 수록되어 있는데 이들 약초의 상당 부분이 허브라는 사실이다.

이와 같은 기록들과 그 증거들은 아마도 인간의 독특한 특수성, 즉 생존에 필요한 '먹고 입고 잠자는 문제'뿐 아니라 육체의 오 감각들을 유쾌하게 자극하고 충족시키면서 어떻게 좀 더 행복한 즐거움을 느끼게 할 것인가에 대한 고민과 연구의 결과이며, 이는 곧 인류의 역사와 발전에 중요한 기초가 되었고 '허브식물'들은 바로 그러한 욕구나 필요를 충족시킬 수 있는 조건을 갖추고 있었음을 알 수 있다.

허브를 활용한 또 다른 이유의 하나는 인간의 사후 세계에 대한 고민과 그에 대한 해답으로도 볼 수 있다.

다시 말하면 인간의 생명에 대한 미련은 인류의 발생 때부터 끊임없는 화두이었다. 인간의 생명의 한계를 극복할 수는 없을까 하는 문제는 문화와 삶의 질적 향상이 더해질수록 더욱 중요한 과제로 등장했다. 그러나 결국 인간이 살아있는 생존기간을 연장 할 수 없다는 생각이 지배적이고, 그리고 새로운 대안으로 제시된 것은 '사후 세계에 대한 믿음'으로 나타나기 시작했다.

심리적 위안의 수단일지 모르지만 그와 같은 구체적인 증거들의 하나가 이집트에서 미라를 만들기 시작한 것으로 상상할 수 있다.

결국 사후세계에서 육체적 존재가 생명을 다한 이후에 시체의 부패를 막고 유지하면서 세상과 연계를 시도한 것이 곧 미라이다.

미라는 죽은 시신을 가능하면 형태를 그대로 유지하는 것이 중요하며, 이를 위해 허브를 사용하였다.

뿐만 아니라 인도에서는 홀리바질이라는 허브를 그리고 힌두교의 크리슈나신과 비슈누신을 신성시하면서 신이나 죽은 시신에게 봉헌하는 신성한 허브로 여겼다.

힌두교에서는 성스러운 허브란 뜻으로 사용되었고, 심지어는 그와 같은 향을 보내 준 것이 신이라고 생각하면서 허브를 경애와 숭배의 대상으로 삼기도 했다.

2200여 년 전에 죽은 이집트 람세스 2세의 미라를 검사하던 학자들은 왕의 코 안에서 허브의 일종인 후추 알갱이를 발견했다는 기록이 있는데, 이를 조사하여 연구한 결과 당시의 왕 주변에 있던 의료진들이 왕에게 생기를 불어넣기 위해 카모밀라 꽃에 함유된 방향성 연고로 가슴을 문질렀다는 추측을 해 내게 되었다.

일부의 호화 계층의 사람들은 허브의 향을 마사지와 목욕 등을 할 때 사용하기도 하였다. 이처럼 허브가 많이 등장하는 이유의 하나는 자연 조건들이 허브에 적합하여 흔한 식물이었기 때문이며, 특히 건조한 기후를 좋아하는 허브의 특수성 때문이다.

경배의 대상인 허브가 잘 자랄 수 있는 자연환경은 때때로 인간의 습관과 생활패턴을 바꾸거나 새로 만들어 내기도 한다. 이것은 인간의 지혜로움일 뿐만 아니라 생물체들의 종족 번식의 욕구를 충족하려는 겸허한 자세를 갖는 사람들의 결과물이기도 하다.

삶의 질이 상당히 높은 수준이었던 로마인들은 사람들이 자연 조건 속에서 흔히 볼 수 있는 허브를 활용하는 방법을 개발하고 생활 속으로 유인하여 즐기려는 노력을 하면서 자연스럽게 허브와의 인연이 만들어졌다.

고대 로마제국 시절의 로마인들의 허브를 즐기는 습관은 자연 환경에서의 허브가 그들의 삶을 즐기게 하는 도구였기 때문에 만들어진 것이고, 허브 식물들은 그러한 인간의 습성과 지혜를 이용하여 유럽 전역으로 확대되었고, 지금에 와서는 세계의 곳곳을 점령한 결과를 가져온 것이다. 결국 허브는 자신의 독특한 향을 이용하여 인간의 마음을 사로잡았고, 그러한 허브들의 전략은 수많은 국가와 지방에서 재배될 수 있는 허브 전성시대를 맞이하게 된 것이다.

2) 허브의 활용 방법

일상생활에서 허브는 광범위하게 활용되고 있다. 이를테면 흔히 마시는 감국차, 결명자차, 생강차 등과 같은 차로 활용하는 방법을 포함하여 깨와 마늘 등과 같은 요리용으로 쓰이는 허브, 술이나 미용재료, 목욕 등으로 활용하는 등 매우 다양하나 옛날부터 질병 예방과 치료를 위한 약초로 주로 활용되어 왔다.

특히 인간의 삶의 질이 향상되면서 각종 향료로서의 구실, 식료품이나 의류의 보존을 위한 재료로 활용되거나 염색, 부향제, 향수의 원료, 향신료 등은 물론 일상생활에서 다른 식물들과 어울려 정원 식물로도 활용되고 있다.

'어떻게 하면 허브를 잘 활용할 수 있을 것인가?'에 대한 의문은 새로운 창조를 즐기는 많은 사람들의 좋은 소재가 되었다.

약초를 이용하여 인간의 질병을 치료하고자 했던 '의술의 아버지' 히포크라테스는 그의 저서에 400여 종의 약초를 수록하여 그 쓰임새를 설명했으며, 12세기 약제사들과 식물학자들이 주류를 이룬 허벌리스트들이 저술한 식물지 『허벌(Herbal)』에는 각종 약초가 그림과 함께 약효가 상세히 기록되어 있다.

존 제라드(John Gerard)가 1597년에 저술한 『식물의 이야기』는 오늘날까지 허브의 역사를 전하는 귀중한 자료가 되고 있다.

이들 저술에 기록된 허브의 이용가치와 방법들은 주로 건강을 위한 약용이었으나 근래에 들어와서는 미용, 아로마테라피, 향신료, 관상용 등으로 광범위하게 생활에 활용하고 있다.

허브의 종류는 2,500종 이상인 것으로 알려지고 있으며, 최근 우리나라에서도 1,000여 종의 허브가 재배되고 있다는 사실은 그동안 얼마나 많은 사람들이 허브의 이용가치를 높게 평가해 왔었는가를 암시해 준다.

허브를 이용하는 방법은 매우 다양하다. 어떻게 활용할 것인가에 따라서 수확하는 시기와 부위가 달라진다.

대부분 꽃을 이용하거나 종자, 줄기, 잎, 가지, 뿌리를 이용하는 방법이 있는데, 특히 허브는 개화 전이나 초기에 향기나 약효를 나타내는 성분의 농도가 가장 높다는 점 때문이다.

허브에는 탄수화물, 무기질, 비타민, 아미노산, 정유, 지방산, 글리세롤, 사포닌, 탄닌, 알칼로이드, 배당체, 테르펜, 수지, 펙틴, 쓴맛 성분 등이 다양하게 포함되어있기 때문에 질병의 예방과 치료, 음식의 재료, 미용에 사용되는 오일, 향수, 비누 등은 물론 일상적으로 마시는 차로 이용된다.

허브식물들이 지닌 성분 중 정유(essential oil)는 방향유로 휘발성이 강한데, 허브식물의 세포 안에 들어 있는 정유는 향기가 좋으며 열을 가하면 증발한다. 피부에 바르면 2~3초 안에 스며들어 깊이 흡수되는 특성이 있다. 때문에 허브식물들의 정유는 신체의 면역 기능을 강화하고 방부제, 소독살균제, 소화제, 강장제, 거담제, 소염제, 항암제 등으로 사용된다.

향을 이용한 아로마테라피는 스트레스 해소와 피곤할 때 또는 피부가 거칠어졌을 때 사용한다. 가장 대표적인 인삼과 쑥, 동백, 장미를 포함하여 외래종인 라벤더, 캐모마일 등이 활용된다.

허브 식물에서 추출한 독특한 향을 간직한 방향 물질(essential oil)의 향(aroma)을 이용하기 때문에 인간의 면역계 기능 향상, 정신적 안정, 피부 미용 등을 목적으로 활용한다.

허브를 이용한 아로마테라피의 하나로 일상생활에서 자주 사용하는 마사지는 스트레스를 받았거나 피곤할 때 또는 피부가 거칠어졌을 때 허브로 만든 에센셜 오일을 이용한다. 심신의 건강과 활력뿐만 아니라 미용 효과를 높이는 것으로 많은 사람들이 활용한다. 아로마테라피는 여러 가지 아로마 에센셜을 섞어 사용하는 것이 효과적이며, 최대 2시간의 범위 내에서 한다. 아무리 좋은 향(香)이라도 2시간이 넘으면 두통이 올 수 있기 때문이다. 임신 중인 사람이나 6개월 미만의 신생아들에게는 사용을 하지 않아야 한다.

허브차는 허브를 이용하는 가장 대중화된 방법이다.

허브차는 카페인이 없는 알칼리 식품으로 혈액 순환이 잘되고 몸이 따뜻해지며 기분이 느긋해지고 긴장을 풀어준다. 일상생활에서 부지불식간에 받는 스트레스를 해소하기 위해서는 매우 적절하며, 심신의 안정과 활력을 더해 주는 효과도 있다.

허브차의 효과를 높이기 위해서는 몇 가지를 섞어서 만든 것이 적절하며, 찻주전자를 따뜻하게 데운 후 허브(1인분 1찻숟갈)를 넣고 뜨거운 물을 붓는다. 현장에서 따온 허브는 4~5분, 건조된 허브는 3분 전후로 우려 내고 기호에 따라 꿀이나 레몬을 첨가해 마신다. 차로 이용하는 허브 꽃은 개화 직전 · 직후에 그 향이 가장 강하기 때문에 이때 채취하여 냉장보관하거나 응달에서 말려 밀폐용기에 보관해서 사용한다.

비타민과 칼슘, 철과 식이섬유, 미네랄 등이 풍부하고 각종 약리 성분으로 소화 · 수렴 · 이뇨 · 살균 · 항균 작용으로 몸을 보호하는 데 적합하다. 특히 허브에는 카페인이 없고 혈액순환을 도와 상쾌함과 느긋해지는 효과가 있다.

허브는 고기나 생선, 내장류의 냄새를 없애는 데에도 활용되며, 단맛 · 매운맛 · 쓴맛 · 신맛 등의 맛에 변화를 줄 수 있어 요리하는 데 많이 사용한다.

3) 허브의 특수성과 재배법

일상생활에서 허브에 대한 관심이 많아지면서 재배 방법에 대한 연구가 꾸준히 발전적으로 진행되어 왔다. 허브를 포함한 대부분의 식물들은 빛과 물과 공기 그리고 필요한 영양분이 있어야 싹이 트고 성장하며 그리고 꽃과 열매를 맺게 된다.

양질의 허브식물 생산을 위해서는 허브식물의 특수성과 재배에 관한 지식이 필요하다.

일반적으로 허브는 양지바른 곳, 적절한 보온과 배수 그리고 풍부한 유기질 성분의 토양이 있을 때 좋은 환경이라고 한다. 그러나 각각의 허브들의 종류에 따라서는 차이가 있다.

대부분의 허브들은 조건과 환경이 갖추어지면 노지에서 무성하게 자라면서 병충해에도 아주 강하다.

허브들은 토양의 질이 어느 정도 가벼운 약알칼리성 성분을 좋아하는 종류들이 많다.

허브식물의 발아조건은 바질, 세이지, 타임, 민트, 라벤더, 루, 레몬그라스, 타라곤, 마조람, 차이브, 로즈메리, 레몬버베나, 레몬밤 등은 고온에서 발아가 잘되기 때문에 노지에 직접 파종하는 것보다 모종판을 이용하여 충분히 자란 후에 옮기는 것이 좋다.

그런가 하면 캐모마일, 코리안더, 안젤리카, 단델리온, 로켓, 치커리, 토종 민들레, 민트류, 로즈, 루바브, 머시멜로(멜로) 등의 허브는 오히려 낮은 기온에 발아가 수월하기 때문에 봄철에 노지에 직접 파종하여도 발아가 잘 된다.

빛이 없어야 발아가 잘되는 허브들도 있는데, 차이브, 로켓, 머스터드 등이다.

허브식물의 중요한 특징은 습기에 약하다는 점인데 특히 로즈메리, 라벤더, 타임, 타라곤 등으로 이들은 오랫동안 건조한 지역에서 적응된 종으로 환경에 맞게 수분 증발을 최소화할 수 있는 가늘고 얇은 잎을 지니고 있다.

로즈메리, 라벤더, 레몬그라스, 타라곤 등은 여름에 휴면하지 않고 많이 자라기 때문에 가을철에 분갈이나 이식을 삼가야 하지만 차이브, 페퍼민트 등은 여름에는 휴면하는 허브들이기 때문에 가을철 이식이나 분갈이가 가능하다. 그러나 대부분의 허브들은 여느 식물들과 같이 겨울철에 휴면하기 때문에 3~4월에 분갈이나 분주를 하는 것이 좋다. 이를테면 타라곤, 차이브, 레몬그라스, 치커리, 히솝, 타임, 로즈메리, 라벤더 등 대부분의 허브들이 여기에 속한다.

허브들은 대부분 햇빛을 좋아하는데, 레몬밤, 민트, 베르가모트, 세인트존스워트, 스위트바이올렛, 안젤리카, 애로, 제라늄, 차빌 등은 음지 혹은 반 그늘을 좋아한다.

허브재배에서 가장 신경을 써야 하는 부분은 역시 급 · 배수문제인데 대부분 용토가 약간 촉촉한 정도가 이상적이며, 물주기는 봄, 가을, 겨울은 오전에 하고 여름은 가급적 오후 늦게 물주기를 하는 것이 좋다. 방향성 허브는 척박한 토양에서 더 좋은 향을 발산한다. 특히 척박하지 않은 토양에서는 잎이 무성하게 자라지만 척박할수록 자신의 생명에 대한 위기의식으로 종족번식의 욕구를 느끼면서 더 강한 아로마 향과 꽃을 피워 벌과 나비를 유혹한다.

대부분의 허브는 중성 내지는 알칼리성 토양을 좋아하므로 토양의 중성화를 위해 석회성분을 함유한 조개 껍질이나 계란 껍질 등을 투여하기도 한다.

허브의 특성 중 하나는 병 · 해충에 강하다는 점이며 특히 다양한 허브들이 함께 재배될 때 더욱 그러하다. 이를테면 한국의 허브종류로 취급되는 미나리 · 쑥갓 · 마늘 · 파 · 생강 · 고추 등의 향채소와 창포 · 쑥 · 익모초 · 결명자 등이 예로부터 허브로 쓰여 왔으며, 이들의 공통적인 특징은 병충해에 강하다는 점이고, 줄기나 꽃 등이 작아 종족번식을 위해 멀리서도 향을 느낄 수 있도록 강한 방향성 물질을 갖고 있다.

허브는 생리적으로 기후가 습하거나 통풍이 나쁘면 줄기나 뿌리가 썩어 병충해나 웃자람의 원인이 된다. 이와 같은 현상은 지중해성 기후에 적합한 조건을 만들기 위한 자구책이다.

야생 식물인 허브가 지중해 연안에서 잘 번식될 수 있었던 것은 태생적으로 강인하고 다양한 식물들이 함께 혼재하면서 자라는데 허브식물이 병충해를 방지하는 수단으로서 특유의 냄새와 생김새들로 병충해를 스스로 방어하는 수단으로 삼은 것이다.

허브는 사용하는 용도와 수확 시기 그리고 종류에 따라 순을 자르는 시기가 다르다. 꽃을 이용하거나 종자, 줄기, 잎, 가지, 뿌리를 이용하는 방법이 있으므로 각각 그 용도를 잘 알아야 한다.

4) 허브뜨락의 허브가족

허브식구들과의 대화는 참 감미롭다.

향이 그렇고, 꽃이 그러하며 각각 허브들이 지닌 재미있는 히스토리들이 있기 때문이다.

♣ 추억과 낭만이 있는 민트네 식구들

민트(Mint)는 우리나라를 포함한 세계 각지에서 쉽게 볼 수 있는 번식력이 좋은 허브이다.

민트네 식구들은 말 그대로 대가족이다.

동양종을 대표하는 박하 종류와 서양종으로 페퍼민트를 포함하여 애플민트, 스피아민트, 워터민트, 호스민트, 잉글리시호스민트, 슈퍼민트, 파인애플민트 등 종류도 매우 다양하다.

박하(Mentha arvensis L) 정유의 주성분은 멘톨(Menthol)인데, 살균작용을 한다. 박하를 포함한 대부분의 민트 종류들은 정신을 안정시키고 청량감 강한 향기에 항균, 통증완화 등의 효능이 있어서

차, 향신료, 껌, 사탕, 치약, 화장품, 목욕용품 등의 재료로 활용되고 있다.

일상생활에서 간단히 차로 마실 경우는 주로 건조시킨 민트잎과 줄기를 밀봉 보관해서 사용하는데, 허브뜨락에서는 그때그때 신선한 민트 잎을 그냥 따서 차로 우려 마신다.

목욕을 할 때도 민트 잎을 따서 입욕제로 사용해 보니 한결 부드럽고 피부가 청결해지는 효과를 실감하곤 한다.

페퍼민트(peppermint)는 강한 청량감이 있어 허브 티뿐만 아니라 여러 나라 약전에도 올라있는 귀중한 약초이다.

항균, 살균, 소화 촉진작용을 하며, 두통, 신경통, 구충, 피부염, 항염, 스트레스 해소, 집중력 강화, 치통, 산욕열 등에 효과가 있으며, 유분을 적절히 조절해 주면서 모공을 수축시키므로 화장수로 많이 쓰인다.

항염, 진통, 발한제 및 방부제로 쓰인다.

옛날에는 감기나 위장병에 약으로 달여서 차로 마셨으며, 가을부터 매일 마시면 겨울에 감기를 앓지 않는다고 한다.

또한 진정작용이 있어 심신이 불안할 때 마시면 기분을 차분하게 가라앉게 한다.

여름에는 냉차로 매우 좋다.

애플민트는 키가 커 30~60cm 정도이고 사과와 박하가 섞인 듯한 향기가 난다. 잎은 달걀 모양으로 둥글고 흰 털이 나 있으며 연해 보이며 내한성과 번식력이 강하며 주로 반그늘 상태에서 잘 자란다. 잎으로 허브차를 만들어 마시면 소화불량이나 피로회복에 효과가 있으며, 생선이나 고기 요리를 할 때 향신료로 활용하거나 살균소독, 건위강장, 진정 및 진통작용에 좋아 약용으로 활용한다, 특히 입 냄새를 없애는 효과도 있어 치약에 넣기도 한다.

민트를 활용하여 간단한 초콜릿 만들기를 할 수도 있는데 간단한 재료들, 생크림, 다크 초콜릿, 민트 잎, 템퍼링된 다크 초콜릿, 코코넛슬라이스 정도면 된다.

모기를 쫓아내는 데에는 페니로열민트가 적격이다.

허브뜨락의 앞마당은 잔디 대신 민트의 한 종류인 페니로열민트(pennyroyal)를 심어 놓았는데, 독특한 향기로 기분을 상쾌하게 하는 효과가 여름이면 실감 나게 한다.

한여름이 되면 꽃이 활짝 피어 향기를 더해 준다. 마당 가장자리에 있는 클리핑 로즈메리의 향이 더해져 온통 허브향기로 그득함을 느낀다.

이와 같은 허브향은 모기들이 싫어하는 향이다. 때문에 간혹 허브뜨락을 방문하는 지인들은 이구동성으로 하는 이야기의 하나는 모기가 없다는 것이다. 물론 모기들이 아주 없지는 않지만 거의 없는 편이며, 그 이유는 바로 페니로열민트의 냄새 때문이다. 페니로열민트에는 민트 종류가 공통적으로 지닌 멘톨이 비교적 많이 있는데, 이는 모기가 제일 싫어하는 냄새 중의 하나이다. 이러한 특수성 때문에 최근에는 멘톨을 첨가한 의약품 · 과자 · 화장품 등이 만들어져 시판되고 있다.

페니로열민트는 다른 민트들과는 달리 독성이 있어 식용으로 활용하지는 못하지만 여름철 모기나 벼룩, 각종 해충을 쫓아내는 데는 그만큼 좋은 식물들도 없는 듯하다.

심지어 우리 허브뜨락의 강과 산이 그리고 들과 내(모두 개 이름)가 밖으로 나오면 제일 먼저 찾아가 뒹굴면서 즐기는 곳이 바로 페니로열민트가 깔려 있는 앞마당인데 가만히 생각해 보니 몸에 붙어 있는 해충들을 쫓아내기 위한 본능이 아닌가 생각되었다.

더 좋은 것은 녀석들을 밟고 다니는 일이다. 피곤하거나 기분을 전환하고 싶을 때면 앞마당에 맨발로 나가서 그 녀석들을 밟아 주면 된다.

땅속줄기로 번식을 하기 때문에 밟아 주면 번식을 도와주는 일이면서 동시에 향기를 내 품어주는데 이때 얻는 쾌감은 다른 어느 것보다 더 상쾌함을 느끼게 된다.

페니로열민트의 원산지는 유럽이며 민트, 즉 박하류에 속하는 허브이다. 학명으로는 Mentha pulegium이지만 속명으로는 그냥 'Mentha'로 부르는데 이는 그리스 신화의 여신 멘테가 다시 태어난 것이라고 해서 그녀의 이름을 따서 이름을 붙인 것이다.

종명으로 'pulegium'은 벼룩이라는 뜻의 라틴어인 'pulex'에 어원을 두고 있는데 벼룩을 물리치는 데 최고라는 뜻인 puleium regium의 합성어이다.

페니로열민트의 키는 대략 15~30cm 정도이고, 줄기는 붉은색이지만 잎은 광택이 있는 작은 크기로 어두운 녹색이고 옆으로 퍼지면서 자란다.

여름이 되면 꽃대가 곧게 자라면서 분홍색 또는 연보라색 꽃이 피는데, 무리로 피어있으면 마치 연분홍 치마폭을 펼쳐 놓은 것처럼 잔잔한 모습인데, 여기에 진한 페니로열민트의 향기를 더하면 말 그대로 환상적인 앞마당이 된다.

페니로열민트는 햇빛이 잘 드는 곳에서 잘 자라지만 반음지에서도 잘 자라며 내한성이 강하고 번식력이 왕성하다.

시골생활에서 여름철은 낭만이 있는 계절이다. 푸른 숲과 들판을 쉽게 접할 수 있고, 풍성한 과일이 있으며 가장 매력을 느끼게 하는 시원한 바람이 있는 곳이다.

푸른 나뭇잎들로 둘러싸인 늙은 느티나무 아래서 오순도순 장기판을 두드리는 모습도 정겹지만 더욱 매력적인 것은 여름밤 시원한 자연바람 속에서 향긋한 풀냄새 맡으며 모깃불 가에 앉아 정담을 나누는 일이다.

옛날 어린 시절 내가 성장한 곳은 전라북도 익산의 아주 작은 시골 마을이었다.

마을 전체가 30여 호 남짓하기 때문에 모두가 가족 같은 분위기이어서 누구나 서로의 얼굴을 알고 있고, 누구네 집의 형은 몇 살이고 아버지가 장에 가면 무엇을 잘 사오는지 그리고 다른 친구 누구 집에는 닭이 몇 마리이고 밭에는 무엇을 심는지조차 알만한 관계들이었다.

마을의 바로 뒤편과 그리고 약간은 멀지만 앞에는 바위산이 있었다. 나즈막한 산인데 온통 큰 바위 하나로 전면이 노출되어 있어서 이름을 바위산이라고 불렀다.

초등학교 시절 마을별로 줄을 서서 학교에 가고 오던 시절이었기 때문에 여름방학이 시작되면 매일 아침 일찍 조기청소와 보건체조 모임이 의무적으로 이루어졌다.

마을별로 어린이 단체를 조직하여 아침 일찍 일어나 체조도 하고, 마을 청소도 하며 다양한 단체 활동을 하는 조직이었기 때문에 비록 어린 나이들이었지만 마을 단위에서 어떤 일이 있을 때는 일사불란하게 행동으로 옮겨지곤 했다.

여름방학이 되면 그와 같은 단체활동은 저녁에도 이루어졌다.

저녁 식사를 마치면 누가 먼저랄 것도 없이 뒷산의 바윗돌 위에 만들어진 평평한 잔디밭에 옹기종기 모이게 된다. 때로는 학년별로 때로는 남녀별로 그리고 때로는 친불친 관계로 모이는데, 비가 오거나 날씨가 크게 흐리지 않는 한 아주 작은 담요 조각들이 손에 들려져 있곤 했었다.

물론 낮에 잘 구워진 돌 위이기 때문에 마치 돌침대 위에 누워 있는 느낌이었고 새벽녘에는 바람이 약간 차갑기 때문에 담요로 몸을 가리기 위해서였다.

현대판 노숙 같지만 추억과 낭만이 있고 우정을 만들어 내는 바위산에서의 청소년 합숙과 같은 것이었다.

이곳에서 이렇게 노숙을 하는 이유는 다름 아닌 모기들 때문이었다.

이 녀석들은 저녁만 되면 사람들이 모이는 곳으로 달려들었다. 모기들이 어찌나 큰지 한번 물리면 살이 부어오를 정도기 때문에 여름밤의 우리 마을은 이 집 저 집, 너와 나 할 것 없이 옹기종기 모여서 모깃불을 놓고 밖에서 시간을 보내곤 했다. 참으로 낭만이 깃든 추억들이다.

저녁이면 친구들과 함께 어울려 다니면서 주변의 오이밭, 복숭아밭, 수박밭까지 뒤지면서 서리(?)를 하곤 했었고, 이렇게 수집해온 과일들은 풍성한 시골의 한여름 밤의 중요한 간식거리로 즐기다가 주인에게 들켜 혼쭐이 나기도 했다.

(김남순의 페이스북: 페니로열민트 꽃에 대하여,
화순허브뜨락의 식구들 50번째 이야기, 2016년 6월 26일)

적절한 냉방기구가 없는 환경이기 때문에, 열대야 속에서 방에 들어가 잠을 잔다는 것은 한증막에 들어가는 것과 같았다. 가까운 뒷산에는 친구들이 모이고, 돌침대와 같은 따뜻한 자연석이 만들어져 있고, 그리고 모기가 극성을 부리지 않는 곳이었기 때문에 언제나 성시를 이루었다.

당시의 추억은 사라졌지만 나름대로 허브뜨락의 여름밤은 여름 모기를 쫓아주는 페니로열민트가 있어 연못가에 세워진 정자에서 늦은 밤까지 즐기는 데 큰 어려움이 없다.

♣ 꿀로 채워진 화려한 허브–베르가모트

베르가모트(Monarda didyma L)는 화려한 꽃, 향기 그리고 꿀로 그 특수성을 지닌 허브이다.

베르가모트라는 이름은 이태리산 감귤 '베르가모트 오렌지'에서 유래하는데, 이는 그 향이 유사하기 때문이며, 화려한 꽃에는 꿀이 많아 벌들이 많이 모인다는 이유로 비 밤(Bee balm)이라고도 한다.

미국의 오스웨고 강 유역에 거주하던 인디언들은 베르가모트를 건강차로 이용하거나 머릿기름으로 활용하였는데, 때문에 오스웨고 티(Oswego tea)라고 부르기도 한다.

다른 허브들과는 달리 습한 땅을 좋아하고 반 그늘의 서늘한 곳에서 잘 자라며, 씨앗으로는 물론 삽목이나 포기나누기 등의 다양한 방법으로 번식이 가능하다. 종자번식일 경우에는 봄 혹은 가을이 적기이며 포기나누기로 번식할 경우에는 이른 봄이나 가을에 어린 순을 쪼개 50cm 간격으로 심는다.

베르가모트은 키가 60~80cm 정도로 비교적 키가 크고, 여름부터 가을에 걸쳐 비적색의 꽃이 핀다.

스트레스 해소와 다이어트에 좋을 뿐 아니라 피로회복과 진정, 구풍제, 방향성 건위제로 활용되는데, 꽃대가 나올 무렵에 연한 잎을 채취하여 그늘에 건조시킨 후 밀폐용기에 보관하여 필요한 때에 목욕제 혹은 차로 활용한다. 연한 잎은 샐러드로 혹은 와인이나 칵테일에 잎을 넣으면 신선감이 더해져 즐길 수 있다.

…… 어제는 오랜만에 꿀벌에서 채밀을 했다.
당연히 앞산의 밤나무 숲에서 열심히 모아온 밤꽃 꿀일터인 데 조금 다른 향이 나기에 곰곰히 생각하니 바로 앞 연못가에 심어놓은 베르가모트 꽃을 포함한 다양한 허브들 때문이 아닌가 생각되었다.
베르가모트(Bergamot)는 내가 아끼는 허브 중의 하나이다.
수년전 조지아 대학에서 연구교수로 나가있을 무렵 유달리 화려하고 향기 좋은 꽃이 있어 종자를 채취해 가지고 들어와 허브뜨락에 파종한 것이 지금은 제법 많은 양의 '베르가모트 밭'을 이루게 되었고 설상가상으로 꿀벌 식구들의 중요한 먹이를 공급해 주고 있다.
특히 베르가모트는 특유한 허브향기와 꽃에서 분비되는 꿀 때문에 밀원용으로 많이 활용하는데, 생잎을 따서 뜨거운 물에 조금 넣고 5~6분 후에 마시면 허브 차로 아주 적격이다. 특히 피부병이나 거친 피부 치료에 효과가 좋은 것으로 알려져 있고 목욕제로 사용할 경우 피로회복과 긴장해소에도 좋은 것으로 알려져 있다. 그래서인지 인디언들은 베르가모트 티(잎과 꽃)를 인후통이나 가슴의 병 치료에 사용해 온 것으로 알려져 있다.
집 앞들에 핀 베르가모트는 화이트와 핑크 두 종류인데, 이들은 연못 아래 약간 습한 지대에 있어서인지 키가 2미터 넘게 크고 탐스럽게 피어있다.
베르가모트 허브와는 달리 베르가모트 나무는 에센스 오일을 추출하여 사용하고 허브 베르가모트는 차나 목욕제 등으로 사용되는 허브식물이다.
피로해지기 쉬운 여름 같은 날씨에 베르가모트 향으로 스트레스 날려 버리자.

(김남순의 페이스북: 베르가모트꽃에 대해서,
화순 허브뜨락의 식물. 53번째 식구. 2016년 6월 29일)

♣ 건강과 장수의 상징-펜넬(회향)

허브뜨락의 하얀 집 현관 앞의 7월은 펜넬 향기로 넘쳐난다.

생김새도 범상치 않다. 실처럼 가늘고 새의 깃털처럼 부드러운 펜넬 잎과 긴 마디가 대나무 같고, 부드러운 촉감을 가지고 있는데, 설상가상으로 노란 꽃망울이 맺히면서 풍기는 달콤한 향기까지 더하면 천상 '향기 좋고 이쁜 녀석'이다.

초여름 이른 아침 펜넬의 향기를 맞는 것도 즐겁지만 가느다란 가지 끝에 초롱초롱 매달린 은방울 같은 아침 이슬방울은 마치 옥수정같이 아름다워 사랑하는 여인에게 선물하고 싶은 충동을 느끼게 한다.

펜넬은 유달리 줄기가 통통하고 마디가 있으며, 속이 비어 있는데, 그리스 신화에 프로메테우스(Prometheus)는 인간을 위하여 태양의 불을 훔쳐서 펜넬(Fennel)의 줄기에 불을 붙여 지상으로 내려왔다는 기록은 그와 같은 생김새와도 연관을 가진 것이 아닌가 생각된다.

펜넬(Fennel)의 학명은 *Foeniculum vulgare Mill*인데, *Foeniculum*은 라틴어 Foenum이고 이는 마른 풀의 축소형을 의미하며, 실제 펜넬의 줄기를 보면 마치 말라있는 풀처럼 보이기 때문에 붙여진 이름으로 알려져 있다.

특히 그리스에서는 펜넬을 마라트론(marathron)이라고 불렀는데, 이는 'marano' 즉 여위다라는 의미이며, 실제로 이뇨작용에 효과가 있어 체중감량이나 비만치료에 활용되고 있다.

고대 로마시대 사람들은 펜넬을 강정과 장수 그리고 시력과 관련된 식물로 취급하였다. 이를테면 펜넬을 넣어 끓인 물로 갓난아이의 눈을 씻어 주면 시력 향상에 도움이 된다는 믿음의 관습이 있었고, 유럽에서는 요로결석 증상이 있을 때나 해독효과를 위해 펜넬을 사용하기도 했으며, 스페인에서는 투우사들이 평소에 많이 먹을 뿐 아니라 투우장에서 승리한 자에게 펜넬로 만든 화환을 씌워 주었다.

아마도 이와 같은 관습은 펜넬이 가진 강정 효과와 용기를 주는 특성 때문인 것으로 알려져 있다.

펜넬은 역사적으로 사람들의 식생활과 밀접한 관계를 가지고 활용되어 왔을 뿐 아니라 현대사회에서도 그 용도는 다양하다. 펜넬은 독특한 향이 있는 잎과 꽃 그리고 줄기, 뿌리에 anethole, fenchone를 주요성분으로 하는 정유와 α-pinene과 cis-anethole, p-cymene 등이 함유되어 있어 다양한 용도로 활용된다.

특히 잎에는 비타민 C와 B2, 계피산, 안식향산 등이 있고, 뿌리에는 α-terpinene 등의 정유가 함유되어 있어 생선 요리의 비린내 제거와 기름기를 중화시키는 작용과 조미료로 활용될 뿐 아니라, 체내의 가스 배출 등의 소화장애, 만성기침과 고혈압, 이뇨, 위장과 관련된 약용으로 그리고 잎은 샐러드용으로 이용한다.

펜넬은 남부 해안지방에서는 노지 월동이 가능하며, 종자나 포기나누기로 번식한다. 우선 직파법으로 번식하고자 한다면 봄과 가을 모두 가능한데, 이른 봄과 10~11월에 씨를 뿌려 월동시키는

데, 중부지방에서 가을 파종을 할 경우, 11월에 파종하면 다음 해 봄에 완전히 싹이 터서 봄 파종한 것보다 일찍 수확할 수 있다.

허브뜨락의 현관에는 펜넬이 내 키만큼 커서 우람하게 서 있다.
아마도 가장 좋은 자리에서 우람한 자태를 뽐내도록 한 것은 그만한 이유가 있어서인데 언제나 향기가 독특하고 수시로 그 잎을 따 차로 마실 수 있기 때문이며 각종 음식에 넣어 조리하면 또한 그 향이 그윽하기 때문이다.
펜넬의 씨는 소화·구풍·진정·구취 제거와 동맥경화증 예방에 좋으며, 베갯속으로 사용하면 숙면을 취할 수 있고 잎에 많은 정유성분은 anethole, fenchone, pinene, limone 등으로 비린내를 제거해 주기도 한다.
오늘은 장맛비가 오락가락하는 날이다.

이런 날 펜넬에서는 더 많은 향기를 내뿜는다.

모든 생명체들이 마찬가지이지만 생명이 있음은 스스로 자신을 보호하고 추구하는 목표를 달성하기 위하여 온갖 수단과 방법을 구별하지 않는 것 같은데, 펜넬의 수단은 나름 더 강한 향기를 뿜어 낸다. 키워준 주인에게 감사의 표시일까요…. 아니면 다른 병충해들로 하여금 근접하지 못하게 하기 위해서일까?

(펜넬에 대하여, 화순 허브뜨락의 식구들 60번째 이야기, 2016년 7월 6일)

♣ 사람의 만병을 치료해주는–세이지

우리 주변에 세이지처럼 흔한 허브도 드물 것이다.

원산지는 난대와 온대지방으로 지중해 연안과 유럽 남부지방인데 무려 500~700종이 알려져 있다.

영어 이름으로 슬기로운, 현명한, 사려 깊은 혹은 경험이 많은 등의 뜻을 가진 세이지(Sage)는 프랑스어로는 살비아(Salvia)로 불리며, '건강하다', '치료하다', '구조하다'라는 뜻이고 이는 라틴어의 Salveo, 즉 '건강하다'라는 말에서 유래되었다. 'Salvia'라는 이름은 로마시대 과학자이며, 역사학자인 플리니(Pliny the Elder)는 로마인들에 의해 "Salvia"라고 불렸다고 전하고 있다.

당시 뇌와 근육을 강화하고 장수하게 하는 약초로 취급되었다.

특히 BC 약 300년에 식물의 아버지라 불리던 그리스의 식물학자인 테오파라투스(Theophratus)가 기술한 내용에는 로마 병사들은 세이지가 강장작용을 하는 약초라고 믿어 점령지마다 그 씨를 뿌렸다고 기술되어 있다.

중세 초기에는 수도원에서 약초로 많이 재배되었고 유럽에 페스트로 죽은 시체에서 물건을 훔치던 4인의 도둑들은 몸에 세이지와 라벤더, 로즈메리, 마늘 등으로 만든 'Four Thieves Vinegar'를 발라 흑사병을 막으면서 도둑질을 해온 유명한 일화도 전해지고 있다.

우리 주변에 있는 세이지의 하나는 전통적인 야생화인 꿀꽃 또는 살비아, '하고초'라고 불리우는 세이지를 들 수 있는데, 어린 시절 꽃을 따서 꿀샘에 맺혀있는 달콤한 꿀물을 빨아먹던 추억이 있는 하고초도 세이지 종류의 하나이다.

또 다른 하나는 원산지가 남아메리카의 브라질인데 우리나라에 귀화되어 우리말로 깨꽃이라고 불리는 샐비어, 살비아(Salvia splendens)이다. 영어명으로는 Red sage, Scalet sage이며, 속명인 Salvia를 그대로 발음해서 살비아라고 불리게 된 식물인데, 정원에서 관상용으로 기른다 하여 가든세이지(Garden Sage)라고도 한다.

살비아(Salvia)속의 허브로 독특한 향기를 가진 세이지 종류로서 대표적인 품종으로 가든세이지(Garden Sage), 골든 세이지(Golden Sage), 트리컬러 세이지(Three Color Sage), 파인애플 세이지(Pineapple Sage), 체리 세이지(Cherry sage), 클라리 세이지(Clary Sage), 페인티드 세이지(Painted Sage) 등을 들 수 있다.

꿀풀과에 속하는 가든 세이지(Salvia officinalis)는 코먼 세이지

(Common Sage) 혹은 샐비어, 살비아(Salvia)라고 부르는데, 고대시대 악귀를 막으며, 다산의 의미로 널리 사용되어 왔으며, 뱀에게 물린 상처에 의학적으로 이용되었다는 가장 일반적인 세이지 종류이고, 국내에서 월동이 가능한 다년생 식물로 양지를 좋아하며 알칼리성의 배수가 잘되는 토양에서 잘 자란다.

원산지는 지중해, 발칸반도 지역인데, 락가든(rock garden)과 낮은 경계목으로 사용되며, 키친가든에서 채소류와 함께 재배하기도 한다.

골든 세이지(Salvia officinalis 'Aurea')는 밝은 노란색, 연두색 무늬가 가장자리에 나있는 것이 특징인 허브로 향이 강하고, 잎의 무늬가 화려하다.

트리컬러 세이지(Salvia officinalis 'Tricolor')는 잎의 가장자리는 흰색, 잎의 안쪽은 녹색 그리고 부분적으로 자주색 빛을 가지고 있어 붙여진 이름이다.

파인애플 세이지(Salvia elegans)는 식물 전체적으로 시원하고 산뜻한 파인애플 과일향이 나는 허브인데, 토양을 크게 가리지는 않지만 비옥한 토양을 선호하며, 양지를 좋아하고 키는 큰 키로 1m 이상 자라며 잎은 계란형의 밝은 녹색이고, 가을철에 2~2.5cm의 빨간색의 화려한 꽃이 깨꽃 모양으로 핀다.

체리 세이지(Salvia gregii)는 장타원형의 작은 잎에서 상큼한 체리향이 나는 허브로 봄부터 가을에 걸쳐 빨간색 꽃이 수시로 개화하며, 줄기는 매우 약하고 남부지역에서 월동이 일부 가능하다.

페인티드 세이지(Salvia viridis)는 작은 꿀풀과의 허브로 잎이 꽃처럼 화려한데, 특히 잎맥 부분의 색이 더욱 짙게 보여 고급스럽게 보인다.

클라리 세이지(Salvia scalrea)는 생육이 매우 빠르며, 잎은 매우 커 20cm 이상 되며 많은 꽃을 피운다. 토양을 크게 가리지는 않으나 배수가 원활해야 하는데, 여름철 배수 불량과 고온으로 인해 뿌리 부분이 썩어서 고사하는 경우가 많기 때문에 주의해야 한다.

세이지는 삽목에 의한 무성번식보다는 종자로 유성번식을 하는 것이 유리한데, 이는 삽목 시 적절한 습도를 맞춰주는 것이 어려워 삽수가 썩는 현상이 많이 일어나며, 특히 여름철은 곰팡이가 쉽게 전염되어 병해에 의해 번식의 어려움이 많기 때문이다.

그러나 파인애플세이지는 주로 삽목으로 번식을 하는데, 15cm 정도 크기로 삽수를 자르고 피트모스와 펄라이트 등이 섞인 상토에 삽목하면 계절의 차이는 있겠지만 2주 정도면 발근한다.

세이지는 약용, 식용, 관상용 등 매우 광범위하게 사용된다.

세이지의 침출액은 감기의 응급 처치 약으로 활용되는데, 페놀산은 항균작용이 있으며 특히 포도상 구균의 한 종으로 효과가 좋고, 소량의 사과산을 섞은 세이지 허브차는 치약으로 사용하고 목의 통증이나 인후염, 편도염에 치료약으로 활용된다.

염증이 생긴 치육이나 궤양성 구내염에 효과가 있으며, 꽃과 잎은 달여서 로션이나 샴푸의 재료로도 사용된다. 목욕제로 사용하면 피로 회복과 피부 미용, 비만 해소에도 유효하고, 말린 세이지 않은 강장작용 외에 신경계통이나 소화기 계통에 약효가 있다.

요리용으로 사용하는 경우 주로 잎과 부드러운 줄기가 사용되는데, 치즈, 소시지, 가금류 요리에도 사용된다.

트리컬러 세이지(Tricolor Sage)는 요리 재료로 가장 많이 쓰이는 종으로 향이 좋으며, 자극적인 맛을 내는데, 향이 너무 강해서 요리로 사용할 경우 다른 맛들이 제대로 살아나지 않을 수 있기 때문에 아주 소량으로 사용한다.

세이지 꽃은 5~7월에 피는데, 꽃에 꿀이 많이 있어 꿀벌들이 좋아하는 밀원식물로도 각광을 받는다.

…… 일교차가 크지만 역시 5월의 녹음은 세상을 아름답게 한다.
수년 전 미국여행 후 오는 길에 사온 세이지 씨앗을 파종하고 매일매일 새싹이 나오길 기다렸고, 새싹이 나온 후에는 다시 꽃을 기다려 왔다. 그곳 LA에서 너무 아름답고 향기가 좋아 혹시나 하고 씨앗 한 봉지 사가지고 와서 정성스레 발아시키고 그리고 월동을 시켜 드디어 꽃을 보게 됐다.
모든 꽃들이 다 그러하지만 역시 아내의 정성이 각별했던지라 더욱 돋보인다. 정성만큼이나 예쁘게 피워준 세이지꽃 잘 커줘서 그리고 예쁜 꽃 보여줘 감사한 마음으로 감상한다. 세이지는 존경과 미덕 그리고 장수라는 꽃말을 가지고 있으며 원산지는 남부 유럽이나 지금은 미국과 유럽에 많이 분포되어 있다.
향기는 물론 밀원식물로 앞마당에 있는 꿀벌들이 득실대기도 한다.
세이지는 녹색, 백색, 자주색 등이 있는데 허브뜨락에 있는 세이지는 자주색과 약간 흰색이 나는 파란색 계통의 종류이다.
아라비아 속담에 세이지를 심은 집에서는 죽은 사람이 없다는 말이 있을 정도로 신경계와 소화기계통에 약효가 뛰어나고 방부와 항균에 뛰어난 허브이다.
홍차가 애용되기 이전까지 가장 많이 애용되던 세이지 차는 구취와 잇몸을 보호하는 데 좋은 차로 유명하다.
더욱이 음식에 넣어 요리하면 잡내를 제거하고 목욕제로 사용하면 피부가 부드러워진다. 몸을 아름답게 만들어 주는 세이지, 내년에는 좀 더 번식시켜 세이지 밭 하나 만들어야겠다.

(김남순의 페이스북: 화순 허브뜨락의 건강 · 힐링 식물 100번째 식구)

♣ 빈대 냄새 나는 허브-고수

고수(芫荽, coriander, cilantro)는 빈대풀, 코리안더, 팍치 등 다양한 이름으로 불리는데 미나리과에 딸린 한해살이풀이다.

원래 동유럽, 지중해 원산이며, 고수의 이상한 냄새 때문에 도가에서는 이를 오훈이라고 불렀으며 민속 의술에서는 어린아이가 경기를 하면 고수와 오색실을 함께 꼬아 어린아이 머리맡에 놓아주거나, 술을 섞어 뿌려주었다고 전해져 오고 있다.

학명으로는 Coriandrum sativum, Chinese parsley이고, 중화권에서는 향채, 인도에서는 다니아(dhania)라고 하는데, 키는 대략 30~60cm이고 속이 비어 있으며, 잎에서 빈대 냄새가 난다고 해서 빈대풀이라고도 한다.

영어명으로 코리앤더(coriander)인데 그리스어 코로에서 비롯된 것이다. 이는 벌레를 의미하며 고수 열매가 익기 전에 악취를 내기 때문인 것으로 알려져 있다.

고수의 활용 범위는 다양한데, 타이, 인도, 베트남, 중국, 멕시코, 포르투갈 등에서는 향신료로 사용한다. 특히 음식을 조리할 때 기름을 많이 사용하는 중국 음식이나 베트남의 쌀국수에 느끼한 맛을 잡아주기 때문에 많이 활용한다.

잎에는 L-아스코르빈산(비타민 C)을 비교적 풍부하게 포함하고 있으며, 나물 또는 잎 줄기 채소로 이용하고, 열매는 향신료로 그리고 뿌리는 조림 요리 등에서 사용한다.

고대 이집트의 람세스 Ⅱ세의 무덤에서는 고수의 종자가 발견됨으로써 방부제 혹은 약용으로 활용된 것이 증명되었다.

서양에서는 순환계와 소화계, 감기 등의 면역체계, 신경쇠약과 편두통 등에 많이 사용한 것으로 알려져 있다.

한방에서는 이질이나 치질, 구역질 등에 사용하며, 사찰에서는 생체로 먹거나 김치를 담가 먹기도 한다.

허브뜨락의 고수 밭은 주차장 바로 위에 자리 잡고 있는데, 이는 양지바른 곳에서 보수력이 있으면서 배수가 잘되는 비옥한 땅을 좋아하기 때문이다.

고수 잎을 처음 씹어 보았을 때는 약간 비릿한 냄새로 인해 비위가 많이 상했지만 역시 시간이 지나니 상쾌한 맛이 남는 향기를 느낄 수 있었다. 특히 6~7월에 하얀 고수 꽃이 필 때는 매우 진한 악취를 풍기기 때문에 싫어하지만 꽃이 지고 열매가 익을 때 즈음에는 악취 대신 향기가 난다. 때문에 잎 몇 장과 열매를 따가지고 고수차를 만들어 마시면 소화를 돕고, 장내 가스를 배출시키며, 정신 집중에도 많은 도움이 된다. 중국이나 이집트 등의 식당에서 상징처럼 취급되고, 인도에서는 카레의 풍미를 내는 재료로 그리고 스패니시 살사나 멕시칸 살사의 중요한 재료로 활용되기도 한다. 하지만 우리나라에서는 다소 생소한 채소이고, 스님들의 수양에 도움이 된다 하여 예로부터 절에서 많이 재배되며, 고수쌈, 고수나물, 고수김치 등 사찰음식으로 활용되고 있다.

내가 잘 다니는 사찰에서 종자를 얻어 이른 봄에 파종하여 만들어진 작은 고수 밭이 이제는 온전한 고수 밭으로 자리 잡아 그 주변만 가도 구수한 고수 냄새를 맡을 수 있다.

고수는 쌀국수, 샐러드 드레싱, 샐러드, 찜 요리, 가금류 요리, 생선 요리 등으로 사용되거나 나물을 해서 식용할 경우 배의 기를 통하게 해 위장염 · 위통을 감소시키고 식욕증진에 효과적이다.

씨앗은 한방에서 호유자, 향유자라 하여 건위제, 고혈압, 거담제로는 물론 소화기능 향상과 신경쇠약, 신장결석, 당뇨 치료에 효과가 크고 식용으로는 생선 및 가금류 요리와 소시지, 커리, 고기를 굽기 전에 곱게 간 고수 씨를 발라 향을 가미하면 독특한 향이 나와 처음에는 역겹다는 생각이 들지만 나중에는 식욕을 돋구는 역할을 톡톡히 해내는 허브식물이다.

꽃은 흰색과 분홍색으로 가냘픈 모습이지만 얼마 후 씨앗이 여물 즈음에는 황갈색을 띠고 달콤한 향기가 나는데, 때문에 이집트인들은 무덤에 넣어주는 부장품 중의 하나로 이용하기도 했다 한다.

고수로 만든 술은 '행운이 오고 편안한 잠'을 이룰 수 있다고 전해지고, 그리스인들은 '사랑을 키워주는 힘'이 있다고 믿었으며, 중국인들은 고수에 불사(不死)의 비밀이 들어 있다고 믿어왔다.

♣ 어머니의 사랑과 은혜를 상징하는–멜로(당아욱)

멜로는 당아욱, 금규(錦葵)라고도 하는 마우리티안 멜로, 마시멜로, 머스크 멜로, 커먼멜로 등 다양한 종이 있다. 허브뜨락에 있는 커먼 멜로는 몇 년 전 미국 로스앤젤레스에서 종자를 구입해서 가을에 파종한 후 월동을 시켜 올해 처음 핀 꽃이다. 물론 봄철에도 파종을 할 수 있으나 꽃 모양과 색깔이 너무 좋아 빨리 보고 싶은 마음에서이었다. 그 후 우리 허브뜨락에서는 주로 가을에 포기나누기로 번식하여 활용하고 있는데 내한성도 강하지만 햇빛이 잘 들고 보수력이 강한 곳에서는 왕성한 성장력으로 쉽게 번식된다.

학명으로는 *Malva sylvestris* var. *mauritiana* Boiss인데, 그리스어의 Malache, 즉 완화하다 혹은 부드럽게 하다라는 뜻으로 멜로의 약효가 지닌 뜻에서 유래한 것이다.

아욱과(Malvaceae)에 속하며, 주로 유럽 동부지역에서 서식하였으나 지금은 아시아, 우리나라의 울릉도에서도 서식하는 품종이다.

잎은 어긋나고 원형으로 가장자리에 작은 톱니와 긴 털이 있으며, 꽃은 5~9월 잎겨드랑이에 작은 꽃대가 있는 꽃이 모여 달리며 밑에서부터 피어 올라가 총상꽃차례를 이루면서 비교적 긴 기간 동안 피어있다. 연한 자줏빛 바탕에 짙은 자줏빛 맥이 있어 마치 주름을 일부러 만들어 놓은 것처럼 보인다.

품종에 따라 여러 가지 빛깔이 있는데 꽃말은 자애, 어머니의 사랑, 은혜 등이다.

그래서인지 멜로 꽃을 보고 있노라면 정다우면서도 애잔한 느낌, 사랑스럽고 고결함을 느끼곤 한다.

멜로는 다양한 방법으로 활용하는데 주로 약용, 관상용, 향신료와 차로 활용하고 있지만 옛날 고대 로마사람들은 식용으로 활용했다는 기록이 있다.

멜로의 꽃을 차로 활용할 경우 생화 혹은 말린 꽃에 뜨거운 물을 부으면 안토니아니징이라는 성분 때문에 푸르게 보이며 원래의 색깔대로 청색의 색깔을 지닌 차로 즐길 수 있다. 그러나 멜로차에 산성 맛을 지닌 종류, 이를테면 레몬즙 등을 섞으면 핑크빛으로 변하는 것을 볼 수 있다. 허브뜨락에서는 한가한 시간을 이용하여, 핑크빛으로 변하는 멜로차를 소재로 하는 칵테일을 만들어 맛과 향은 물론 시감각을 즐길 수 있다.

허브뜨락에 오는 방문객들은 대접하는 멜로 차에 대하여 이구동성으로 맛과 향기는 물론 선명한 색깔에 놀라워한다.

멜로 꽃차를 즐기고 싶으면, 잘 건조시킨 꽃잎을 커피 스푼 2~3개를 80℃ 열탕에 10분 정도 우려내 마시면 되는데 만약 색깔을 바꿔 보고 싶다면 레몬을 첨가하면 핑크빛으로 변화된 차를 즐길 수 있으며, 다시 소다를 첨가하면 원래의 색깔로 되돌아온다.

멜로 차를 그냥 방치해두면 천천히 보라색으로 변하는데, 이는 나중에 치아를 보호하기 위한 가글로 사용할 수 있다.

멜로의 잎 그리고 뿌리에는 마시멜로라는 성분이 있어 소염제와 호흡기 혹은 소화기 계통의 질환치료에 활용한다.

유럽인들은 멜로를 Ommimobia라고 불렀는데 이는 몸을 정결하게 해 주고 질병을 내쫓아 준다는 의미를 가지고 있다. 특히 그들은 5월 1일 메이데이 때가 되면 현관에 멜로 꽃을 뿌려두거나 화환을 만들어 장식하기도 했다.

멜로의 뿌리는 가을에 캐서 껍질을 벗긴 후 삶아서 샐러드 용으로도 활용된다.

♣ 새집 증후군의 원인 톨루엔을 청소해주는-버베나

'단란한 일가' 혹은 '총명'이라는 꽃말을 가진 버베나는 원산지인 아메리카에 주로 분포하고 있으나 아시아와 유럽에 몇 종이 있으며 총 200~230여 종이 알려져 있고 한국에는 1종이 나는데 이들을 총칭하여 버베나라고 한다.

대부분 다년초이고, 잎과 줄기에는 전부 회녹색으로 깔깔한 털이 덮여있고 잎은 부드럽고 유연하며 긴 타원형인데 잎가에는 둔한 거치가 있다.

꽃은 가지 끝에 산방화서로 피는데 적색, 황색, 흰색 등으로 다양하며 가늘고 길다.

학명은 *verbena hybrida* Voss이다.

버베나의 종류들 중 대표적인 종의 하나가 레몬 버베나(Lemon Verbena)인데, 남미 칠레가 원산인 낙엽성 관목의 다년초로서, 잎에서 상쾌한 레몬향이 있어 허브차나 포푸리의 재료로 사용될 뿐 아니라 여기에서 추출한 에센셜 오일은 향수, 비누, 화장품의 향료로 이용된다. 온화한 기후에서 2m 정도의 크기로 자라지만, 중앙 아메리카에서는 7~10m 정도의 큰 나무로 자라기도 한다. 양지바르고, 건조한 토지를 좋아하며, 여름에 삽목으로 쉽게 증식이

가능하다.

한국에서는 겨울에 냉해를 줄이기 위하여 곁가지를 쳐내고 뿌리 주위를 짚으로 잘 싸서 보호하거나, 화분에 심어 실내에 보관하면 된다.

잎에서 나는 향기는 기분전환으로 안성맞춤이며 건조시켜 보존할 경우에는 꽃이 피기 전에 수확하여 건조시키면 그 향이 더욱 풍부해진다.

새집 증후군을 잡아주는 레몬버베나(Lemon Verbena)로도 알려져 있다.

우리 부부가 이곳 화순에 터를 잡은 것은 화순 지역이 산 좋고 물 맑으며 인심이 좋기로 유명해서이기도 하지만 아내가 좋아하는 허브재배에 적지이기 때문이었다.

매년 갖가지 허브들을 사다 기르다 보면 겨울에 많은 허브들이 동사를 하게 되고 그렇게 하기를 몇 해 거듭하다, 동해를 입지 않도록 해야겠다는 생각에 이곳 화순에 작은 땅을 구입해서 겨울을 날 수 있도록 작은 비닐하우스를 만들어 보호를 하기 시작했다. 그렇게 시작한 것이 벌써 17년이라는 세월이 지났다.

아내의 정성스럽고 지극한 허브 사랑은 이제 온 집안에 허브향이 배어 이곳저곳에서 그 향기가 그윽함이 느껴진다.

그리스, 이집트, 터키, 카타르, 유럽과 미국 등 이곳저곳 여행 중 한 포기 두 포기 때로는 한 알 두 알의 작은 씨앗들을 모아 싹을 틔우고 키워온 결실들이 이제는 제법 모양을 갖추고 있고, 레몬버베나도 그중 하나이다.

레몬버베나는 레몬 향과 비슷한 상큼하고 그윽한 향기 때문에 화장품 등의 재료로 활용될 뿐 아니라 입욕제로도 많이 사용되고 특히 그윽한 향이 심신을 편하게 하고, 기분 고양에 효과가 있을 뿐 아니라 살균, 방부작용이 있고 침출액은 피부 세정에 사용되는 인기 있는 허브 종류의 하나이다.

레몬 향과 비슷한 상큼한 향은 에센셜 오일로 만들어 요리와 차에 다양하게 이용하고, 특히 차로 마실 경우라면 찻잔 1잔에 잘게 썬 싱싱한 잎 몇 조각을 넣어도 그 향기가 그윽해진다.

요즈음 어린아이들을 괴롭히는 새집 증후군 원인물질인 공기 중의 톨루엔을 제거하는 능력이 가장 뛰어나기 때문에 레몬버베나를 직사광선이 쬐이지 않는 베란다나 방벽 등의 실내에 걸어 놓으면 톨루엔 제거는 물론 상큼한 자연의 레몬 향기를 즐길 수 있다.

버베나 히브리다(garden verbena: *V. hybrida*)는 보통 가든 버베나 또는 버베나라고 하는데 키는 비교적 작은 편으로 10~20cm로 자라고, 줄기는 옆으로 혹은 곧게 서는 것 등 다양하다. 잎은 마주나기 잎이고, 타원형이며 가장자리에 깊이 패어 들어간 흔적이 있다. 꽃 빛깔은 흰색 · 주홍색 · 분홍색, 자줏빛을 띤 파란색 등으로 매우 다양하고 6월부터 가을까지 비교적 오랫동안 산방꽃차례 혹은 수상꽃차례로 핀다.

버베나 테네라(*V. tenera*)는 브라질 · 아르헨티나 원산의 여러해살이풀이며 키 높이는 15~30cm로 줄기가 옆으로 뻗어 무성하게 자란다. 꽃잎은 5갈래로 높은 잔 모양의 꽃이 촘촘히 피고, 연한 보랏빛을 띤 빨간 꽃이 피며 흰색인 것도 있다. 5월에서 가을까지 피며 추위에 강하다.

버베나 페루비아나(*V. peruvian*)는 남아메리카 남부 원산이며 높이 10~30cm이다. 줄기가 옆으로 뻗으며 무성하게 자란다. 5~9월에 짙은 붉은빛의 작은 꽃이 산형 꽃차례로 핀다. 추위에 잘 견딘다.

가장 많이 가꾸는 것은 숙근 버베나(*V. rigida*)이다.

브라질 · 아르헨티나가 원산인데 추위에 강한 다년생으로 키는 30~60cm로서 곧게 자라며 줄기의 단면이 네모지고 뿌리는 다육근으로 옆으로 뻗어나간다. 6~10월에 자줏빛을 띤 붉은색의 작은 꽃이 산형꽃차례로 피다가 수상꽃차례로 바뀐다.

마편초라는 버베나는 학명으로는 *Verbena officinalis* L.이고 마편초과에 속한다. 주로 한국의 울릉도, 제주도와 남해안 지방에 분포하고 있으며, 잎은 마주나기하며 달걀 모양이고 보통 3개로 갈라지며 꽃은 7~8월에 피고 자주색이다. 마편초는 약으로 활용하는데, 전초 혹은 뿌리가 붙은 전초를 7~10월 개화 시에 채취하여 햇볕에 말리면, 각종 정유와 베타카로틴 등이 함유되어 있으며 그 외에도 강심배당체 등이 포함되어있어 피를 맑게 하고 치주염 등에 효과적으로 활용된다.

허브뜨락에 있는 숙근버베나, 레몬 버베나 등은 줄기는 옆으로 혹은 곧게 크고 6월부터 가을까지 흰색 · 주홍색 · 분홍색, 자줏빛

꽃이 핀다. 브라질 · 아르헨티나가 원산이며 추위에 강한 여러해살이풀인데 다른 버베나에 비하여 키가 크고(30~60cm) 곧게 자라며 줄기의 단면이 네모진 것이 특이하다.

'단란한 가족' 또는 '가정의 평화'라는 꽃말을 가진 레몬 버베나는 자주색깔의 산형의 꽃송이들이 얌전하게 모여 있는 모습이 참 귀엽고 안정감을 주는 꽃이다.

엊그제 새해가 시작된 듯한데, 벌써 6월의 시작이다.

세월이 참 빠르다는 것을 다시 의식하며 아쉬운 마음이 든다.

새로 시작하는 6월 첫째 날, 아침에 분주하게 일터로 나가는 꿀벌통 앞에서 근대철학의 아버지로 불리는 프랑스 철학자 데카르트를 그려 본다.

데카르트(1596~1650)는 방법서설이라는 저서를 통해 "나는 생각한다 고로 나는 존재한다.(cogito, ergo, sum)"라고 강조했다. 진정한 '나'를 이해하는 것은 육체라는 공간 속의 마음, 의식, 이성, 영혼, 정신이라는 이름으로 불리는 '생각'을 이해하는 일이 아닐까 생각한다.

데카르트는 벌집에 있는 밀초를 소재로 그의 생각을 설명한다.

꿀벌들이 만들어 놓은 밀초는 인간의 감각기관을 통해 꿀 맛, 꽃 향기, 일정한 크기와 모양의 애벌레집, 그리고 딱딱한 느낌 등을 인식하게 되지만 이러한 밀초를 '뜨거운 불' 가까이로 가져가면 녹아서 원래의 지각된 성질과는 전혀 다른 것이 된다.

데카르트가 주장하는 '생각한다'라는 것은 본래 밀초가 가진 성질과 형태, 즉 본유관념과 밖에서 오는 외래관념과 그리고 자신의 의지에 따라 만들어 낸 인위관념을 구분하는 것이고, 외래 혹은 인위관념을 본유관념으로 착각하지 않고 진정으로 이해한다는 것이다.

진정 내가 '존재한다'면 '생각하고 있어야 한다'라는 것이며, 이는 곧 내가 진정 무엇을 사랑하고, 욕구가 무엇이고, 슬픔과 기쁨이 있다면 그것은 무엇인지를 아는 것이 아닐까?

(2016년 6월의 첫날에 "나는 생각하는 6월이 되고 싶다")

♣ 고급 섬유제품을 세척할 때 사용하는–소프 위트(비누풀)

소프 위트는 비누풀 혹은 사포나리아라고 부르는데 학명은 *Saponaria officinalis L*이고 석죽과에 속한다.

마주나기 잎을 가지고 있고, 긴 타원상 피침형이고, 꽃은 5~9

월에 흰색 혹은 연한 분홍색으로 줄기 끝에 모여 피고, 꽃받침은 5갈래, 꽃잎은 5장, 수술 10개, 암술대는 2개이다. 허브뜨락에는 흰색 소프워트가 주종을 이루고 있다.

꽃에서 나는 좋은 향기뿐 아니라, 가을에 뿌리를 캐 물에 씻어 햇볕에 말려진 줄기와 잎에는 사포닌이 10~20% 들어 있으며, 사포닌의 주성분은 사포루브린(4~6%)이다. 거담작용을 하기 때문에 기관지 폐렴이나 기침이 나는 데 쓰고, 그 외에도 소염작용을 활용한 류머티즘 관절염에도 쓴다.

사포닌 성분 때문에 줄기와 잎을 넣고 끓이면 거품이 이는 비누액의 원료가 되며 세정제, 세척용 비누로 활용한다.

특히 자연세제로서 화학세제보다 섬유의 손상이 적기 때문에 고급 섬유(wool) 제품을 세탁하는 데 사용하거나 양털을 깎기 전에 세척제로 사용한다.

최근에는 고급의 미술품들을 세척하는 데 사용하며 머리를 감는 데 사용한다. 그러나 사포닌은 유독성이기 때문에 식용으로는 사용할 수 없을 뿐 아니라 잎과 뿌리를 끓여낸 물로 모발 세척을 할 경우 눈에 들어가지 않도록 주의해야 한다. 중세시대에는 빨래터 옆에 소프워트를 심어 빨래액으로 사용해 빨래터의 풀이라고도 했다.

♣ 정절을 의미하는 허브-라벤더

허브뜨락의 앞마당 한쪽에는 라벤더 공간이 있다.

방충과 살균효과가 있어 여름에는 모기 등이 접근을 피하도록 하기 위함일 뿐 아니라 색깔과 향기가 좋기 때문이다.

라벤더라는 식물 이름이 라틴어로는 Lavandula(라반둘라)인데 이는 'lavo' 또는 'lavare(목욕하다, 씻다)'에서 유래되었으며, 쌍떡잎 식물로 꿀풀과에 속한다.

무려 30종(種)에 가까운 다양한 종이 여러 지역에서 서식되는 목본성의 상록 여러해살이 허브이다.

주로 향수와 향료 혹은 화장품을 만드는 데 사용되는 향유를 추출하기도 하고, 두통이나 신경 안정제 등의 치료제로도 사용된다. 특히 치료효과가 높은 라반둘라 오피시날리스(Lavandula officnalis) 또는 라반둘라 안구스티폴리아(Lavandula angustifolia) 종이 주로 아로마테라피에 사용된다.

키는 대략 30~60cm 정도이지만 정원에서 잘 가꾸면 90cm까지 크고, 전체에 흰색 털이 있으며 줄기는 둔한 네모꼴이고 뭉쳐나며 밑부분에서 가지가 많이 갈라진다.

꽃은 6~9월에 연한 보라색이나 흰색으로 피고 잎이 달리지 않은 긴 꽃대 끝에 수상꽃차례를 이루며 드문드문 달리는데, 꽃 · 잎 · 줄기를 덮고 있는 털들 사이에 향기가 나오는 기름샘이 있다.

뿌리는 쉽게 뻗는 성질을 가지며 여름철은 장마기가 없고 건조한 지중해성 기후 같은 곳에서 잘 자라기 때문에 우리나라에서 재배의 문제점은 여름철 장마와 겨울철 추위에 동해를 입지 않도록 주의해야 한다는 것이다.

고대 로마 사람들은 욕조 안에 라벤더를 넣고 목욕을 했으며, 향기가 나도록 말린 꽃을 서랍이나 벽장 등에 넣어 두었다고 하는데 이는 라벤더의 살균 · 방충의 효과를 보기 위해서이다.

라벤더를 집에서 가꾸려면 유기물을 충분히 밑거름으로 주고 심으면 6~10년간 계속 즐길 수 있다.

겨울철 동해 예방을 위해서 보온을 해야 한다.

종자번식을 할 경우 원하는 품종을 구입하여 3월에 온상이나 실내에서 용기에 파종하면 대략 3주 정도면 발아가 가능하다. 삽목 번식, 휘묻이, 포기나누기 등으로도 번식하는데 가을이나 봄철에 실시한다.

라벤더는 무려 30여 종에 가까운 종이 널리 식재되고 있는데, 허브뜨락에서는 월동을 고려하여 잉글리시 라벤더(Lavandula angustifolia)와 프렌치 라벤더(Lavandula stoechas) 등을 가꾸고 있다.

고대 로마에서 목욕재로 이용했다는 설이 있기 때문에 종종 고대시대로 돌아가 보는 기분으로 라벤더 목욕을 해보는데 역시 신선하고 자유로움을 느끼게 해주는 넉넉한 허브이다.

라벤더는 라틴어로 '씻다'를 의미하는 'Lavare(라바레)'가 어원이며 어린아이부터 노인까지 안심하고 사용할 수 있는 대표적인 릴랙스 향이다.

라벤더는 그 효능이 다양하고 쓰임새가 많아 에센셜 오일이 '약방의 감초', 또는 '만능 에센셜 오일'이라고도 불린다. 심신에 안정을 주어 릴랙스시킬 뿐만 아니라 숙면을 도와주는 향으로 유명하며, 가정 내 응급 상황 시 필요한 첫 번째 오일이다.

깊은 잠을 못 이루거나, 혈압이 높을 때, 욕조에 물을 받고 라벤더 오일 6~8방울을 떨어뜨려 반신욕이나 전신욕을 한다. 티슈나 손수건에 라벤더 오일 1~2방울을 떨어뜨려 심호흡을 하거나 베개 옆에 둔다. 캐리어 오일 1티스푼(1ml)에 라벤더 오일 1방울을 떨어뜨려 뒷목, 어깨, 가슴 부위를 마사지한다.

칼에 베이거나 상처가 났을 때 상처 부위에 라벤더 한 방울을 떨어뜨려 주면, 살균 소독은 물론 세포 재생을 빠르게 도와준다.

화상을 입었을 때 세면기의 찬물에 3방울을 떨어뜨려 깨끗한 타올을 이용해 환부를 냉 습포한다. 급한 경우는 원액을 소량 도포한다. 흥분하거나 기분이 차분하지 않을 때 티슈 또는 손수건에 라벤더 1방울을 떨어뜨려 천천히 심호흡을 한다. 두통(정신적)에는 세면기의 따뜻한 물에 라벤더 1방울을 떨어뜨려 천천히 심호흡을 한 뒤, 목 뒤나 관자놀이에 1방울 떨어뜨려 문질러 준다. 두피가 빨갛게 예민해져 있을 때 캐리어 오일 1티스푼에 라벤더 1방울을 떨어뜨려 두피에 골고루 오일이 잘 스며들도록 마사지해 준다. 샴푸에 1~2방울 떨어뜨려 두피 전체를 손가락으로 마사지하듯 돌려주며 거품을 낸 후 세정한다.

상처소독과 염증 치료로부터 숙면 및 진정효과에 이르기까지 광범위하게 활용되고 있는 라벤더의 계절은 행복한 계절이다.

오늘은 가까운 지근거리에 있는 광양의 라벤더 축제에 다녀왔다.
아직 정식으로 개장한 것은 아닌데도 많은 사람들이 큥큥대면서 라벤더 향기를 마시면서 사진 찍기에 분주하고 그에 질세라 꿀벌들은 자기들의 먹이를 찾아 채밀하기에 더 분주하다.
넓은 다랭이 논바닥에 온통 보라색 라벤더가 식재되어 있어 한참 동안 라벤더 향에 취해 보았다.
일본 홋카이도 후라노의 라벤더 밭이 유명해서 2년 전에 다녀왔으나 시기를 잘 못 맞춰 허탕을 쳤고, 국내의 몇 군데 라벤더 축제에 다녀왔는데, 모두들 환상적인 모습들이었다.
역시 언제 어디서나 꽃은 삶의 활력소가 되는 듯하다.
오는 길에 순천 국가 정원에 들렀다.

산책하면서 돌아보려고 갔는데 온통 사람 천지였다. 알고 보니 일요일의 남자 송해 선생이 진행하는 "전국 노래자랑"이 녹화중이었다.
열정을 다해 사시는 모습이 존경스러웠다.
우연 치곤 재미있는 우연이었기 때문에 한참을 보고 끝난 이후에 천천히 산책을 하고 늦은 밤에야 돌아왔다.
허브뜨락에 돌아오니 역시 라벤더 이상의 향기가 코를 찌른다.
오늘도 역시 감사하는 하루이다.
이 좋은 허브뜨락에서 내가 살고 있음에 ……

(라벤더에 대하여, 화순 허브뜨락의 건강 힐링 식물 356번째 식구. 2017년 6월 13일)

♣ 예수의 땀을 닦은 손수건에 핀 꽃-베로니카꽃

가는잎꼬리풀이라고도 하는 베로니카(Speedwell)는 6~8월에 꽃이 피고 원산지는 북반구의 온대와 뉴질랜드, 오스트레일리아로서 약 250~300종이 1년초, 다년초, 또는 관목으로 자라고 있다. 허브뜨락에 있는 베로니카는 다년생의 청자색과 보라색으로 학명은 Veronica spicata L.이며 키가 20~60㎝ 정도인데, 줄기 끝부분에 총상화서로 암술 하나에 수술은 2개로 되어있다.

베로니카의 어린 잎은 식용으로, 꽃은 관상용으로 심는데, 중풍, 방광염 등의 약재로도 사용한다.

이름이 Veronica로 그와 관련된 이야기는 "예수가 골고다 언덕으로 가는 도중에 등에 멘 십자가가 너무 무거워 잠시 쉬어가는 중에 성 베로니카가 예수의 얼굴에 흐르는 피와 땀을 손수건으로 씻어 주었는데, 그 손수건에 예수의 얼굴 모습이 남았고, 피가 성 베로니카의 몸에 꽂혀 있던 꽃에도 똑똑 떨어졌다". 그 후부터 그 꽃을 베로니카라고 부르게 되었다고 한다.

꽃 모양을 보면 꼬리처럼 축 늘어져있는데, 긴 꽃차례가 꼬리처럼 생겼다고 해서 꼬리풀이라고도 한다. 반목과 질시와 독존을 벗어나 십자가를 지고 가는 예수 얼굴의 피땀을 닦아주는 한 여인의 손길 같은 따스함이 절실한 때에 맞춰 베로니카 꽃이 만개해 있으니 내일은 좀 더 사람 냄새가 나는 세상이 되려나 보다, 하고 기대해 본다.

♣ 예쁜 요정, 황금사과를 지켜주는–캄파눌라 꽃

캄파눌라는 초롱꽃과의 한해 또는 두해살이풀이고 메디움 초롱꽃이라고도 하며, 꽃색은 분홍색, 보라색, 흰색이 있다.

덩굴성과 직립형이 있는데 허브뜨락에 있는 종류는 약간 파란색을 띠는 분홍빛의 직립형이다. 꽃말은 따뜻한 사랑, 변하지 않음, 만족, 감사라고 한다.

옛날 깊은 숲속에 '캄파눌라'라는 예쁜 요정이 살았는데, 그는 신전에 있는 과수원의 황금사과를 지키는 일을 맡았다. 위급한 상황이 생기면 작은 종을 울리는 일이 그의 임무이었다.

어느 날 과수원에 도둑이 들어와 황금사과를 훔치려고 하기에 즉시 용에게 이 사실을 알리려고 은종을 울렸지만 결국 도둑은 그를 살해하고 황금사과를 빼앗아 달아났고, 이 사실을 알게 된 꽃의 신 '플로라'는 슬퍼하면서 캄파눌라를 종과 같이 예쁜 꽃으로 변하게 했다는 설이 있다.

…… 매월 한 번씩 책을 읽고 토론하는 독서회모임이 있는 날이었다. 오후 3시에 모여 '쿠쉬나메'의 배경과 내용 그리고 오늘날 우리에게 주는 시사점들을 이야기했다.
페르시아 왕자와 신라 공주 태후르와의 결혼을 중심으로 한 서사시로 501년과 504년 그리고 1108년과 1111년 사이에 일어난 내용들을 번역한 것인데, 당시 세계정세와 신라를 둘러싼 국가들 간의 관계를 알 수 있었다.
어느 역사든 비슷하지만 역시 주변을 넓고 깊이 있게 들여다보는 심미안을 가진 지도자, 그리고 생각을 행동으로 옮기는 지도자가 곧 국민을 편안하게 살아가도록 하는 지도자라는 생각이 든다.
특히 캄파눌라 꽃말처럼 변하지 않는 따뜻한 진정한 사랑은 자신의 입장보다는 상대방의 입장에서 생각하고 행동하면서 상대방이 하고자 하는 일을 하도록 지원해주는 일이며, 올바른 지도자는 그와 같은 진정한 사랑을 실천하는 지도자일 것이다.

(캄파눌라에 대하여. 화순 허브뜨락의 건강 힐링 식물.
2016년 6월 11일 6월 독서모임 끝내고, ……)

♣ 아프리카 봉선화-임파첸스

"나의 사랑은 당신보다 더 깊다"라는 꽃말을 가진 임파첸스는 마음을 평화롭게 해주는 허브이다.

꽃이 인간의 정서생활에 영향을 주는 것에 대해서는 의심할 여지가 없을 것이다. 정서생활에 도움을 주는 꽃 활용방법의 하나로 바흐의 꽃요법(Bach's flower therapy)이 있다.

영국의 내과의사인 에드워드 바흐(1886~1936)가 38가지의 야생화를 중심으로 초능력 혹은 직관으로 치유효과를 발견한 것이다.

바흐의 치유효과에 대한 발견은 영감에 의한 것인데, 이를테면 인간의 병은 "영혼의 목표와 인격이 보는 관점이 충돌하기 때문에" 내적 갈등이 일어나고, 어두운 분위기를 만들고, 에너지의 흐름을 막으며, '조화'가 깨진 결과로 보았다. 그리고 바흐는 야생화들은 영혼 또는 에너지를 가지고 있으며 사람의 영혼과 매우 친화성이 있다고 하였다. 따라서 식물들은 태양빛을 받아 잎에 맺힌 이슬은 치유력을 흡수한 것이기 때문에 단지 꽃을 주변에 두거나 꽃잎을 맛보기만 해도 치료 효과를 볼 수 있다는 논리이다.

바흐는 이러한 직감들을 기초로 순수한 물에 식물을 이용해서 얻어낸 'essences'를 혼합하여 마시는 것은 곧 인체 내의 깨진 부조화를 다시 조화롭게 하는 치유의 효과가 있다고 하였다.

임파첸스는 바흐의 꽃 요법에서 성급함, 조급함 등에 효과를 볼 수 있는 야생화로 분류된다.

현대인들은 수많은 외부환경요인들로 인하여 영혼과 인격과 행동과 생각의 균형을 잃어가고 있다. 자신의 내면과 외면의 부조화, 조석으로 변화하는 '마음', 혀(말)와 가슴(생각)의 부조화는 갈등의 원천이 되고 있다.

임파첸스의 어원은 태양(sun)과 인내(patience)의 합성어로 끈질기고 강한 인내력을 의미하는데, 요즈음처럼 무더운 날에는 임파첸스 한 송이로 성급함이나 조급함을 멀리하고 옆에 있는 사람에게 "나의 사랑은 당신보다 더 깊다"라는 애정을 표시해 보는 것도 효과적일 것이다.

아니면 육질이 제법 부드러운 잎을 따서 샐러드로 만들어 함께 먹어봐도 좋을 것이다.

아무리 커다란 변화라 하더라도 처음 시작은 아주 작은 나의 가슴에서부터 시작하게 마련이다.

임파첸스의 학명은 Impatient Newguinea, Hybrids이고, 아프리카 봉선화라고도 하며 우리나라의 봉선화와 비슷해서 더욱 정이 가는 식물이다.

♣ 빌 게이츠의 어머니 손결같이 부드러운–램스이어

램스이어(Lamb's ear)는 울리 베토니(Lamb's ears, Lamb's tongue, Woolly betony), 양의 귀로도 부른다.

렘스이어는 꿀풀과의 다년초식물이며, 식물 전체가 은색을 띠는 부드러운 털로 덮여 있어 매우 부드럽고, 잎 모양은 호기심이 발동하여 귀를 쫑긋 세운 새끼양의 귀처럼 보인다.

학명이 Stachys byzantina이고, 원산지는 터키, 이란, 코카시스 등이며, 다년생 식물로 키가 제법 큰 것으로 30~90cm까지 자란다.

피침형의 잎에 향기가 있고 여름부터 가을까지 긴 꽃대에 연보라, 자주색의 잔꽃이 수상화서로 핀다. 잎은 포푸리, 리스, 드라이플라워 또는 절화하여 장식용으로 사용하며, 꽃도 화사해서 화단용으로 심어 즐긴다.

램스이어는 빛을 좋아하는 호광성 식물이며, 보통 양지를 선호하나 반음지에서도 잘 자라며, 토양은 사양토에서 잘 자라기 때문에 비교적 재배하기 쉬운 허브이다.

가을에 종자가 떨어져 다음 해 봄에 발아되기도 하는데 이때의 발아율은 현저히 떨어진다.

종자번식 또는 분주에 의한 번식 방법을 활용할 수 있다. 종자의 크기가 아주 작고 흑갈색의 둥근 모양이며, 한 꽃대에 많게는 100~200여 개의 씨앗을 얻을 수 있다.

잎을 만져보면 너무나 보들보들해서 마치 솜털을 만지는 기분이고 향기가 좋아 미국의 남북전쟁 당시 총상이나 칼에 의한 자상으로 인한 출혈을 막기 위한 거즈로도 이용되었다고 한다.

20세에 마이크로소프트 사장, 30살에 백만장자, 37살에 미국에서 제일 큰 부자가 된 빌 게이츠로 키운 빌 게이츠 부모의 자녀교육 10계명의 첫 번째는 큰 돈을 물려주면 결코 창의적인 아이가 되지 못한다, 두 번째는 부모가 나서서 아이의 인맥 네트워크를 넓혀 준다, 그리고 세 번째는 단점을 보완해 주고 뜻이 통하는 친구를 사귀도록 한다는 것이었다. 그녀의 10계명과 같은 단호함 뒤에는 램스이어를 만질 때 느끼는 것과 같은 부드러움으로 소통하고 관계를 형성한 것이 돈 잘 벌고 도네이션을 많이 하는 세계적인 명사, 빌게이츠로 키워 낸 비결이었다고 알려져 있다.

인간의 기본적인 인성과 태도와 행동은 가정에서 부모와의 관계로부터 시작되며, 그것은 곧 학교와 지역사회 그리고 국가의 전체적인 풍토를 만들어 내는 원천이 된다. 그러한 사연들을 아는 사람들은 허브뜨락의 뜰에 피어있는 램스이어를 보면, 꽃보다도 잎을 먼저 보면서 매만져 주곤 한다.

많은 사람들이 밍크털같이 부드러운 질감에 은은한 회색톤의 잎과 줄기를 만져 보면서 모두들 무엇인가(?)를 생각하기 때문이다.

램스이어의 고향은 비잔틴 문화권인 이란과 터키 지역이며 학명은 Stachys Byzantina이며, 번식력이 좋아 외국에서는 지피용 식물로 많이 소개되고 있다. 형태학적인 특성 때문에 이를 소재로 한 식물교육, 정원용으로 많이 활용되고 있다.

…… 오늘은 비가 그치고 1학기 성적 처리까지 모두 마친 홀가분한 마음으로 하루를 보냈다.
인터넷을 검색하다가 우연히 교수들의 폭행과 갑질, 논문과 연구비 비리와 표절 등 대학원 내부의 문제를 고발하는 책 '슬픈 대학원생들의 초상'(북에디션)의 내용을 접하게 되었다.
얼굴이 화끈댄다. 지성인이라고 하는 대학교수들의 만상이 고스란히 담긴 책이며, '이래도 자녀를 한국 대학에 그리고 대학원에 보내야 하는가?'라는 저자의 질문에 할 말을 잊게 했다.

입이 있어도 말을 못하는 것처럼 안타까운 일은 없을 것이다. 그래도 나는 대답하고 싶다. "대학이 존재해야 하는 이유는 보다 나은 미래를 위해서이고, 대학원에 진학하는 젊은이들의 눈은 대학의 어둡고 퇴폐한 모습을 보기 위해서가 아니라 밝고 희망찬 한국의 내일을 보기 위해서라고…." 그리고 그들은 우리의 미래를 갑과 을이 상생하는 사회, 정의로움이 존재하고, 정상적으로 작동되는 사회를 만들어 낼 것이라고 말하고 싶다.

반성하고, 또 반성하면서 하루를 보낸다.

내일은 좀 더 새로운 마음으로 하루를 시작하자.

램스이어처럼 만지고 비벼대면 댈수록 은은한 향기가 나는 대학이 되었으면 좋겠다.

(램스이어 꽃에 대하여, 화순 허브뜨락의 식구들 47번째, 2016년 6월 23일)

♣ 두통을 없애주는 허브-바질

달콤하면서 강한 향기로 인간과 신을 사로잡은 바질이다.

사람들은 바질이 사는 곳의 공기를 청정하게 하고, 생기를 불러일으킨다고 믿으면서 주변에 귀하게 가꾸고 식품으로 사용한다. 뿐만 아니라 죽은 사람들에게도 심지어는, 신에게 바치는 성스러운 허브 바질로 숭상받고 있다.

원래 바질의 어원은 Basileus이다. 이는 고대 그리스어로는 왕을 의미한다. 또 다른 어원으로는 basilisk인데, 이는 전설상의 괴사(怪蛇), 즉 한번 노려보거나 입김을 쐬면 사람이 죽었다는 도마뱀의 일종이다.

바질에 대한 전설도 많은데, 거미를 바질 화분 아래에 놓아 두면 독을 품은 전갈로 변한다는 전설로부터, 증오나 불행을 상징하는 허브로 회자되기도 하고, 그와는 반대로 사랑의 상징 혹은 사람을 반하게 하는 식물로 상징되기도 한다.

고대 이집트에서는 미라를 만들 때 부패를 막고 초향을 유지하기 위해서, 인도에서는 특히 홀리바질을 힌두교의 크리슈나신과 비슈누신에게 봉헌하는 신성한 허브로 여겨 툴라시(Tulasi)라고 부르며, 현재에도 이 허브가 '천국으로 가는 문을 연다'라고 믿어 죽은 사람 가슴에 홀리바질 잎을 놓아둔다고 한다. 그만큼 많은 사람들의 관심의 대상이 되는 이유는 다름 아닌 바질이 품고 있는 향 때문이고, 성분 때문이다.

바질은 B. C. 356~B. C. 323년경 알렉산더 대왕에 의해 유럽에 전해진 것으로 알려져 있는데, 아마도 군사들의 사기 진작을 위해 몸에 지니고 다니도록 하거나, 씨앗을 지니고 가서 주둔지에 심도록 해 각종 음식에 넣어 사용하지 않았을까 추측할 수 있다.

바질은 비타민, 칼슘, 철분이 풍부하고, 졸음 방지와 위 활동을 촉진하기 때문에 널리 이용되고 있으며, 특히 이탈리아 요리에 없어서는 안 되는 허브로 피자, 스파게티, 샐러드 등에 다양하게 활용된다.

우선 일상생활에서 활용할 수 있는 방법으로 바질의 잎을 식초에 담가 샐러드드레싱으로 사용해도 좋은 맛과 향을 낼 수 있는데, 바질 잎에 있는 모시멘 성분이 향긋하고, 상큼한 향에 약간 매운맛으로 맛감각을 자극하기 때문이다.

바질 향기는 머리를 맑게 하고 두통을 없애는 효과가 있다.

바질에서 추출한 정유는 신경장애, 류머티즘 약으로 쓰이며, 말린 바질 가루를 주머니에 넣고 다니며 향기를 흡입하기도 한다. 닭고기, 어패류, 채소와 샐러드, 스파게티, 피자파이, 스튜, 스프, 소스 등의 요리에 널리 사용되는데, 특히 토마토 소스를 만드는 마지막 단계에 바질을 잘게 다져 넣으면 각종 비린내 등을 제거해 더욱 담백한 맛을 낼 수 있게 하며 특히 스파게티 등에 곁들이면 그 풍미를 더해 준다.

바질은 말리면 달콤한 민트 향이 나지만 건조시켜 사용하는 것보다 신선한 잎을 바로 따서 사용하는 것이 좋다.

바질은 잎 양쪽에 올리브오일을 바르고, 기름종이를 깐 밀폐용기에 잎을 넣어 보관하는 것이 좋다.

오시멘(ocimene), 알파피넨(α-pinene)의 성분이 있고 진해, 해열 · 해독 그리고 설사 · 변비 · 월경불순 등의 약재로도 사용하는 경우도 많다.

옛날에는 신경장애, 류머티즘의 약으로 쓰였으며 건조시켜서 가루로 만들어 자그마한 주머니에 넣어 갖고 다니면서 'Snuff'라 하여 코로 향기를 흡입했다고 한다.

흰색 또는 자색의 꽃이 아름답게 피는데, 야근, 장거리 운전, 수험생들이 많이 애용한다.

일상적으로 바질을 차로 마시면 두통, 신경과민, 구내염 등에 효과가 있다고 알려져 있다.

바질의 학명은 *Basil, Basilico*이고,원산지는 동아시아이며, 민트과에 속하는 1년생 식물이다. 물론 열대 아시아 원산이기 때문에 열대에서는 줄기가 목질화되는 여러해살이 반관목이다.

바질은 키가 20~70cm이고 줄기는 사각형이며 부드러운 털이 나 있는데, 잎 가장자리는 톱니가 있는 달걀 모양으로 향기가 강하다. 여름에 피는 꽃은 원줄기의 윗부분에서 이삭 형태로 층층이 달리며 자줏빛을 띤 흰색이다.

4~5월에 파종하여 6월에 이식하는데, 뿌리는 가늘고 많이 나오며 천근성이기 때문에 이식과 재배가 비교적 수월하다.

가정에서 동그란 화분들을 이용하여 아파트의 베란다, 옥상정원 등에서 적당한 온도를 맞춰주고, 볕이 잘 들고 통풍이 잘 되는 곳이라면 무난하게 키울 수 있다.

바질은 사람들의 관심이 많은 만큼 종류도 다양하다.

스위트 바질은 바질의 대표 품종으로 이탈리아 요리의 필수품이다. 학명은 Ocimum basilicum이고, 열대아시아 인도와 아시아 원산으로 주로 태평양 섬에서 많이 자라는 한해살이풀로 높이 40cm 정도이다. 7월 중순에서 9월 하순에 적자색, 백색의 꽃이 피는데, 향기와 풍미가 각각 독특하고, 줄기와 잎을 이용하며, 꽃이 피기 직전의 잎이 가장 향기롭고 달콤한 향기와 약간의 쓴맛과 매운맛이 있어 좋다.

다트 오팔 바질은 짙은 자주색 잎과 엷은 자주색 꽃의 대비가 아름다운 품종이다. 색과 향이 강해서 허브 비니거를 만드는 데 쓰인다.

오팔 바질(*Opal Basil*)은 지중해 연안에서 많이 재배되는 허브이고 잎을 뜯기만 해도 주변에 향이 퍼질 정도로 달콤하고 강한 향을 가지고 있는 허브이다. 오팔 바질은 열대 기후성 허브로 더위에 무척 강한 반면 추위에 아주 약해서 기온이 5도 이하로 내려가거나 조금이라도 서리를 맞게 되면 시들어 죽어버리기 때문에 다른 허브들보다도 일찍 겨울이 오기 전에 따뜻한 실내로 들여 놓아야 한다.

바질의 나라 이탈리아령의 리비에라에 위치하고 있는 리구리아 지역의 리구리안 바질(Ligurian Basil)은 세계적으로 명성을 갖고 있다. 지중해에서 불어오는 산들바람과 짭짤한 바닷바람이 키워낸 이 지방의 특산물이다.

소규모 농부들이 현대화를 거부하면서 일일이 손으로 세심하게 가꾼 바질이다. 온실 속에서 연중 재배 생산하기 때문에 1년에 두세 번 씨를 뿌려 잎이 아직 어릴 때 수확하기 때문에 섬세한 향미로 높은 평가를 받고 있다.

아프리탄 블루 바질은 귀여운 꽃 때문에 원예용으로 인기가 있으며, 겨울을 잘 견디게 해주면 다년초로 변하는 특성을 가지고 있다.

리코리스 바질은 잎에서 과일 향기가 나며, 아름다운 핑크색 꽃이 특징이며 요리에도 자주 이용되는 품종이다.

시나몬 바질은 시나몬 향기가 나는 잎은 대개 샐러드 요리에 쓰이며, 꽃과 줄기의 색상이 아름다워 꽃꽂이용으로도 이용된다.

우리나라에도 많이 알려진 레몬 바질은 잎에서 레몬 향기가 난다. 허브티로 많이 이용되는 품종이다. 흰 꽃은 관상용으로도 인기가 높다.

부시 바질은 수풀 모양으로 소복하게 자라는 것이 특징이고, 스위트 바질의 변종으로 같은 종류의 향이 난다.

♣ 죽어가는 식물을 살려주는 식물의사-캐모마일Camomile

캐모마일(Camomile)은 로마제국 때 유럽에 널리 퍼지기 시작한 허브차로서 많은 사람들로부터 사랑받는 유럽의 대표적인 차의 하나인데 스페인어로는 사과라는 뜻의 'Manzilla'라고 한다. 특히 병충해를 입은 식물 근처에 캐모마일(Camomile)을 심으면 병든 식물이 생기를 찾아 식물의사라고도 불린다.

캐모마일(chamomile)은 사과 향을 가지고 있으며 피로 회복, 건위에 좋고, 냉증, 습진, 불면증 등에 효과가 있다. 피부 진정과 세정 효과가 뛰어나 미용재료로 많이 이용되는 허브이다.

유럽인들의 탕약으로 호칭되는데, 캐모마일을 목욕물에 넣고 몸이 따뜻하게 하면 피부가 매끄러워진다는 믿음으로 캐모마일을 사용하기 때문이며, '마트리카리아'라는 속명도 자궁에 효과가 있어서 생긴 말이다.

한방에서도 쓰이는데 염증, 방부, 구충, 경련을 가라앉히는 데 좋다. 특히 건위 약제로 유명하며, 감기 초기에 캐모마일 삶은 즙을 마시고 땀을 내면 열을 내리는 데 효과가 있다.

꽃이 핀 후 2, 3일째가 꽃의 향기가 좋고 맛이 있다.

캐모마일 향은 마음이 초조하고 화가 나는 것이 심한 정신적 긴장을 완화시킨다. 캐모마일은 꽃꽂이, 포푸리, 목욕제 등에 다양하게 쓰인다. 침출액을 더운물에 넣어 더운 김을 얼굴에 쐬면 효과가 좋다. 피부의 살균 정화에도 유용하며 달인 물을 목욕제로 쓰면 심신의 긴장을 풀어 주며 전신미용에 효과가 크다.

캐모마일은 꽃이 피기 시작하면 꽃봉오리를 하나하나 계속 솎아내어 수확을 하고, 수확된 꽃봉오리는 통풍이 잘 되는 응달에서 겹치지 않도록 펼쳐 놓고 충분히 말린다. 드라이플라워나 포푸리를 만들 때에는 가능한 한 오전 중에 꽃을 따서 말린다. 충분히 말린 꽃은 병에 건조제를 넣어 밀폐하고 빛이 닿지 않는 곳에 잘 보관하면서 연중 어느때나 차로 즐길 수 있다.

다이어즈 캐모마일은 드라이플라워나 황색의 염료로 이용되고 있다. 건조한 꽃은 미용 효과가 뛰어나 목욕제로도 이용한다. 또 민감한 피부용 스킨케어의 원료로 쓰이며 마사지 오일에 소량을 넣으면 운동 후 피로 회복에 좋다.

캐모마일은 햇빛이 잘 들고 배수가 잘 되는 곳에서 잘 자란다.

비교적 내한성은 강한 편으로 토질은 별로 가리지 않지만 햇빛이 부족하거나 밀식될 때, 과습할 때, 질소 과다 시에 주의가 필요하다. 특히 질소 과다로 잎이 지나치게 무성하거나 밀식되어 있을 때에는 줄기의 제일 윗부분을 따줌으로써 곁가지를 많이 치게 하면 좀 더 안전하게 1년에 여러 번 꽃을 피워서 수확할 수 있다.

캐모마일의 번식은 4월경에 작은 씨앗을 상자 등에 파종하여 옮겨 심는데, 6월경에 꽃이 핀다.

캐모마일에는 여러 종류가 있는데 그중에서 저먼 카모마일과 노란색 꽃이 피는 다이어즈 캐모마일과 흰색의 꽃이 피는 로만 캐모마일이 대표적이다.

꽃피는 시기와 형태에 따라 다른데, 다이어즈 캐모마일은 6월 중순에서 7월 하순까지, 로만 캐모마일은 7, 8월에 꽃이 핀다. 특히 로만 캐모마일은 낮에는 피고 밤에는 오므라져 있는데 대개 일주일 정도 꽃이 핀다. 씨받이는 매우 쉬우며 싹도 잘 나기 때문에 직접 씨를 받는 것이 좋다. 양지바르고 배수가 좋은 사질토에서 아름다운 꽃을 피운다. 5월경에 꽃이 피기 때문에 적당한 꽃을 수확하여 통풍이 잘 되는 응달에서 말려 저장한다.

저먼 캐모마일(*sweet false chamomile*)은 학명으로는 Matricaria chamomilla이고 쌍떡잎식물 초롱꽃목 국화과의 한두해살이풀에 속한다. 카밀레 혹은 번대국화라고도 하고, 유럽이 원산지이다. 줄기는 밑부분에서 가지가 많이 갈라지고 높이가 50~100cm이며 능금 향기가 나고 모가 난 줄이 있다. 꽃은 6~9월에 피고 꽃이 핀 다음 밑으로 젖혀진다. 한방에서는 두상화를 모국(母菊)이라는 약재로 쓰는데, 감기 · 기관지천식과 과민성 위장염 · 풍습으로 인한 전신통에 효과가 있다. 유럽에서는 민간에서 신경통 · 치통 · 월경곤란에 내복하고, 구강염 · 결막염 · 화농증에 외용하였다.

로만 캐모마일 워터는 보습 효과가 뛰어나 건성 피부나 민감성 피부, 트러블이 있는 피부에 매우 효과적이다. 소염이나 진통 작용이 뛰어나고 건조에 의한 가려움증을 완화시키며, 트러블을 일으키기 쉬운 불안정한 피부나 알레르기 증상에도 효과적이다. 거칠어진 피부, 눈의 피로, 건조한 눈에는 로만 카모마일 워터로 10분 정도 습포하면 증상이 개선된다.

♣ 트로이 전쟁의 원인이 된 허브-타임

타임을 백리향이라고도 부르는데, 이는 향이 100리까지 간다고 하여 붙여진 이름이다.

타임은 꿀풀과에 속하는 내한성 허브로서 학명은 Thymus spp인데 어원은 그리스어의 '용기' 에서 유래되었고 중세 유럽에서는 용기의 상징이 되기도 했으며, B.C. 3세기 그리스의 철학자이며 자연주의자였던 테오파라스투스(Theophrastus)에 의해 명명된 것으로 전해지고 있다.

그리스인들은 타임이 생기와 지력을 회복시켜준다고 믿었으며, 때문에 용기를 얻기 위해 종교적으로 향을 피웠다고 한다. 또한 신에게 바치는 제물을 깨끗이 하기 위해 제단에서 분향하는 재료로도 쓰였고, 이집트에서는 사후세계를 믿어 시체를 보존하기 위해 방부력이 뛰어난 타임을 사용하였다고 한다.

트로이 전쟁의 원인이 된, 절세미인 헬레나의 눈물에서 생겨났다는 전설을 가진 타임은 용기나 기품의 상징으로 여겨 향료로 만들어 몸에 바르거나 입욕제로 사용하기도 했다.

유럽에서는 흔히 타임을 티무스(Thymus)라고 부르기도 하는데 이는 그리스어로 소독하다(thuo)에서 유래한 것이다. 타임은 강한 살균력을 가지고 있어 술이나 치즈의 맛을 내는 부향제로 쓰이기도 한다.

타임의 종류는 매우 다양한데, 커먼 타임(Thymus Vulgaris)은 잎이 위로 뻗어가는 입성 타입으로 초여름에 엷은 핑크색의 꽃이 무리 지어 피어나며, 요리에 사용하기 편리하므로 타임을 이용한 요리의 기본 품종이 되었다.

레몬타임(Thymus Vulgaris)은 입성 타입으로 잎에서 레몬 향이 난다. 레몬의 부드러운 향을 살려서 요리나 음료의 향을 내는 데 사용된다.

골든 레몬 타임(Golden lemon Thyme)은 입성 타입으로 감귤류의 향이 난다. 레몬 타임의 원예용 품종으로 잎의 가장자리에 노란 무늬가 있는 것이 특징이다.

코르시칸 타임(Corsican Thyme)은 입성 타입이며 원산지는 시실리 섬이다. 잎의 형태가 가는 것이 특징이며 향이 강하고, 기르기 쉬운 품종으로 알려져 있다.

실버 타임(Silver Thyme)은 입성 타입이며 잎에 흰 바퀴 같은 반점이 있고, 엷은 핑크색 꽃과 조화를 이루는 모습이 아름다워 화단에서 잘 기르는 종류이다.

백리향은 일본명으로는 이부키쟈코스라고 하며 시가현의 이부키산에서 발견된 것이 이름의 유래가 되었다. 포복성으로 예쁜 붉은 보라색 꽃이 인상적이며 타임과 유사한 품종이다. 와일드 타임(Wild Thyme)은 비교적 작은 키로 지피 식물로 이용하기 적합하고 엷은 자색의 작은 꽃이 아름답게 펼쳐지면서 자란다.

타임은 삽목과 실생번식이 모두 가능한데 삽목은 4~6월, 9~10월에 하고 20일 정도면 뿌리가 내린다. 실생번식은 3~4월, 9~10월에 씨를 뿌려 5~6월에는 꽃이 피도록 하며, 어느 계절이나 수확이 가능하다. 타임은 햇볕이 좋고 통풍과 배수가 잘 되는 흙을 사용하고 조금 건조한 곳을 좋아하며, 추위에 강하지만 고온다습한 환경에는 약하기 때문에 여름철 습기나 장마철에는 주의해야 하는데 이를테면 가지치기를 해주어 통풍이 잘 되도록 해준다.

타임은 여러모로 활용가치가 높은 허브인데, 일상생활의 요리에서 특히 육류나 야채를 끓일 때 조금만 넣어도 나쁜 냄새를 제거하고 맛이 풍부해지기 때문에 소스나 파스타 등에서도 활용하면 풍미를 더해준다.

타임은 다른 허브와 분명하게 구별되는 강한 향을 가지고 있다. 잎을 따서 생선 및 육류, 조개 및 갑각류 요리에 사용하는데,

타임 줄기를 구운 요리 밑에 깔거나 바비큐 스테이크 위에 얹어 놓으면, 강한 원목의 신선한 향취를 느낄 수 있다.

타임은 약성도 다양하여 강장 효과를 비롯해 방부작용 · 항균작용을 한다. 식욕을 증진시키고 소화를 도와 힘과 에너지를 얻게 해준다는 설이 있어 최음제로도 이용되었다. 5~6월 사이에 꽃이 달린 줄기에서 얻는 정유는 호흡기 질환에 항균작용 · 거담작용을 하며, 두통 · 우울증 등 신경성 질환이나 빈혈 · 피로에 좋고, 피부를 맑게 한다. 야생종은 벌들이 좋아해 그리스에서 생산되는 타임 꿀은 세계적으로 유명하다.

허브뜨락의 허브 동산을 본격적으로 생각하기 시작한 것이 1997년 가을이다. 한창 대학구조조정에 대한 관심이 고조되고 있을 즈음에 국내 모 신문사와 함께 대학의 관계자들이 일본 대학의 구조조정에 대한 사례연구차 일본을 방문할 기회가 있었고, 그때 아내의 특별한 부탁으로 일본에서 종자를 구해 온 것이 계기가 되었다.

와세다 대학과 동경 기독교 대학 등 여러 대학들을 둘러보고 관계자들과의 토론을 하면서 왜 구조조정인가, 어떻게 해야 하는가 그리고 문제점은 무엇인가 등에 대하여 진지한 토론이 이루어졌지만 토론이 끝난 다음에 관심은 역시 허브에 모아졌다.

당시만 해도 국내에서 그리 큰 관심이 없던 터라 관련 서적들도 귀하고 의문되는 내용들을 상담할 전문가들 또한 귀한 때이었기 때문에 서적도 구하고 씨앗도 구해 오면서 시작된 것이다.

당시 일본에서 상당한 인기를 가지고 유행하던 허브식물원에 대하여 알아보았고, 사진도 찍어왔다.

그렇게 해서 구입해온 허브 씨앗은 솜씨 좋은 아내의 손길로 발아되고 아파트의 작은 화분에서 키워지게 되었다.

그러나 겨울을 한두 해 지내면서 점차 적응을 못하는 허브들은 사라지기 시작했고, 그러한 안타까움에 아내는 이곳 화순에 작은 땅을 매입한 것이었다. 그리고 본격적으로 이곳저곳에서 허브 씨앗도 구하고, 봄이면 모종을 구입하고, 새로운 여러 공동체들과 함께 공동 구입하는 등 꾸준한 '가정형 허브' 키우기 수준으로 머무르게 되었다.

그 후 허브에 대한 열정은 계속되었고 점차 커졌다.

때로는 그리스, 터키, 이집트, 미국, 영국, 독일, 프랑스 등을 여행하면서까지 허브 씨앗 등을 구입해 왔다. 그러한 노력들은 아내만으로 국한된 관심이 아니었다. 아들과 딸도 어느새 동조자가 되어갔다.

한때 외국 항공회사에 근무하던 딸아이가 휴가차 집에 올 때가 되면 어김없이 엄마의 선물은 허브 씨앗이었다. 큰아들이 살고 있는 미국을 방문할 때도 아들은 잘 알고 있었다. '엄마에게 가장 좋은 선물은 허브농장을 방문하는 것'이라는 사실을, 때문에 주말에 틈만 나면 허브들이 많은 어느 가든을 가자고 하거나 때로는 주변의 정보를 수집해서 허브와 정원에 관심 있는 사람들의 모임에 안내하여 참석하도록 주선하는 일이 아들의 효도 선물이었다. 그래서 귀국할 때의 선물로는 새로운 꽃이나 허브 종자들 혹은 관련 서적들이 주종을 이루곤 했다. 그래서 이곳 이름을 무엇으로 지을 것인가를 고민 할 때 제안한 것이 곧 '허브뜨락'이었고, 끊임없이 허브뜨락의 공간들은 허브 식구들이 채워지고 있다.

♣ 노화방지에 사용되는 허브-로즈메리

우리 주변에서 흔히 볼 수 있는 허브의 하나가 로즈메리이다. 로즈메리 학명은 Rosmarinus officinalis인데, 'Rosmarinus'는 라틴어의 'ros marinus'의 합성어로 '바다의 이슬'이라는 뜻으로 자생지의 해변가에서 독특한 향기를 발하는 의미에서 연유되었다. 조건이 좋으면 키가 1~2m 정도로 자라는 여러해살이 상록관목이다. 꽃은 보통 따뜻한 지역에서는 3월부터 그 외에는 5월~7월에 거쳐 개화하며 꽃 색은 연보라, 청자색, 연분홍, 흰색이고 꽃잎은 청자색이며 연분홍과 흰색도 드물게 있다. 꽃이나 잎을 만지거나 자극을 주면 짙은 향기를 풍기며 에센셜 오일에는 살균작용, 소독작용, 방충작용, 산화방지 작용이 있어 식품보존 등에 활용된다.

감기, 신경통에 잘 듣고, 활력을 증진하며 노화를 방지하고 상큼하고 강력한 로즈메리 향은 뇌의 활동을 높이고 기억력, 집중력을 높여 준다. 목욕재는 피부의 윤기와 탄력을 유지하며, 류머티즘, 신경통의 외용약으로도 쓴다. 재배하기는 비교적 쉬운데 햇빛이 잘 들고 배수(물 빼기)가 잘되는 사양토에서 생육이 잘 되며 유기물이 적당하면 좋다. 우리나라 중남부 지역에서 월동이 가능하며 중북부 지역은 화분에 심어 실내에서 월동시키는 것이 좋다. 실내 월동은 10℃ 정도 온도면 적당하며 비교적 건조하게 관리하는 것이 바람직하다. 번식은 종자번식이나 삽목을 실시한다. 삽목번식은 늦봄이나 초여름에 새로 자란 가지를 5~7cm 길이로 잘라서 화분에 꽂고 투명비닐로 덮어주어 수분증발을 막고, 음지에 두어 뿌리가 내릴 때까지 잘 관리하거나 삽목 상을 만들어 너무 고온이 되지 않게 차광 관리하면 발근한다. 이때 최저온도는 15℃ 이하가 되지 않도록 한다.

♣ 사약의 원료로 사용된 허브-디기탈리스

6월의 정원에서 즐길 거리의 하나는 디기탈리스이다.

디기탈리스는 참 신기한 꽃이다. 마치 종을 뒤집어 놓은 듯한데 사약과 구심제의 양면성을 지니고 있다. 디기탈리스(Digitalis)는 라틴어 'digitus(장갑의 손가락)'라는 뜻에서 유래된 말인데 꽃 모양이 그렇다는 것이다. 다 자란 디기탈리스 키는 1m 정도까지 크는데 주렁주렁 달려 있는 꽃이 신기할 만큼 예쁘고 경이롭다. 2년 또는 다년초 식물이기에 가을에 파종하여 겨울을 이겨낸 어린 묘목을 이듬해 봄에 옮겨 심는다. 몇 년 전부터 키워온 디기탈리스가 주차장 주변에 총총하게 심어져 소담스럽게 달린 꽃을 보니 이런저런 생각들이 주마등처럼 스쳐 지나간다.

어린 시절 누구나 한번쯤 상상의 세계로 날아가 봄직한 세상을 나 또한 마찬가지로 꿈꾸어 왔다.

언덕 위에 하얀 집, 파란색의 잔디가 깔려있고, 먹음직스러운 상추와 쑥갓이 자라는 텃밭, 그리고 아기자기한 꽃과 향기가 있는 정원에 주렁주렁 달려 있는 포도나무를 상상하는 정원에 대한 로망이었다.

설상가상으로 벗들과 함께 더불어 꿈을 이야기하고, 맑은 공기를 마시면서 차를 한잔 곁들이면서 세상을 이야기한다면 마치 세상은 우리들의 가슴에 안겨있는 듯하고, 평화롭고 행복에 찬 삶이라는 데 누가 감히 부정을 할 수 있을까?

이처럼 그림 같은 모습들을 그리다가 문득 생각이 달라진다.

햇볕이 내리쬐는 무더운 여름날 잔디밭에 쪼그리고 앉아서 잡초를 뽑는 상상을 하게 된다.

생업으로 짓는 농사라면 과수에 농약도 쳐야 하고, 벌레도 잡아 주어야 한다. 검게 그을린 시골 아저씨의 쭈글쭈글 주름 잡힌 얼굴과 초라한 밀짚모자에 수건으로 칭칭 둘러싸여 누가 누구인지도 모를 아낙네가 분주하게 호미를 들고 논밭으로 나가는 모습을 자신의 모습에 비춰보면서 상상하기도 싫은 불안감이 생긴다.

꿈같은 언덕 위의 그림 같은 집은 점차 어둠이 깃든 그리고 고통스러운 시골집으로 변하고, 이곳저곳에 널려있는 농기구와 해도 해도 끝이 없는 농사일로 몸과 마음이 쉴 곳을 찾지 못하는 불안감이다.

그러나 그것도 잠시, 턱에 손바닥을 고이고 생각에 젖어본다. "내가 왜 그런 고생을 해"라는 질문에서부터 시작하여 나중에는 생각조차도 하지 말자고 혼잣말로 속삭여 보기를 수십 번 반복 하는 사이, 인생은 어느덧 40대를 넘어서려 할 즈음에 '그렇다면 나의 꿈은 영원히 꿈으로 사라지게 할 것인가?'라는 또 다른 불안감도 생겨났다.

나약한 자의 푸념처럼 스스로 자위하는 말 "정원이 딸린 찻집에서 차 한잔 사 마시면 얼마든지 즐길 터인데 뭐"라는 말이 실패한 황혼 무렵의 나의 모습으로 비추어지기 시작했다.

그래도 마음의 한켠에는 5월이면 장미가 흐드러지게 피어있는 시골 담장 길을 연상하고, 가을이면 국화가 온통 뒤덮여 국화 향이 진동하는 길을 걸어 보고 싶어지는 마음 그리고 때로는 주렁주렁 달린 사과 하나 뚝 따서 옷에 쓱쓱 문질러 아삭아삭 신맛 단맛을 느껴 보고 싶은 마음의 충동, 씹으면 파란 물이 질겅 하고 나올 것 같은 싱싱한 상추로 삼겹살도 구워 먹고 싶어지는 것은 내가 지닌 시골스런 DNA가 잠재해 있기 때문일까?

도대체 왜 사람들은 상추를 좋아하고, 허브 향 진동하는 정원을 그리워하며, 장미 한 송이 들고 해맑은 웃음 지으면서 행복한 삶을 동경하는 걸까?

아마도 인간은 푸른색을 좋아하는 본능을 가진 존재이기 때문인지도 모르겠다.

디기탈리스는 주성분이 디기톡신으로 극약의 재료로 활용되며, 서양의학에서는 심장변막결손 심근염, 만성 심장쇠약에 유효한 심장 강장제로 활용하고, 중국에서도 모지황엽이라 하여 강심 및 이뇨에 사용한다. 약으로 사용하는 디기탈리스 잎은 여름부터 가을까지 채취하여 햇볕에 말린 후 활용하는데 물론 의사의 지도 없이 함부로 사용해서는 안 되는 약이다.

디기탈리스처럼 생과 사를 가르는 양극단에서 조금만 한쪽으로 편중되면 죽음의 길로 그리고 조금만 더 그 반대쪽으로 기울어지면 건강한 삶으로 살아가는 것처럼 인간의 삶은 중용이 필요하다는 사실을 누구나 잘 알고 있다. 그러나 정작 실제의 생활 장면에서 인간의 몸과 마음 그리고 아는 것과 행동의 경계는 어디쯤이고, 일상에서 느끼는 만족감과 불만족, 행복과 불행의 경계는 어디일까?

♣ 허브뜨락의 또 다른 식구들-레몬그라스 등

허브뜨락에는 지금가지 소개된 허브들 외에도 수십 종류의 허브들이 산재해 있다.

위장 기능을 강화해 소화력을 향상시키고 위장 장애로 인한 구취를 제거하는 데 효과가 있다는 딜(dill)은 펜넬과 함께 자라고 있다. 모양과 기능이 비슷하기 때문이다.

레몬그라스(*Lemongrass*)는 인도, 동남아시아, 중남미 열대지방이 원산지인데 매우 진한 레몬 향이 나는 허브로서 세계 3대 수프인 태국의 톰얌쿵에 꼭 들어가는 주요 재료이다.

겉모양은 마치 억새풀을 닮아서 거칠게 보이는데, 잎은 따서 비벼보면 레몬 향기가 난다. 이 향기의 주성분은 레몬과 같은 '시트랄(Citral)'로 정유의 70~80%를 차지한다. 레몬그라스의 정유는 약품, 향수, 비누, 린스, 캔디에 사용된다. 요리에 쓰는 부위는 뿌리쪽에서 가까운 하얀 부분인데 수프, 소스, 닭고기와 생선요리에 쓰인다. 노란색 어린잎은 차로 만들면 향기가 좋으며 소화를 촉진하고 빈혈을 예방하는 효과가 있다. 복통, 설사, 두통 등의 치료효과를 가지고 있다.

보리지(borage)는 진통, 피로 회복, 해열, 발진, 이뇨 작용 등의 효과가 있는 허브로서 학명은 *Borago officinalis*이고 치자과에 속한다. 속명의 Borago는 라틴어 'borra(강모)'의 뜻에서 유래하는데, 줄기가 털로 덮여 있기 때문이며, 오이 냄새가 난다.

꽃은 7~8월에 보라색으로 가지 끝에 산방상으로 달리며 꽃잎은 5장이며 수술은 검은색이다. 주로 꽃, 잎, 줄기, 씨앗 등 모든 것을 이용할 수 있지만 특히 씨앗에서 고농도의 감마 리놀산이 발견되어 많은 질환에 도움을 준다.

씨앗에서 채유(採油)된 보리지유는 마사지 오일, 화장 크림으로 소비가 급증하고 있다. 잎과 꽃은 목욕제로 사용하면 피부를 부드럽고 청결하게 하며 심신의 긴장 해소에 도움이 된다.

안젤리카(angelica)는 강장, 진정, 건위, 소화 촉진, 악취 방지 등에 효과가 있는 허브인데 속명의 Angelica는 라틴어 'angelus(천사)'의 뜻으로 역병이 유행할 때 꿈속에 나타난 천사가 수도사에게 이 식물의 약효를 전했다고 하며, 안젤리카 속의 식물들에는 강심제적 효과가 있어서 죽은 사람을 소생시킬 수 있다는 데서 유래한다. 학명은 *Angelica archangelica*이고, 유럽 동부, 유럽 북부~중앙아시아가 원산지이다. 키 높이는 1~2m 정도로 크게 성장한다. 꽃은 6~8월에 큰 산형화서(傘形花序)로 피는데, 잎은 샐러드로 혹은 나물이나 된장국으로 먹을 수 있고, 신맛이 나는 줄기는 과일과 같이 삶아도 맛있게 먹을 수 있다. 특히 잎의 생장력이 왕성해서 오늘 따도 내일 돋아날 정도로 왕성할 뿐 아니라 따면 딸수록 싹이 새로 나는데 방향성이 있는 쓴맛으로 위장에 대단히 좋으며 소화불량, 복통, 산통, 고창을 완화시켜 준다. 소화기관을 자극하고 따뜻하게 하는 작용이 있으며 혈액 순환을 촉진시켜 찬 손발을 따뜻하게 한다. 빈혈에도 효과가 있고, 항균작용과 항진균작용을 하는 것으로 확인되었다.

애로(yarrow)는 설사, 감기, 습진, 강장, 식욕 증진, 허약 체질 등에 효과가 큰 허브로서 우리나라의 국화과에 속하는 톱풀과 매우 유사한 허브이다. 학명으로는 Achillea millefolium L.이고 *Common Yarrow, Milfoil*('많은 잎' '무성한 잎' 또는 수천의 잎'), Sanguinary, Thousand Seal 등 다양하게 불린다. 잎은 호생하고 털이 다소 있으며 가장자리에 잔톱니가 있다. 높이는 60~100cm 정도로서 직립하고 지하경이 옆으로 뻗으면서 새싹이 나오며, 꽃은 6~9월에 백색 또는 연한 자색, 부드러운 붉은색, 장밋빛 분홍색, 노란색 등 종류에 따라 다양하게 섬세한 색조로 작은 꽃송이들을 피운다.

학명의 Achillea의 유래는 트로이 전쟁까지 거슬러 올라가는데, 전쟁에서 부상당한 병사의 상처에 피를 멈추고 빠른 치료를 위해 전사 아킬레스가 사용하였던 허브로 알려져 있으며 지금도 외상약으로 사용된다. 혈액의 정화제, 소화계통의 치료제, 위장염 등에 효능이 높은 것으로 알려져 있다.

애로에는 비타민A, B복합체, C 그리고 E, 바이오플라보노이드, 콜린, 철, 이노시톨, 마그네슘, 인, 칼륨, 셀레늄 등이 포함되어 있는 것으로 알려져 있다.

우리나라 각처의 산과 들에서 흔히 자라는 다년생 초본의 톱풀은 학명 Achillea alpina L.으로 반그늘 혹은 양지에서 자란다. 이른 봄에 포기나누기로 혹은 11월에 받은 종자를 종이에 싸서 냉장보관 후 이듬해 봄 화단에 뿌리는 실생 번식 방법으로 번식하며 발아율도 좋은 편이다.

오레가노(oregano)는 요리할 때 쓴맛과 향기를 가진 향신료로는 물론 이뇨, 진정, 살균, 피부염증, 건위, 식욕 증진 등에 효과가 있어 식용과 약용으로 사용된다. 집안의 개미 침입을 방지하고 뱀 · 전갈에게 물렸을 경우 해독제로 쓰이는 꿀풀과에 속하는 허브이다. 오레가노는 '꽃박하'라고도 하는데 이는 톡 쏘는 박하 같은 향기가 있기 때문이다. 병충해와 추위에 잘 견디며 높이는 30~60㎝, 잎은 길이 1.5㎝ 정도이고 꽃은 보랏빛이 도는 담홍색으로 7~10월에 줄기 끝에서 수상꽃차례를 이루어 핀다.

추위와 더위에 강하고 토질이나 장소를 가리지 않아서 물빠짐이 좋고 햇빛이 잘 드는 토양에서 잘 자란다. 4~6월, 9~10월에 씨앗을 파종하는데 묘상이나 화분에 흩뿌리고 얇게 흙을 덮고 물을 준 뒤 손으로 가볍게 다져준다.

삽목과 포기나누기로도 번식하며 관상용으로 즐길 수도 있다. 건조한 잎과 꽃을 주머니에 넣어 찜질에 사용하면 류머티즘 등에 효과가 있다고 알려진다.

고대 그리스시대 오레가노 침출액을 강장 · 이뇨 · 건위 · 식욕증진 · 진정 · 살균 작용이 있어 차를 끓여 마시거나 포푸리 · 목욕제로 사용한 것에서 유래한다. 학명은 origanum vulgare이고 유럽, 서남아시아가 원산이지만 지중해 연안 여러 나라와 미국 등에 분포되어 있다. 그 외에도 혈액정화에 사용되는 보리지, 사향 냄새 나는 안젤리카, 여드름과 주근깨에 좋은 레디스멘틀, 향기의 왕이라 불리는 레몬그라스, 구충효과가 뛰어난 산토리나, 설탕보다 300배의 상쾌한 단맛이 나는 스레비아, 비타민의 보고 애로, 과수원의 부패병 예방으로 사용되는 차이브, 향수제 히솝 등이 있다. 물론 허브뜨락의 허브식구들이 얼마나 늘어날지에 대해서는 아직 아무도 모른다. 나와 아내의 여력이 있는 한 허브 동산의 식구들과 함께 허브뜨락의 식구들 또한 더 많아질 것이다.

산발적으로 피어있는 코리안더 꽃

2. 허브뜨락의 정원

1) 정원생활의 즐거움

색과 향기와 아름다움이 있는 정원, 사계절이 뚜렷한 우리나라의 기후환경에서 봄, 여름, 가을, 겨울 끊임없이 아름다운 꽃이 피고, 새가 노래하고, 그리고 자연을 좋아하는 사람들이 찾아와 함께 즐기는 공간-정원은 누구나 갖고 싶어 하는 이상이다.

나 또한 마찬가지이었다.

넉넉하고 여유로운 공간에서 내가 손수 설계하고 만든 정원에서 하나하나 꽃과 나무를 심고 즐기는 정원, 그리고 에피쿠로스의 정원학교와 같은 평화로움을 구상한 것이 벌써 20년이 가까워 온다. 말 그대로 훌쩍 지나간 세월 같다.

하지만 나름대로 가꾸고 길러온 허브뜨락의 나무와 꽃들에 얽힌 추억들은 20년이 아닌 50년, 70년의 세월이 되는 것처럼 길게 느껴진다.

처음 허브동산으로 이사를 온 후 수년 동안은 정원 가꾸는 일을 생각하기에는 버거움이 큰 일이었다. 아직 어린 아들 정래와 딸 정연이의 뒷바라지는 물론 학교에서의 연구와 교육으로 사실 토요일과 일요일을 제외하고는 결코 여유 있는 시간을 내기 어려웠기 때문이다. 그렇지만 마음 한구석에는 항상 처음부터 변함없이 자연을 살리는 정원을 만들고 싶었다. 그리고 정원에 대한 이론과 실제를 함께 토론하고 행동으로 옮겨보는 '정원학교'를 만들어 가는 것이 꿈이었다. 연못을 파고, 정자를 짓고 그리고 토양과 기후에 적절한 식물들을 선택하여 심으면서 그 윤곽을 잡아 왔다. 때로는 아름다운 정원을 찾아가 아이디어를 얻기도 하고, 세계적으로 내로라하는 정원을 찾아가보기도 했다. 각종 SNS를 검색하면서 메모하고 전문가를 찾아가 자문도 구해 보았다. 정원관련 학술대회에 참여하여 토론에도 임하면서 나름대로의 지식과 지혜를 구축해 왔다. 그렇게 하기를 벌써 20년 가까운 시간이 지난 것이다. 내가 직접 나의 페이스북에 소개한 '허브뜨락의 식물들'이 벌써 400여 종류가 되었다(지난 2017년 8월 15일 400번째 식물 식구를 소개함).

허브뜨락에는 우리 부부가 하나하나 심어 길러온 꽃과 나무들이 있고 이들은 함께 정을 나누면서 살아가는 우리 식구들이다. 허브뜨락의 식물 식구들은 해해년년 늘어나고 있다. 특히 여러해살이 식물 식구들은 대부분 어린 묘목의 상태로 혹은 좋은 수종이라고 판단되면 그들이 지닌 특수성을 그대로 유지하도록 하기 위하여 삽목을 통해 내가 직접 번식해 사용하기 때문에 어느 정도 성장하고 자리를 잡을 때까지는 특별한 돌봄이 필요하다. 그러나 적당한 시기가 되면 그들은 모두가 주인이 된다.

세상의 모든 것들이 그러하듯, 우리 집 식구들도 마찬가지이다.

각자가 심어진 자리에서 적당히 뿌리를 내리고 주변의 자연들과 조화를 이루면서 때가 되면 꽃이 피고, 열매를 맺고 그리고 필요하면 새로운 세대를 만들어 간다.

척박하기 그지없던 언덕 위의 땅, 헐벗고 굶주릴 때는 애써서 경작하던 땅이었지만 어느 정도 살만해지니까 버려 두었던 땅이었다. 그러나 우리 부부의 한 방울, 한 방울 땀방울 수가 늘어나면서 어느새 귀한 나무와 꽃들의 세상으로 변해가고 있다.

허브뜨락이라는 커다란 선박의 항해사는 아내이다.

그녀는 허브뜨락이라는 선박이 잘 정착할 수 있도록 끊임없이 좋은 아이디어를 만들어 내고, 미래에 대한 혜안을 가지고 탐색하고 생각하며 실천해 나가고 있다.

때때로 느끼는 것 중의 하나는 그녀에게 식물들에 대한 특별한 감성이 발달되어 있는 듯하다는 점이다. 금방 죽어갈 것 같은 식물들, 아니 죽은 것 같아서 버린 허브들조차도 아내의 손길이 닿으면 되살아난다.

왜 그럴까를 가만히 생각해 보니 이는 역시 끊임없는 식물들에 대한 관심과 보살핌에서 얻는 지식과 관심뿐이 아닌 그 이상의 영감이 있는 듯해 보인다.

알 수 없는 신비로움이다.

토질과 주변의 환경을 고려하여 어디에 무슨 나무를 심을 것인가를 결정하고 그리고 그 주변에는 어떤 초본류를 심을 것인가를 고민한다.

허브뜨락의 정원을 만들면서 많은 생각을 해왔다.

동양의 정원과 서양 정원의 차이를 포함하여 한국 정원의 전통이 무엇인가, 그리고 어떤 수목들을 심을 것인가에 대한 가장 본질적인 문제들이었다. 하지만 특히 관심을 가지고 있는 영역은 '희귀식물'과 '특산식물'이었다.

수백 년 아니 수천 년 동안에 걸쳐 우리의 산천을 지켜온 자연과 자연속의 식물들, 특히 희귀식물과 지역의 특산 식물들이 인간의 욕심과 무지로 멸종의 위기를 맞이하고 있기 때문이다.

귀한 초목들이 그들의 삶의 터전을 사람들에게 빼앗기고, 설상가상으로 급속하게 변화되어가는 기후변화와 자연재해로 인해 '특별한 보호 · 관리가 필요한 식물'들로 지목되고 있다.

이들 '특산식물'들, 즉 자생식물 중 우리나라에만 분포하고 있는 식물로서 농림축산식품부령으로 정하는 식물들의 숫자는 점차 줄어들고 있으며, 그나마도 상당수는 멸종위기로 몰리고 있다.

국립수목원, 종자은행, 각 도 · 시 · 군 등의 기관들에서 다양한 방법으로 노력하고 있지만 역시 중요한 것은 모든 국민들의 관심과 노력이고, 각성된 의식이다.

다시 말하면 나부터 스스로 변화되어야 한다는 입장이다.

작은 날갯짓이 폭풍으로 나타나는 '나비효과이론'이 아니라 하더라도 최소한 나의 작은 몸짓은 이곳 주변에서 귀한 수목들이 사라져 없어져버리는 일만큼은 없어야 하겠다는 생각에서이다.

허브뜨락의 정원이 희귀식물과 특산식물들의 안전한 삶의 공간이 되도록 하는 것이다.

또 다른 하나는 육체적 · 정신적 건강을 위한 힐링의 공간으로 만들어 가는 것이다.

비록 산만스럽지만 나름대로 정성 들여 가꾸어온 허브뜨락의 정원은 봄철 수백 송이의 수련이 피어나는 연못과 힐링 산책길과 허브뜨락에 심어져 있는 갖가지 사연을 지닌 식물 식구들과의 대화를 통해 건강을 지키자는 것이다.

가끔 사람들은 묻곤 한다. '왜 정원을 만들기 시작했는가'에 대해서, 그때마다 나는 지극히 통상적인 대답을 한다. 단지 "내가 좋아서 시작한 일이었다"라고 말한다.

꽃과 나무를 좋아하기 때문이고, 자연 속에서의 삶이 나의 영혼을 자유롭게 하며, 진정한 자유로움은 모든 존재하는 것들과 함께 하는 자유로움이기 때문이다.

풀 한 포기, 나무 한 그루에게도 고귀한 생명의 존엄과 자유로움이 있으며, 그들만의 영혼의 세계가 있다. 그들의 세계와 소통하면서 살아가는 삶은 풍요롭고 아름다움 그 자체이다.

더불어 살 줄 알고, 필요 이상의 욕심을 드러내지 않으면서 살아가는 모습에서 진정 필요한 지혜로움을 배울 수 있기 때문이다.

정말로 우리가 배워야 할 것은 자연에 있음을 알아가면서 그리고 아는 것의 기쁨으로 만족함이 아닌 실천함으로부터 진정한 행복을 맛볼 수 있기 때문이다. 그러나 역시 나의 꿈은 함께 생각하는 힐링의 장이고, 기왕이면 우리 전통의 맛을 살리는 뿌리 있는 정원을 만들어 가는 것이다.

내가 나의 가슴속에 언제나 안고 다니는 一切 唯心造라는 말처럼 모든 것은 마음먹기에 달려있다는 것이다.

허브뜨락에서 만나는 풀 한 포기와 나무 한 그루에도 모두가 사연이 있고, 꿈과 희망이 있으며, 그들을 통해 함께 존재의 이유를 생각하게 하는 귀한 나의 벗들이고 식구들이다. 때문에 그들과의 만남은 반가움과 우정으로 그득한 만남이며, 아름다움과 향기를 주고받는 만남이다. 하루하루를 허브뜨락을 산책하는 기분으로 살아간다면 이 지구촌은 가장 아름다운 정원이 될 것이다. 만나는 모든 만남은 희망과 꿈을 만들어 주는 만남이 될 것이다.

2) 정원의 개념과 역사

인류문명의 발전과정에서 정원의 역사는 꽤 중요한 몫을 차지한다.

원시사회를 벗어나면서 사람들은 자기의 소유 영역을 울타리로 만들어 표시했고, 과학기술의 발달로 얻어진 기구들은 정원을 아름다움과 여유로움의 공간으로 만들어 내는 도구들로 활용하면서 정원의 형태와 내용이 변화되어 왔다.

깊은 바닷속에 정원을 꾸미고, 우주 공간에 정원을 만들어 즐기려고 하는 생각들이 실현될 날도 그리 멀지 않을 것 같다는 생각이 든다.

서양에서 '정원'이란 garden, 즉 헤브라이어의 gan과 oden 또는 eden의 합성어로, 울타리 또는 둘러싸는 공간과 행위의 gan과 즐거움 혹은 기쁨의 oden이 합해진 말로서 울타리 안에서의 즐거움이나 기쁨을 나타내는 말이다.

동양권에서의 '정원(庭園)'은 한자의 원(園)이 뜻하는 큰 입 구(口), 즉 정원을 감싸고 있는 '담장'과 그리고 그 안에 흙 토(土)가 의미하는 대지 혹은 흙 그리고 작은 입 구(口)가 의미하는 물을 담고 있는 '연못'과 옷 의(衣), 즉 색상을 띠고 있는 식물들, 꽃을 상징하는 의미이다.

이처럼 동서양을 막론하고, 정원이란 자연 혹은 다른 사람들을 향해 울타리를 치고(fenced) 가사나 작업 공간 혹은 유용하고 유쾌한 삶을 위해 꾸며진 공간이라는 의미이다.

이와 같은 정원은 단순한 집안 혹은 밖에 있는 뜰과 같은 자연 그대로의 상태에 울타리를 친 모양으로부터 시작하여 매우 다양한 형태와 내용으로 구분된다.

전통적으로 사용하는 광의의 의미에서 정원은 가사(家事)를 위한 작업공간으로서의 역할을 강조하는 채원(菜園)이나 약초원 · 과수원 등이 있었다. 그러나 자연 그대로의 동산이나 뜰에 인공적으로 축조된 건물과 연결하여 계획적이고 조작된 공간으로서의 현대식 정원은 사람과 건물과 그리고 자연의 조화로움을 강조하면서 매우 복잡한 인공적 요소가 적절히 배치된, 사람에게 유용하고 생활을 유쾌하게 하며 아름답게 꾸며진 공간이 되었다.

때문에 정원은 그 용도와 형태 등에 따라 다양하게 구분된다.

특정 개인이 소유하면서 자유롭게 만들어진 개인정원으로부터, 국가정원 혹은 지방자치단체의 정원은 주민들에게 공개된 휴식과 아름다움을 제공하는 공공장소가 되었다. 뿐만 아니라 특정한 단체 등의 정원, 학교나 사찰, 심지어는 개개인의 가옥 위에 만들어진 옥상 정원에 이르기까지 목적과 형태 그리고 내용과 소유주에 따라 구분된다.

시설물에 따라서는 주택에 딸린 주택 정원으로부터 시작하여 옛날의 궁궐에 딸린 궁원(宮園, 宮苑), 사찰의 사원 및 서원 정원 등이 있다.

중세의 수도원 정원은 식생활에 사용되는 작물 생산의 특성을 갖춘 형태이었으나, 현대의 일반적 정원은 '열락(悅樂)정원'으로 향수와 감상의 기능을 강조하는 정원이기 때문에 자연과 초목을 통한 조경뿐 아니라 시 · 회화 · 조각 · 건축 · 소리와 빛 등이 집약된 고급 예술의 공간으로 변화하고 있다.

다시 말하면 정원이 인간의 삶의 공간을 인위적이고 조작적으로 구분하거나 구획하여 아름답고 여유 있는 시설물들을 배치함으로써 즐거움을 느끼면서 삶의 질을 향상하려는 인간의 예술적 작품으로 전환되는 것이다.

구태여 구분 짓는다면, 정원 역사학사, 존 딕스 헌트(John Dixon Hunt)가 그의 저서"위대한 완성; Greater Perfections, 1999)"에서 지적하는 것처럼 "손을 대지 않은 자연 그 자체"로서의 첫 번째 자연(First nature)'과 말을 이용해 흙을 갈고, 농사를 짓는 농부, 곡물을 재배하기 위해 경작하는 농토로서의 땅을 의미하는 '두 번째 자연(Second nature)'을 거쳐 기하학적으로 쪼개놓은 공간에 장식을 하고 분수를 설치하는 등 인간에 의해 조성된 공간으로서의 '세 번째 자연(Third Nature)'이 곧 정원이다.

서양에서 정원의 역사는 그리스 시대로 거슬러 올라간다.

영국의 정원 역사학자 톰 터너(Tom Turner)는 그의 저서 "정원의 역사(Garden History)"에서 에피쿠로스의 '가든 스쿨(Garden School)'이 그 시초임을 주장한다.

원시상태의 유목과 수렵활동에 의존하던 삶의 유형으로부터 벗어나 일정한 공간에 정착을 하면서부터 일정한 공간에서 먹을 거리를 해결하기 위한 방편의 하나로 시작된 정원은 좀 더 여유가 생기면서 눈으로 보면서 즐길 수 있는 관상용 식물들을 가꾸는 일 뿐 아니라 식물들을 통해 사물의 이치를 깨닫거나, 소통의 도구로 활용하기 시작한 것이 곧 에피쿠로스의 '가든 스쿨(Garden School)' 이었다.

당시 그리스에는 요즘식으로 말하자면 세 개의 유명 사립학교가 있었는데 플라톤이 세운 '아카데미(Academy)'와 아리스토텔레스의 '리세움(Lyceum),' 그리고 에피쿠로스의 '가든 스쿨(Garden School)'이었다.

에피쿠로스는 실제로 자신이 세운 이 학교에 채소와 허브를 키울 수 있는 키친가든(Kitchen Garden)을 만들었고, 이곳에서 매일 학생들과 식물을 키우고 흙을 돌보며 철학과 삶에 대한 이야기를 나누었다.

그는 정원생활이 곧 가장 자유롭고 사물의 이치를 깨닫는 데 적합한 학습의 장이라고 생각했다.

에피쿠로스의 이름에서 비롯된 "쾌락주의 혹은 향락주의(Epicureanism)"는 육체적 쾌락을 추구하는 것이 아닌 인간의 감정과 직관을 중시하며 사유의 쾌락으로 인간의 참행복이란 무엇인가를 고찰했던 학파이었고, 에피쿠로스의 '가든 스쿨(Garden School)'에서 출발한 것이었다.

에피쿠로스는 '흙을 돌보는 행위'를 무엇보다 중요한 학습의 하나로 여겼다. 그는 식물이 성장하는 근본이 되는 흙을 돌보는 일이야말로 자연의 이치를 가장 잘 이해할 수 있고, 이를 통해 자연의 일부인 인간이 가장 행복해질 수 있는 길이라고 여겼다. 때문에 에피쿠로스 학파의 학생들은 그 어떤 과목의 공부보다도 가드닝, 정원 일을 중요하게 배웠다.

그 후 약 300년 후에 만들어진 이탈리아 티볼리의 빌라 아드리아나(Villa Adriana) 유적지의 정원도 마찬가지로 정원을 중심으로 소요학파(Peripatetic School)가 만들어진 곳이다.

약 2세기경 황제 하드리아누스가 거주하던 왕궁은 별장으로 조성된 정원으로 시작된 것인데, 길쭉한 직사각형 연못 주변으로 기둥과 조각물들을 만들어 놓고, 기둥과 조각물의 회랑을 거닐면서 마치 할 일이 없는 것처럼 자연과 인간이 빚어낸 예술을 함께 감상하는 곳이었고, 이것이 곧 소요이었다.

소요학파(Peripatetic school)란 아리스토텔레스를 추종하는 사람들, 혹은 '걸어 다니며 철학을 했던 학파'를 의미한다.

아리스토텔레스는 깊은 생각에 잠길 때 혹은 제자들과 강론을 할 때 회랑을 함께 천천히 걸으면서 정원의 자연을 보며 우주의 섭리를 배우고 깨닫기를 좋아했다고 한다.

그리스 시대의 '김나지움(gymnasium)'의 원래 의미는 학교이었으나, 체육관으로 변형된 것이다.

김나지움의 어원은 '벌거벗은(naked)'인데, 이는 학교에서 이루어지는 신체의 단련을 할 때, 모두 옷을 벗었다는 것에서 유래된 것이다.

당시 김나지움에서 이루어지는 학습은 지적인 학습과 동시에 육체적 단련을 중요하게 여기면서 특히 수업의 일환으로 회랑을 따라 달리기를 하거나 마당에서 원반던지기와 뜀뛰기 등으로 체력을 단련하는 것을 중요하게 여겼다.

이처럼 신체단련을 중요시하는 김나지움에 나무와 풀을 심어 정원으로 만들어 아름다운 공간에서 사색을 겸한 학습이 이루어지도록 했다.

중세 암흑시대를 거쳐 이탈리아를 중심으로 일어난 르네상스(14~17세기)운동은 신 중심으로부터 벗어나 인본주의가 부활한 시기이다. 당시의 철학자들이 주장하는 삶은 자연(Nature)과 예술(Art)로 구분되었다.

과학과 철학 그리고 문화를 총칭하는 예술 그리고 인간이 손을 댈 수 없는 신의 공간(영역)으로서의 자연으로 구분하면서 인간의 영역은 자연 속에 살고는 있지만 예술에 의해 향상된 공간이라고 여기면서 인간이 만들어낸 Artificial, 즉 인공적이면서 신의 영역을 향해 새로운 삶을 추구하는 정원을 발전시킨 운동의 하나이다.

이에 비해 동양의 정원은 좀 더 자연 중심적 삶을 표현한 것이었다.

중국정원의 경우 고대 주나라의 문왕 때로 거슬러 올라가는데, 당시의 원림, 즉 황제를 위한 휴식공간으로서의 정원이 기록되어 있다. 실제 현존하는 가장 오래된 정원으로는 청대에 지어진 북경의 이화원(頤和園), 승덕(承德)의 피서산장 등이 있으며 개인 별장 형태의 원림은 송대 이후에 거상들이 만든 원림이며, 소주(蘇州)의 졸정원(拙政園)과 유원(留園)이 그 대표라 할 수 있다.

이화원(頤和園)은 서양식 정원과는 달리 정원이 건축물에 딸린 부속품이 아닌 자연경관이 중심이 되는 중국 정원 형태로서의 상징적인 작품이다. 자연경관을 감상하고 오락과 휴식을 위하여 만들어진 공간으로서의 정원 속에는 필요에 따라 만들어진 시설물들이 존재하며, 원림을 효율적으로 살리기 위한 부속물들이 곧 정원 속의 건물들이다.

중국의 정원과 원림은 인위적인 기교보다는 자연스러운 아름다움을 중시했다. 정원의 공간을 한눈에 볼 수 있는 것을 허락하지 않는 특징을 지니고 있는데, 이는 억경(抑景)기법으로부터 나온 그들의 가치관이다. 중국원림 건축에서 중요시하는 억경(抑景)기법이란 '경치를 억압 한다'라는 뜻으로 선장후로(先藏後露)의 기법, 즉 일단 먼저 감추었다가 나중에 드러내는 것을 말한다. 때문에 중국정원이나 원림들의 특징은 처음 입구에서는 초라하거나 보잘것없는 것처럼 보이지만 안으로 들어갈수록 점차 경이로움을 금치 못하게 하는 경우들이 있다는 것이다는 것이다.

중국 원림의 문에 들어서면 경치가 한눈에 다 들어오지 않고 부분의 경치만 보인다. 그리고 다른 문이나 담장 혹은 여러 모양의 창과 기암괴석이나 숲 등으로 시야를 가로막고, 그러고 난 후에 다시 좁은 문을 통해 다음 구역으로 들어갔을 때 비로소 또 다시 새로운 경치가 눈앞에 펼쳐지는 형태이다.

중국 강남에서 가장 아름다운 정원으로 졸정원(拙政园)을 꼽는다. 당나라 때 륙귀몽(陸龜蒙)의 개인 사저로 시작된 졸정원은 수차례에 걸친 변용과 방치, 재건축을 거듭하다가 드디어 1952년에 지금의 상태로 복원되었고, 1997년에는 유네스코에서 지정한 세계문화유산이 된 정원이다. 거대하고 아름다운 정원을 스스로 낮춰 졸정원(拙政园)이란 이름으로 부르는 중국인들의 자세를 보여주는 단면이 곧 중국 정원의 특징이다.

일본의 정원은 오밀조밀하고 섬세함이 특징인데, 바위와 그림자의 형태, 식물 상호 간의 조화로움 등을 고려하여 표현된다.

일본 정원은 사상적으로 정토(淨土)사상과 신선(神仙)사상을 중심으로 정원의 양식, 형태가 만들어지는데, 정토(淨土), 즉 아미타불과 같은 부처나 미륵보살과 같은 보살들이 거주하고 있는 청정한 세계인 극락정토를 건물과 정원 공간에 표현하는 방식이다.

정원의 연못은 신선이 거처하는 신선도(神仙島)를 표현하고자 시도한 것으로 출발하여 점차 변모해 학과 거북이를 상징하는 섬이 되었다. 학은 천 년, 거북이는 만 년을 산다는 의미에서 장수를 기원하는 상징이다.

일본 정원의 섬에는 소나무를 심는데, 이 또한 장수와 아름다운 자태 때문이며, 불로불사의 신선사상을 안고 있다. 결국 일본 정원은 섬나라라는 특징, 팔방, 즉 전 세계가 천황의 집이라는 팔굉일우(八紘一宇) 사상, 그리고 화합을 상징하는 화사상(和思想)이 농축된 의미를 볼 수 있다.

한국의 정원은 고구려 시조 동명성왕 6년(서기전 32)에 신령스러운 공작이 궁정에 모여들었다는『삼국사기』로부터 시작된다. 사방 전체 둘레가 2,480m나 되는 고구려 안학궁은 551년(양원왕 7) 장안성을 축조할 때 만들기 시작한 것인데, 궁성 안은 남궁 · 중궁 · 북궁 · 서궁 등으로 나누어져 있고, 정원에 해당하는 원림은 동서남북 사방에 설치하고, 연못은 궁성 동쪽 모퉁이에 둔 것으로 추측된다.

백제의 정원은 고구려보다 더 상세한데,『삼국사기』백제본기 무왕조(武王條)에 기술된 내용으로 부여(扶餘)에 궁남지(宮南池)라 부르는 연못을 판 기록이 있으며, 의자왕 15년에는 대궐 남쪽에 망해정(望海亭)이라는 정자를 지었다는 기록이 보인다.

통일신라시대의 경주 안압지(雁鴨池)와 임해전지(臨海殿址)는 보다 구체적인 증거들이다. 안압지는 총 5,800여 평 되는 면적 속에 호안(護岸)길이가 1,330m나 되는데 연못의 서측은 동궁(東宮)과 연결되었고, 다섯 개의 건물(정자 등)들이 세워져 있었고 그 가운데에는 괴석(怪石)들이 물 위에 떠 있는 것처럼 축조되어 있으며, 주변은 돌 축대를 쌓았던 것으로 밝혀졌다.

이처럼 한국 전통정원의 특징은 괴석과 연못을 들 수 있으며, 자연의 순리를 거역하지 않고 동화되도록 하는 데 있다.

인공구조물들은 자연을 거스르지 않도록 하며, 지형을 함부로 변형시키지 않았다. 물의 흐름을 감상하기 위하여 분수를 설치하지 않고, 위에서 아래로 흐르는 자연의 법칙을 따랐으며, 관상수를 식재할 때도 가지치기를 하지 않는 소나무, 대나무, 매화 등을 선호해 왔다.

3) 동서양 정원의 특징

한국정원의 특징은 자연자원과 지형 그리고 기후들은 물론 정서적 특수성을 잘 반영하는 자연과 인간의 조화로움의 표현으로 만들어진다.

한국의 정원은 뚜렷한 사계절의 기후특성을 잘 표현한다.

봄이면 신록과 꽃이 있는 정원, 여름에는 녹음이 그리고 가을에는 풍성한 열매와 색색의 단풍이 있는 정원이며, 겨울 정원은 잎이 진 나뭇가지 사이로 생활을 뒤돌아보기도 하고, 새로운 봄을 그려내는 생활을 그대로 반영하는 자연 그 자체이면서 동시에 풍류의 장이었다.

이와 같은 전통적인 한국정원들로는 서울 종로의 석파정(石坡亭), 창덕궁의 후원인 비원(祕苑), 강원도 강릉의 선교장(船橋莊), 전남 완도의 부용동(芙蓉洞) 정원, 담양의 소쇄원(瀟灑苑), 대전의 남간정사(南澗精舍), 경남 함안의 무기연당(舞沂蓮塘), 경북 영양의 서석지(瑞石池), 월성의 독락당(獨樂堂), 봉화의 청암정(靑巖亭), 경주의 안압지(雁鴨池) 등을 꼽는다.

이들 정원의 특징은 자연 그대로를 보고 즐기며, 주변의 모든 것, 즉 사람이나 건축 모두가 자연의 일부가 되도록 한다는 순자연의 원리이다. 삼척 죽서루는 대표적으로 자연을 중요시하는 건축물인데, 주변의 오십천 벼랑, 바위 위에 자연암석을 주춧돌 삼아 그랭이기법으로 짜 맞춰 만든 자연과 사람의 손이 만나는 장면들이 연출되어 있다.

창덕궁의 후원은 주변의 산과 들이 어우러진 동산으로 어디에서나 사시사철을 볼 수 있는 낙엽 활엽수를 심어 계절의 변화를 알게 했다.

창덕궁의 중심을 이루는 부용정을 축으로 애련정 · 관람정 · 존덕정이 있고, 언덕엔 승재정이, 등성이엔 취규정이 그리고 계곡에는 소요정 · 태극정 · 청의정, 청심정이 있어 마치 '정자박물관(亭子博物館)'처럼 자연과 사람들이 함께 살아가는 모습을 보여준다.

정원은 이처럼 정자(亭子)와 연못, 언덕, 숲 속, 산등성이, 계곡 등이 함께 어우러져 자연은 사람을 감싸 안아주고, 사람은 또한 자연에 순응하며 서로를 두려고 하지 않고 가슴에 품어 끌어들일 줄 아는, 그래서 자연과 함께 더불어 살 줄 아는 한국인들의 본성, 개방적인 삶의 자세를 표현한 것이 곧 한국의 자연정원이다.

전남 담양의 소쇄원은 우리나라 제일의 별서정원(別墅庭園)으로 꼽는다. 무등산 기슭의 비탈진 곳에 자리 잡고, 계곡과 계류, 지세의 조화를 찾아 만들어 놓은 담, 머지 않은 곳에 호수 그리고 대나무 숲 등은 자연과 인간의 만남을 상징한다. 특히 휴식의 공간으로 들어가는 오곡문(五曲門)은 사람과 물, 바람과 구름 그리고 신이 함께 드나드는 가장 극적인 장면이다.

이처럼 우리나라 정원은 민간정원이나 궁중의 정원, 모두가 자연을 지배하는 경솔함을 배제하고 자연과의 조화를 끊임없이 추구하면서 살아가는 삶을 그대로 표현한 것이다.

정원구성에서 중요시하는 석물들도 일상생활에 사용하는 물확 혹은 돌확을 우물가에 놓고 물을 담거나 때로는 고추도 갈고 마늘도 갈아 식생활에 활용했다. 괴석을 담아 마당에 늘어놓는 석함(石函), 화초분이나 등불 또는 석함을 받치던 석상(石床) 등 다양한 기능과 형태도 자연의 아름다움을 강조했다.

서양 정원은 안락함과 화려함을 강조한다.

서양 정원의 특징은 끊임없는 자연의 극복을 추구하는 것이었다.

서양 정원의 시발지라고 하는 그리스와 로마의 정원은 바위산과 메마른 자연 속에서 탈피하고자 만들어진 것이다. 더 좋은 환경, 비옥한 토양, 식물들이 자생하기에 적합한 풍부한 물과 온화한 기온을 생각하면서 만들어진 꿈의 동산이 정원이다.

그들은 항상 생존경쟁에서 살아남기 위한 전쟁의 소용돌이를 피해 평화롭고 자유스런 공간, 자연과의 조화로움을 추구하면서 자연의 아름다움을 인공적으로 모방하기 위한 노력이 곧 정원의 발상이었다.

에덴동산이나 파라다이스처럼, 누군가의 꿈이 아닌 주변에 현존하는 것이기를 갈망하면서, 생활 가까이에서 만들어 내려 한 것이 서양의 정원이다.

서양정원의 원조라 할 수 있는 로마의 정원은 3개의 공지(空地)로 구성되는데, 대문을 들어서면 첫 번째 만나는 아트리움(atrium), 중문을 지나면 아름다운 정원인 페리스틸룸(peristylum)이 그리고 뒤뜰에 과수와 채소를 가꾸는 지스투스(xystus)로 구성되어 있다.

이러한 정원양식은 두 가지 목적을 가지고 이루어진 것인데, 하나는 쾌적함을 추구하는 곳으로서, 거리의 소음, 먼지, 강렬한 햇빛 등을 차단하기 위한 목적과 다른 하나는 예술성과 창조성으로써, 이상적으로 생각하는 아름다움과 자연과 인간이 조화로움을 만들어 내는 예술의 공간으로서의 정원이었다.

이러한 특수성은 자연환경에서 비롯된 것이다. 메마르고 척박한 자연 속에서 식물들이 자생하기에 적합지 않았고, 부족한 물을 중심으로 하는 전쟁이 성행하는 조건 속에서 자연스럽게 휴식하는 공간, 조용한 공간 그리고 초목이 우거지는 자연의 모습을 동경하면서 만들어진 공간이 곧 정원이었다.

중세 수도원 정원은 기본적으로 다른 가치를 추구하는 정원으로, 수도원 생활의 궁극적인 목적을 달성하기 위한 도구로 활용되는 정원이었다. 즉 신성시하는 성찬대에 올리기 위한 야채 등을 가꾸기 위함이었고, 때로는 자신들의 건강을 위한 약용식물을 재배하기 위한 공간이었다. 따라서 수도원 내에서는 그들이 직접 정원에서 가꾸고 재배한 유실수나 채소 그리고 꽃 등으로 교회의 성찬대를 채우고, 일상에서 조용히 사색하며 휴양할 수 있는 공간이었다.

르네상스시대의 이탈리아 정원은 고대 그리스 로마시대의 정원과 중세의 수도원 정원을 혼합한 형태로 발전하는데 이를테면 지형적 특수성을 충분히 고려하면서 인간의 아름다움과 쾌적함에 대한 욕구를 충족하기 위한 특수한 형태로 발전된 것이다.

결국 서양 정원의 특수성은 척박하고 메마른 자연환경으로부터 그리고 끊임없는 전쟁으로부터 탈출하여 조용하고 아름답고 예술적인 공간으로서의 정원으로부터 출발하였다.

그러나 동양 정원의 특징은 서양과 여러 면에서 상이함을 찾을 수 있다. 정원은 인간이 만들어낸 예술의 공간임에는 틀림없지만 서양이 좀 더 인간의 예술성과 창의성에 중점을 두었다면 동양의 정원은 '자연의 모방'이라는 점에서 다르다.

그 이유는 간단하다. 서양인들의 자연관은 극복의 대상이라 한다면 동양인들의 자연관은 숭배의 대상이기 때문이다.

동양의 자연환경은 풍요롭고 비옥해서 식물과 산과 계곡이 수려하고 조화로움을 갖춘 공간이었다. 때문에 정원에서 그들이 추구하는 자연관, 즉 인간이 자연을 지배하는 것이 아니라 함께하는 기쁨을 얻기 위함이라는 가치를 표현한 것이다.

4) 세계적으로 유명한 정원들

세계적으로 유명한 정원들은 각각의 특징들을 지니고 있으나, 중요한 공통점의 하나는 인간과 자연의 조화로움이다.

현대적 의미의 정원이 지닌 가치가 인간의 육신을 위하고(for the body), 특별한 목적(활동)을 위하고(for activity), 정신세계를 위함(for the spirit)에 있다 하더라도 자연에 역행하거나 등지고는 결코 이룰 수 없는 가치들이기 때문이다.

우리 몸을 위한 정원의 대표적인 형태로 야채와 채소를 기르는 키친가든 혹은 약용 식물을 키우는 약용식물 정원이 있으며, 특별한 목적을 위한 정원이라면 특정한 지역을 대표하는 식물원, 스포츠 공원, 수목원 등이 있을 수 있다.

인간의 정신 수양을 위한 정원은 신전의 정원이나 사찰, 사원 혹은 개인의 정원의 경우 명상 등을 목적으로 하는 정원을 예로 들 수 있다.

특정의 목적을 지닌 정원들이 소기의 목적을 달성하기 위해서는 결국 자연과의 조화와 역사성이 바탕이 될 때 비로소 가능하다. 자연과의 조화란 지리적 환경의 특수성을 고려하는 일이다.

정원에 존재하는 생명체들이 살아가는 데 필요로 하는 기후조건과 토양을 필수적으로 고려해야 한다.

조화란 크고 작음의 조화, 색깔의 조화를 포함하여 식물과 동물, 도시와 시골, 생물과 무생물, 물과 돌과 식물들과의 어울림을 의미한다.

세계의 유명한 정원들은 바로 이와 같은 조화로움을 갖추고 있기에 '가고 싶은 곳, 아름다운 곳, 머물고 싶은 곳으로' 사람들의 마음을 흔들어 놓는 것이다.

자연과의 조화가 겉으로 드러나 있는 형상이라 한다면 역사성은 정신적 내면에 흐르는 보이지 않는 기상이다.

정원 속에 흘러 내려오는 기운이고 정신이다.

정원 속에 담겨 있는 기운과 정신은 단기간 내에 조작된 것이 아닌 오랜 시간을 두고 많은 사람들에 의하여 쌓인 문화의 유산이다.

정원을 시작한 사람의 숭고한 정신으로부터 수많은 정원 속의 식구들이 담고 있는 가치와 의미들이며, 정원에 함께 존재하는 것들의 존재 이유이고 사연들이다.

정원의 산책은 바로 이와 같은 이유와 사연들을 읽는 일이고, 이해하는 일이며, 그래서 내면의 소통으로 지혜를 찾아내는 일이다.

정원에 핀 아름다운 꽃들과 향기에 취하는 사람들이 있는가 하면, 다른 어떤 사람들은 정원 길가에 이름 없이 굴러다니는 돌덩이에서 철학과 가치를 깨달을 수 있다.

결국 세계적으로 유명한 소위 잘 꾸며진 정원들은 사람과 식물들이 함께 서로를 반기는 곳일 뿐 아니라 자연과 소통하고 새로움을 발견하여 각성의 기회를 갖는 곳이다.

영국 런던에 있는 큐 가든(Kew Gardens) 혹은 큐 왕립식물원은 지난 2003년 유네스코에서 세계 문화유산으로 지정된 식물정원이다. 1759년 조지 3세의 어머니, 오거스터스가 궁전의 정원을 조성하기 위해 그녀의 사유지 35,000m^{2}를 식물원으로 지정하면서부터 시작된 큐 가든은 1772년 식물학자 조지프 뱅크가 세계 각지에서 수집한 콜렉션을 추가하면서 1840년 일반인들에게 공개되기 시작했다.

오린저리(Orangery), 템퍼러트 하우스(Temperate House), 다이애나 황태자비 온실(The Princess of Wales Conservatory), 팜 하우스(Palm House) 등으로 구성된 큐 가든의 템퍼러트 하우스(Temperate House)는 빅토리아 유리 건축 양식으로 그 내부에서는 전 세계의 온대성 식물과 각종 희귀식물들을 볼 수 있다.

다이애나 황태자비 온실(The Princess of Wales Conservatory)은 컴퓨터로 제어하는 10가지의 기후대에서 다양한 식물들이 자라고 있는데, 주로 자이언트 아마존 수련, 알로에 베라 등과 육식 식물을 만날 수 있는 온실이며, 팜 하우스(Palm House)에는 열대우림의 야자들이 모여 있으며, 특히 열대야자 중에는 멸종 위기 종의 1/4

이 이곳에서 잘 관리되고 있고, 지하의 해양관에는 해양식물과 산호, 물고기들까지 서식하고 있다. 이처럼 큐 가든은 260년에 가까운 역사적 유물로서 희귀식물들을 만나고, 때로는 건축물에 담겨 있는 정신을 기리기도 하는 곳이다.

힐링의 명소로 알려진 캐나다의 부차트가든은 브리티시 컬럼비아주에 위치하고 있으며, 역사 유적지로 지정된 산책 정원이다.

연중 기온이 온화하고 화창한 날씨로 천혜의 정원적지이다.

그러나 원래는 부차트 부부 소유의 석회암 채석장이었다.

이들 부부는 1909년 석회암이 고갈되자 채석장 부지를 개간해 정원을 만들기 시작하였으며, 100여 년이 지난 2004년에는 많은 사람들의 호응으로 캐나다의 국가 역사 유적지로 지정되었다.

면적도 방대하여 22만 제곱미터에 달하며 700여 종의 100만 그루가 넘는 다양한 꽃들이 선큰 가든, 장미 정원, 일본 정원, 이탈리아 정원 그리고 지중해 정원 등 다섯 개의 정원에 자라고 있어 매년 100만 명 이상의 방문객들을 끌어 모으고 있다. 세계 각국에서 몰려온 방문객들은 산책로를 거닐면서 아름다움에 취하거나, 때로는 새로운 자기 자신을 발견하기도 하며 힐링하는 곳으로 잘 만들어진 산책중심 정원의 하나로 꼽히고 있다.

프랑스의 베르사유 정원은 역사성이 깊은 정원의 하나이고 서양 정원의 대표 격이다.

베르사유 궁전 입구의 루이 14세 동상이 많은 의미를 함축적으로 표현하고 있는데, 그의 장대함과 강력한 통치력을 실감할 수 있을 뿐 아니라 권력의 무상함을 깨우치게 하기도 한다. 이 정원은 루이 14세 당시 '정원의 왕'으로 불리던 앙드레 르노트르가 설계하였으며, 궁전의 뒤편 서쪽에 조성되어 있고 기하학적 모양의 크고 작은 정원과, 왕족들이 뱃놀이를 즐기던 대운하, 다양한 조각상이 함께 전시되어 있다. 물론 궁전 초기의 이곳은 모래 언덕과 늪지대로 불모지에 가까웠으나 40여 년간의 고난도 공사 끝에 정원과 운하를 건설함으로써 오히려 긴 지평선과 마주할 수 있는 대운하와 운하를 중심으로 좌우에 배치된 정원의 극치를 감상할 수 있는 명소로 탈바꿈한 것이다. 특히 베르사유 궁전 안에는 전원적인 농가의 풍경을 재현해 놓은 프티 트리아농과 그랑 트리아농이 있는데, 이곳은 주변이 온통 숲으로 둘러싸인 일종의 별궁이다. 루이 15세는 이곳에 아름다운 모양의 외래 수목들을 모아 심고 유명한 식물학자를 임명하여 관리하게 하였고, 루이 16세는 이 정원을 왕비 마리 앙투아네트에게 선사한 역사적 정원이다.

정원 하면 역시 이탈리아를 빼놓을 수 없는데 그중 하나가 티볼리 지역의 절벽에 위치한 저택과 계단식 빌라 데스테 정원이다.

빌라 데스테 정원은 1550년 초안이 만들어진 뒤 건축가 피로 리고리오가 설계하여 지은 이탈리아 전통 스타일 별장이며, 계단식 극장처럼 저택에서부터 2개의 경사면이 아래로 내려가면서 펼쳐져 있다. 숲처럼 보이는 정원 안에는 50여 개의 화려한 분수가 있어 물의 향연을 펼치는데, 지형의 변화와 물의 흐름에 따라 수압에 변화를 주어 힘찬 물줄기를 쏘아 올리는 자연과 인간의 가공할 만한 정교함의 조화를 볼 수 있다.

주변을 둘러싸고 있는 산과 하늘, 자연스런 풍경들이 조화로움을 만들어 내는 빌라 데스테 정원은 이탈리아 정부의 소유이며 유네스코 세계문화유산으로 지정되어 있다.

5) 허브뜨락 정원의 나무식구

♣ 한국의 정기가 흘러 나오는 나무-소나무

나의 고향집 전북 익산의 '덕영동'이라는 작은 마을 뒷산에는 조상들의 묘가 있고, 그 주변에는 십여 그루의 붉은 홍송이 심어져 있다.

단옷날이면 마을 처녀 총각들이 모두 모여 그네뛰기를 하면서 깔깔대던 모습이 생각나고, 한여름이면 소나무 아래의 널따란 바위 위에서 낮잠을 자던 친구들의 모습도 생각이 난다.

더더욱 생생한 것은 아버님의 생각이다.

매년 추석이 가까워오면 아버지께서는 조상들의 묘가 있고, 소나무가 서 있는 그 넓은 산의 잡초들을 깔끔하게 벌초해 주셨다. 몇 날 며칠 걸려 뜨거운 뙤약볕 아래서 깎아 내린 잡초들은 겨울의 좋은 땔감으로 사용되었지만 그 많은 잡초 더미를 지게로 옮기는 일이란 결코 수월한 일이 아니었다. 나중에 안 사실이지만 아버지의 벌초작업은 자신의 수양이었고, 조상님들에 대한 지극한 효행의 일부이었다. 유난히 효심이 지극한 아버님의 '조상 위함'

의 정신은 주변 사람들로부터 모범적인 인물로 칭송되었다.

벌초작업이 끝나는 시점은 항상 추석 명절 며칠을 앞둔 시점이었고, 추석 명절에 고향을 방문하는 많은 친척들은 아버지께서 곱게 깎아 벌초된 산소에서 차례를 올리곤 했으며, 틀림 없이 늙은 소나무 아래 둥그렇게 앉아 그동안 밀린 이런저런 이야기를 나누곤 했었다. 추억이 담긴 어린 시절의 늙은 소나무이다.

허브동산의 작은 보금자리 하얀 집 앞에는 처음 시작할 무렵 집들이 기념으로 심어 놓은 두 그루의 곰솔과 세 그루의 은목서 그리고 한 그루의 오엽송이 있다. 이들이 옮겨져 심어진 사연은 각기 다르지만 아무튼 두 그루의 소나무 중 한 그루는 박상희 박사가 그리고 다른 한 그루는 유희성 화가가 옮겨 심어 준 것이다. 모두들 자연에 대한 애착이 강하고 소나무를 좋아하는 사람들이기에 오래도록 자신들과의 우정을 기리기 위해서 심어 준 나무들이며, 정원수로서는 적절한 위치에 허브뜨락의 아름다움을 더해 주고 있다.

어떤 나무를 심든, 나무를 심을 때는 나는 두 가지 생각을 하면서 심는다. 토질과 위치 그리고 다른 주변 식물들과의 관계이고 다른 하나는 사람 관계이다. 모든 식물들이 마찬가지이지만 아무리 좋은 나무, 식물이라 하더라도 있어야 할 곳에 있어야 제대로 자라고, 제구실을 할 수 있기 때문이다.

사람 관계란 나무에 관련된 사람들의 역사이다. 나무에 얽힌 이야기들이다. 특히 우정을 생각하면서 심은 나무는 그 나무를 볼 때마다 그 사람을 생각하곤 한다.

식물의 이름을 알고, 특수성을 알고 그리고 얽힌 이야기를 알면 당연히 애정이 생기게 마련이다. 사람이나 나무, 풀들의 이름을 알고, 개성과 특수성을 아는 것은 지식이다. 지식은 실제 생활에서 많은 편리함을 가져다준다.

그러나 지식은 지식일 뿐이다. 지식을 통하여 이치를 알고 원리를 토대로 실천하는 과정에서 편리함 이상의 기쁨을 얻게 된다.

아는 기쁨과 행하는 참기쁨은 모두가 원하는 행복으로 이어지는 과정이다.

사람 관계도 마찬가지이다. 만남을 통해 각자가 지닌 특수성과 개성을 알고 그들로부터 얻은 지식을 바탕으로 내가 본받아야 할 내용과 방법을 찾아내고 실생활에서 나의 행동의 밑거름으로 삼아 실행하는 것이 중요하다.

새로운 만남은 그러하기에 가슴 설레게 하는 것이다. 만남을 통해 상대방의 좋은 점을 익히고 모방하면서 스스로의 삶을 조금씩 바꾸어 갈 수 있기 때문이다.

소나무를 보면서 지금은 세상에 계시지 않지만 묵묵히 벌초하시던 아버님의 생각이 뭉클 떠오르기도 한다.

앞마당에 심어준 박교수와 유 화가의 근면하고 성실한 태도 그리고 창의적이면서도 무덤덤하게 살아가는 삶의 철학을 되새겨 보기도 한다.

소나무는 한국인을 상징하는 전통적인 귀한 나무이다.

유럽의 자작나무 문화, 일본의 조엽수림 문화(照葉樹林文化)가 있다면 우리 한국에는 소나무 문화가 있다.

한국인들을 상징하는 소나무 문화란 지혜로움과 인고의 정신이다. 애국가에 나오는 "남산 위의 저 소나무…", 신화로 알려져 있는 신라 진흥왕 때 솔거의 황룡사 노송도, 김홍도의 송하취생도, 이인문의 송계한담도, 김정희의 세한도 등 우리 역사에 나오는 유명한 화가들이 소나무를 소재로 한 그림들이 유난히 많다.

소나무가 지닌 특수성 때문이다.

기교 없이 자연과 잘 어울리면서 정중하고, 엄숙하면서 자상하며, 비바람과 눈보라에 굴하지 않는 고결함이 마치 우리 민족의 심성과 닮았고, 우리의 정서를 잘 표현해 주기 때문이다.

소나무의 학명은 Pinus densiflora S. et Z이다. 소나무과에 속하는 상록교목으로 솔나무 · 송목 · 적송 · 육송 등으로 혹은 송유송(松油松) · 여송(女松) · 자송(雌松) · 청송(青松) 등으로도 부른다. 5월이 되면 소나무에 꽃이 피는데, 소나무 꽃은 암수한그루로 수꽃에 해당하는 소포자엽(小胞子葉)은 긴 타원형으로 새 가지의 아랫부분에 붙고, 암꽃에 해당하는 대포자엽은 계란 모양으로 새 가지의 끝에 붙는다.

우리나라에서 자라는 소나무들로는 동북형, 금강형, 중남부 평지형, 안강형, 중남부 고지형의 소나무들이 있으며, 강원도 지역에서는 금강형이 잘 자라지만 전라도 지역에서는 중남부 고지형이 잘 자란다. 금강형은 금강송(金剛松)이라고도 부르는데, 형질이 우량하기로 정평이 나있다. 그 이유는 춥고 눈이 많이 오는 지역에서 눈보라와 폭설 등으로부터 스스로를 보호하기 위하여 줄기가 곧게 자라고 가지는 가늘기 때문이다.

소나무가 우리나라에 들어온 것은 지금부터 약 1,400년 전으로 알려져 있으며 주로 건축재와 관상용으로 많이 사용된다.

소나무의 줄기에 상처를 내서 얻거나 건류과정에서 얻어내는 송지 또는 송진은 정제해서 터펜틴(turpentine)이라는 각종 도료와 용제 · 의약품 및 화학제품의 원료로 활용되지만, 식량이 부족했던 시절에는 구황식품으로 사용되었다.

소나무의 속껍질 백피를 벗겨 먹었고, 건조시켜 저장 후에 물에 담가 떫은 맛을 없앤 뒤 가루를 내어 송기떡을 만들어 먹기도 하였다. 소나무의 꽃가루는 송황 혹은 송화 등으로 불리는데 밀과의 재료가 되었고, 기를 보호해 주는 약성이 있어 약재로도 활용했으며, 솔잎은 송모라 하여 송죽을 만들어 먹기도 했다.

솔잎 향기가 배어있는 솔잎 송편, 동짓날 밤에 솔뿌리를 넣고 빚어서 소나무 밑을 파고 항아리를 묻고 잘 봉하여 두었다가 그 이듬해 낙엽이 질 무렵에 먹는 송하주, 소나무옹이[松節]를 넣고 빚은 송절주를 포함하여 송순주, 송엽주, 송실주 등 다양한 소나무 술이 있다. 이처럼 버릴 것이 하나도 없는 유익한 소나무이지만 역시 귀하게 여겨지는 이유는 소나무의 성품이다. 소나무의 꽃가루는 노란 색깔의 공기주머니를 가지고 있어 멀리까지 날아간다.

잘 수정된 솔방울이 익고 인편이 벌어지면서 씨가 땅으로 떨어지는데, 씨에 달린 날개로 멀리까지 날아간다. 이와 같은 소나무의 특수성은 자기 자손을 번성하려는 특수성으로 여겨왔다.

소나무는 척박한 토양에서 오히려 잘 자라나는 특성을 가지고 있으며, 장수하는 나무이다. 노목의 장엄한 모습과 적절한 절제력은 언제나 싱싱한 푸른 솔잎을 보여준다. 새벽 이슬을 머금은 솔잎의 깨끗함에서 그리고 오상고절에서 변함없는 절개와 소리 없이 이겨내는 지조를 가르쳐 준다. 독립군들의 애환이 서린 '일송정의 푸른 소나무'를 보면서 적은 시 한 수이다.

일송정 소나무 아래에서

소나무야 소나무야 일송정의 소나무야
외롭고 쓸쓸함에 굴하지 않고,
차거운 눈보라에 떨지 않으며
푸르디 푸른 대한민국의 기상을 온 몸으로 보여주는
일송정의 소나무야
먼 훗날 남과 북이 하나가 되고,
흙먼지 날리고 눈보라 휘몰아치는 만주벌판에
무궁화가 피어나는 날
우리 함께 덩실 덩실 아리랑을 불러보자

(1992년 중국 하얼빈의 일송정 소나무 아래서)

허브뜨락 앞마당에 심어 놓은 두 그루의 소나무와 길가에 간간히 심어 놓은 여러 종류의 소나무를 보면서 언제나 맑고 강인한 정기가 흐르기를 기원하기도 하고, 조상들의 지혜로움을 되새겨보기도 하며 푸른 기상과 장수를 빌어보기도 한다. 그리고 눈보라와 비바람 속에서 자연과 어울려 조화로움을 찾아내는 하얼빈의 일송정 소나무 아래에서 읊어본 일송정의 소나무를 되새겨 보곤 한다.

♣ 춘호정(春湖亭)의 햇빛 가리개-단풍나무

우리나라의 지명에는 유달리 정자골이라는 이름이 많다.

정자골이란 정자나무가 있는 마을을 뜻하며, 여기에서 정자는 자연경관이 아름다운 곳에 지어 주변 경관을 감상하면서 휴식을 취하거나 즐기기 위한 공간 건축을 말한다.

그러니까, 지난 2014년 연못가의 북쪽 모서리에 정자를 하나 만들어 춘호정(春湖亭)이라 이름하였다.

춘호란 이름은 나의 서예 은사이신 운암선생께 지어 주신 이름이다. 봄철 얼음이 녹아 잔잔한 물결이 일렁이는 모습을 간직하라는 의미였다.

말이 정자이지 사실은 전통적인 원두막이지만 나의 DIY 첫 작품이기 때문에 많은 생각들이 오가는 곳이다.

내가 직접 기초를 하고 통 삼나무와 서까래를 포함하여 지붕 등의 재료를 직접 구입해 꼬박 3주일 동안에 걸쳐 만든 작품이다.

DIY는 제2차 세계대전 직후 영국 런던 거리에 나붙은 표어 내용에서 유래되었다. 심한 공습으로 황폐화된 도시, 사람도 물자도 부족한 상황에서 런던 시민들은 "폐허의 거리를 우리의 손으로 재건하자"라는 자발적인 시민운동이 일어났으며, 당시의 표어가 'Do It Yourself'이었다. 그 뒤 유럽에서는 주택과 주변의 환경을 보전하자는 사회운동과 1960대 후반 미국에서 일어난 자신의 생활환경을 다이내믹하게 변혁시키자는 홈 센터가 탄생하면서 거대한 시장으로 성장하게 됐다.

우리나라에는 1980년대 후반 DIY 조립식 가구가 들어오면서 일반화되기 시작했는데, 개성을 중요시하는 문화, 다양성을 인정받는 삶의 방식, 인건비 상승 등의 문제를 해결해야 할 미래 사회를 생각하면 향후 피할 수 없는 새로운 생활방식이다.

인간을 '가치창조적 존재'라 한다.

자신의 존재 이유를 스스로 만들어 내고, 자신의 삶의 욕구를 만들어 내는 일이다. 이는 자신의 삶은 오롯이 자신의 것이며 어느 누구도 대신할 수 없다는 의미이다. 그와 같은 생각에 바탕을 두고 자신의 머리와 손과 발을 사용하여 필요를 창출해 내고, 필요를 충족하는 일이야말로 가장 본질적인 삶의 과정이다. 그러한 삶을 통해서 진정한 행복하고 평화로운 삶이 가능하게 된다.

나의 일상에서 내가 필요로 하는 물건과 가구를 만들어보고, 필요하면 페인트칠을 하면서 그동안 잃어버린 나의 창의력과 삶의 재미를 일깨워주는 DIY를 만나게 된 것은 사실 큰 행운이었다. 때때로 일상생활에서 필요한 주택을 손질하거나 보수하는 일은 물론 인테리어와 취미생활로 즐기는 실속 있는 삶이 되고 있으며, '나의 정원을 만들어보는 일' 또한 DIY로부터 보람을 찾곤 한다.

커다란 통나무의 껍질을 벗겨내고 재단하거나 끌로 구멍을 파기도 하고, 못질을 하면서 잘못된 망치질로 손톱에 시커먼 멍이 드는 일이 한두 번이 아니었다.

그러나 나의 신념의 하나는 가능하면 '모든 일들을 스스로 해야 한다'라는 것이었기에 힘들고 어려움은 오히려 나 스스로의 극기로 여겨졌고, 엉성하고 볼품은 없지만 내가 만든 춘호정이 의젓하게 세워졌다.

간단한 설계로부터 원재료를 재단하고 그리고 자르고 맞추고 그리고 마지막 도료를 칠하는 과정이 나름 신비롭기도 하면서 한편으로는 자신감도 생겼다.

새로운 하나의 이야깃거리를 만들어 낸 것이다.

여름에 시원한 정자에 앉아 연못에 핀 수련을 감상하면서, 때로는 독서를 하면서, 삶의 의욕을 느끼기에는 충분한 공간이 되었다.

사실 한국 정원의 진수는 정자와 연못에 있으며 이곳 화순은 무등산을 중심으로 그 주변에는 수많은 정자들이 보존되어 있다.

가장 가까이에 화순 적벽(赤壁)은 퇴적암의 절벽으로 유명하다.

화순 동복 댐 상류에 노루목 적벽과 물염적벽, 보산적벽, 창랑적벽 등이 줄줄이 천혜의 아름다움을 연출해 주는데, 적벽이라는 이름은 1519년 기묘사화 후 동복에 유배 중이던 신재(新齋) 최산두가 이곳의 절경을 보고 중국의 적벽에 버금간다 하여 붙여진 이름이다. 적벽에서 무등산을 좌측으로 휘돌아 가면 소쇄원과 가사문학관이 나온다. 조선 중기의 대표적인 원림이며 아름답기로 손꼽히는 소쇄원은 소쇄옹 양산보가 스승 조광조가 유배되자, 일찌감치 고향으로 내려가 은둔 생활을 하며 조성한 곳이다.

소쇄원에는 사방이 탁 트인 광풍각이 있다.

소쇄원을 나오면 그림자도 쉬어 간다는 식영정(息影亭)이 나오는데, 서하당 김성원이 스승이며 장인인 석천 임억령을 위해 지은 정자이다. 정철이 머물며 사미인곡을 지어 왕을 그리워하는 마음을 여인의 마음에 비유한 송강정까지 이어진다.

정자는 누(樓) 혹은 대(臺) 등과 같이 다양한 형태로 이어져 내려오는데, 대부분 자연과의 동화를 위하여 사방을 개방하고, 바닥은 마룻바닥으로 처리하며 난간을 돌리는 것이 일반적이다. 때로는 마루와 더불어 온돌방을 설치하여 겨울에 대비한 것도 있다. 정자 주변의 숲이나 냇물, 강 등을 그대로 두어 외부공간을 형성하는 경우가 대부분이며, 연못을 파거나 나무를 심어 조원(造苑)을 하는 경우도 있다.

허브뜨락의 춘호정은 나름 전망이 좋은 곳, 무등산 자락의 와불이 보이는 곳에 휴식과 독서를 위하여 지은 작은 정자이다. 벽이 없고 단순한 기둥과 지붕만으로 구성되어 있으며, 허브뜨락을 산책하다 잠시 연못을 바라보면서 휴식을 취할 수 있는 곳이다.

춘호정의 네 귀퉁이에는 단풍나무가 서 있다.

무더운 여름에 단풍나무의 그늘은 다른 어떤 나무들보다 시원한 그늘을 만들어준다. 가을철의 단풍잎은 마치 설탕물이 흘러내릴 것 같은 착각을 준다. 봄철에 파릇파릇 나오는 새잎들은 메마른 겨울 대지를 잊어버리도록 하는 데 안성맞춤이다.

단풍나무는 무환자나무과에 속하는 낙엽활엽 교목이다.

학명은 *Acer palmatum Thunb*이고 한국과 일본이 원산지다. 다 큰 나무는 키가 10~20m 내외이며 수형은 원형이고, 5월에 피는 꽃은 꽃잎이 없거나 흔적만 있다. 열매는 9~10월에 익으며 날개는 긴 타원형이다. 한국에는 주로 사탕단풍 혹은 설탕단풍이라 불리는 홍단풍과 청단풍 그리고 중국에서 들어온 당단풍, 고로쇠나무 등이 있다.

단풍나무는 습기가 약간 있는 비옥한 사질 양토에서 잘 자라고, 가로수, 공원수, 분재 같은 관상용으로 식재되며, 무늬가 아름다워 고급 배트, 가구재, 악기, 테니스 라켓 등의 재료가 되기도 한다.

♣ 한국의 보호식물-미선나무

지난 2005년 전남 보성에 있는 남부수목원을 들렀다가 아주 향기가 독특한 나무를 보고 유혹의 눈길을 멈출 수 없었다. 결국 관리하는 전문 조경사에게 부탁하여 한 그루를 얻어오게 되었고, 지금은 잘 자라 삽목번식으로 여러 지인들에게 나누어 주는 베풂의 기회까지 가지게 되었다.

아끼고 싶은 마음에 허브뜨락의 정원 앞면에 심어 봄이 채 오기 전부터 꽃이 피어 뿜어내는 향기를 즐기면서 보호하고 있다.

미선나무의 학명은 Abeliophyllum distichum Nakai이다. 미선나무(尾扇)는 물푸레나무과에 속하는 유일한 한반도의 고유종이다. 나무 이름은 열매가 미선(尾扇)부채 모양처럼 생긴 것에서 유래됐는데, 갈잎 떨기나무로 키는 2m 정도까지 자란다. 가지가 많이 갈라져 개나리처럼 끝이 밑으로 처지며, 이른 봄에 잎보다 꽃이 먼저 핀다. 잎은 마주나며 끝이 뾰족하고 가장자리가 밋밋하며, 열매는 둥글고 납작한 시과로 둘레에 날개가 있고 끝이 오목하다.

품종으로 상아색 꽃이 피는 상아미선나무(*A. distichum for. eburneum* T. Lee)와 분홍색 꽃이 피는 분홍미선나무(*A. distichum for. lilacinum* Nakai)가 있다. 미선나무처럼 한국의 고유종으로 분류된 식물로는 구상나무, 금강초롱꽃, 단양쑥부쟁이, 만리화, 매자나무 등이 있는데, 국가에서는 이들을 보호야생식물로 지정하고 있다. 특히 미선나무의 자생지인 괴산 송덕리 미선나무 자생지는 천연기념물 제147호로 지정되는 등 그 주변 일대를 모두 천연기념물로 지정하여 보호하고 있다.

아름다운 꽃과 향을 가진 미선나무의 특수성은 매우 열악한 조건에서 성장하고 그리고 종자 번식 또한 조악한 조건에서 발아가 수월하다는 것인데 이는 경쟁력이 약하기 때문에 다른 나무들은 살지 않는 척박한 곳에서 경쟁을 피하여 사는 것으로 알려져 있다.

미선나무의 번식은 실생번식과 분주, 삽목 등 여러 가지 방법이 가능하지만 삽목이 가장 용이하다. 삽목은 새순이 나오기 전, 지난해 자란 가지를 잘라 하루 동안 물에 담가 호르몬 처리를 한 후, 땅에 깊이 꽂으면 활착률이 좋아 뿌리를 내리게 된다.

미선나무는 추위에 강하고 특별한 토양을 가리지 않으나, 너무 비옥한 곳이면 엉성하게 웃자랄 수 있으며 다소 건조하고 척박한 곳에서 자라야 맹아지를 많이 만들어 알찬 그루터기가 된다. 뿐만 아니라 미선나무를 전정할 때는 전정하고자 하는 가지의 삼분의 일 정도만 남기고 모두 잘라 주는데, 이는 새로운 가지가 충실하게 나와 보기 좋은 모양이 되기 때문이다.

♣ 왕성한 번식력과 호랑이를 닮은 잎-호장근

몇 차례 일본 규슈 지역을 여행하면서 온천 지대의 갓길에서 색깔이 다른 잎을 지닌 식물들을 보면서 큰 호감을 가진 일이 있었다.

그 후 우연히 경기도 가평에 있는 아침고요 수목원을 방문하면서 규슈 지방의 온천지대 길가에서 본 것과 똑같은 나무가 심어져 있는 것을 발견했다. 알고 보니 생김새가 호피를 닮아서 호장근이라고 부르는 여러해살이 풀이었다.

호장근의 학명은 Polygonum cuspidata SIEB. et ZUCC인데, 우리나라 각처의 산과 들에서 자라고 있으며, 속이 빈 굵은 줄기로 곧게 혹은 비스듬히 누운 것처럼 크는데, 다 크면 2m 정도까지 큰다. 봄철 새순이 나올 때 즈음에는 표면이 보랏빛을 띤 붉은 얼룩이 나 있다. 어린 새순은 기름에 볶거나 나물로 혹은 국거리로 먹는데, 약간 미끈거리며 신맛이 나지만 담백하고 씹히는 느낌이 좋다.

여름에 가까워지면서 하얀색 혹은 연한 노란색으로 변화하는데 잎과 줄기는 급속하게 커지고 뿌리는 왕성한 번식력을 과시한다. 호장근 꽃은 꽃잎이 없으며, 작은 꽃이 잎겨드랑이에서 마치 이삭 모양으로 모여 하얀색으로 피는데, 암꽃과 수꽃이 각기 따로 모여 핀다.

호장근은 생약명으로도 호장근(虎杖根)이라고 부르지만 산장(酸杖), 고장(苦杖), 반장(斑杖)이라고도 하며, 뿌리줄기를 이른 봄 또는 늦가을에 채집하여 햇볕에 말려서 사용하는데, 하이페린, 폴리고닌, 크리소파놀, 안스론 등이 함유되어 있어 이뇨, 거풍, 소종 등의 효능이 있다. 어혈을 풀어주며, 풍습으로 인한 팔다리 통증, 골수염, 임질, 황달, 간염, 수종, 월경불순, 타박상, 종기, 치질 등에 사용된다.

호장근의 특징은 역시 스스로 자신의 모습을 변화시키는 변장술과 뿌리의 왕성한 번식력을 들 수 있다. 너무나 지나치게 왕성한 번식력은 주변의 다른 식물들을 잠식해 버리기 일쑤이다.

식물들 중에는 호장근처럼 주변의 식물들을 잠식해 홀로 서기를 좋아하는 식물들이 있다. 가장 대표적으로 칡넝쿨이 그러하고 새삼 넝쿨, 사위질빵 등이 그러하다. 때문에 이들 식물들이 나타나면 주변의 다른 식물들은 몸을 사린다. 결국 사람의 손으로 해결 하지 않으면 그들 식물에 치여 죽고 만다.

서로 경쟁하면서 성장을 도와주는 식물들이 있는가 하면 이렇게 경쟁에서 오직 자신만 살아남는 좀 잔인한 식물들이 있다.

수많은 사람들이 지구촌에서 함께 공존할 수 있는 것은 스스로 소중하게 여기는 자기의 가치만큼 다른 사람을 소중히 생각하는 격조 있는 생각과 함께 각기 다른 삶의 방식들을 가지기 때문이다.

일상생활에서 어떤 사람들은 식물을 재배함으로써 성취감을 맛본다. 그리고 다른 어떤 사람들은 아름다운 그림을 그려 냄으로써, 과학 기술의 세계에서 새로운 발견이나 발명품을 개발함으로써 성취감을 맛보기도 한다.

식물 재배에 개성을 가진 사람들은 아주 작은 씨알 한 알에서 적절한 조건만 갖추어 주면 뿌리가 내리고, 꽃이 피고 열매가 열리는 것에서 신비스럽고 무한한 아름다움을 느끼고 자기 만족감을 가지게 된다. 나는 식물들과 친숙해지면서 그들 세계의 신비스러움에 놀라곤 한다. 특히 호장근처럼 탁월한 변장술을 가지고 있거나 왕성한 생명력을 가진 식물일수록 더욱 그러하다.

처음 갓 발아된 식물들은 대부분 연약하기 그지 없다. 작은 물방울이나 바람에 쓰러지기도 하고, 벌레들의 밥이 되기도 한다.

그러나 적정한 수준에 도달하면 스스로 살아남을 수 있는 강력한 생명력을 발휘할 뿐 아니라 종족 번식을 위한 탁월한 생리적 반응들을 한다.

벌과 나비를 유인하는 기술, 씨앗에 달린 비행기술 등을 보고 있노라면 모든 생명체들이 지닌 자존능력에 놀라움을 금치 못한다.

오늘날 교육에 대한 비난이 끊이질 않고 있다.

비난의 중요한 핵심은 인간이 지닌 '스스로 가치를 창조하고자 하는 욕구'를 빼앗는 교육이기 때문이다.

일부이지만 가정에서는 부모가, 학교에서는 선생님들이 그 주된 역할들을 하고 있다고 지적되고 있다.

남보다 앞서야 하고, 잘 살아야 하고, 그리고 좋은 학교에 진학해야 하며, 좋은 직장에 취업해야 한다는 이유로 스스로 생각하고 행동할 기회와 여유를 빼앗아 가버리기 때문이다.

아이들을 공부라는 올가미에 씌워 '자신에 대한 생각'의 여유를 갖지 못하게 한다. 내가 누구인지, 나는 무엇을 좋아하고, 싫어하며 무엇을 잘할 수 있는지에 대한 생각과 경험의 기회를 주지 않고 있다.

마치 칡 넝쿨이나 새삼 넝쿨 혹은 호장근처럼 주변으로 다른 식물들을 자라지 못하게 하면서 혼자 살아남거나 독주하는 게임 혹은 생존방식을 학습하고 있는 것처럼 보인다.

스스로 생각하고 판단하며 행동할 수 없기 때문에 결국 유약한 청소년기를 보내게 되고, 중요한 창조의 기쁨을 느끼지 못하게 된다. 연약한 식물들조차도 스스로 성장하면서 꽃을 피우고, 열매를 맺고 새로운 세대를 만들어 내는 창조의 기쁨을, 만물의 영장으로서의 잠재력을 지닌 인간의 가장 왕성한 성장기에 그들로부터 빼앗아 버린다면 이는 매우 잔인한 삶의 과정을 강요하는 일이 될 것이다.

창조의 기쁨을 빼앗긴 청소년들, 스스로 행복해질 수 있는 기회를 상실한 청소년들은 희망을 상실한 삶이며, 그러하기에 자살률의 증가, 이혼의 증가, 사랑하고 자녀를 생산해내면서 행복한 가정을 만들어 보겠다는 의욕을 상실한 나약한 사람들로 만들어 가는 지름길이 될 것이다.

사랑하는 자녀들에게 그리고 미래를 책임질 청소년들에게, 가정과 학교에서 나약함과 의존감을 가르치기보다는 스스로 가치를 창조하고 실현할 수 있는 참교육이 이루어질 때, 장래가 촉망되는 국가, 신뢰롭고 행복한 삶이 기대될 수 있을 것이다.

♣ 불가(佛家)의 보호식물–왕보리수나무와 보리자나무

나는 왕보리수나무와 산딸나무 길을 산책하기를 매우 좋아한다. 부처님과 예수님을 만날 수 있기 때문이다.

허브뜨락의 중간 오솔길에는 산딸나무 길이 만들어져 있고, 그리고 그 끝 지점에는 왕보리수나무 정원이 있다.

산딸나무 길은 10여 주의 산딸나무들이 가로 주변에 심어져 있고, 그리고 왕보리수나무 정원은 사각형의 다랭이 논처럼 만들어 사색하면서 걷기에 안성맞춤이다.

왕보리수나무 정원과 산딸나무 길을 만들어 놓은 것은 신과 인간 그리고 종교의 문제를 생각하기 위해서이다.

산딸나무는 예수님이 십자가에 못 박혀 끌고 가던 십자가 나무라는 전설이 있고 보리수나무는 석가모니가 해탈한 나무이기 때문이다.

6월이 되면 연못가의 왕보리수 열매가 익어가는 계절이다.

정자에서 바라보는 보리수나무의 붉은 열매는 보기에도 먹음직할 뿐만 아니라 물가에 심어 놓아서인지 열매도 굵고 당도 또한 아주 높다. 맛있는 보리수 열매를 따 먹기 위해 아침부터 까치 무리들이 몰려올 즈음에는 보리수 열매가 완전히 익었다는 증표이다. 그 녀석들이 몰려오기 시작하면 하루 이틀 간에 그 많은 열매들이 온데간데없다. 떼거리로 몰려와 하루 종일 파티를 열기 때문이다. 처음 보리수나무에 열매가 열렸을 때는 사실 큰 오해를 하기도 했었다. 하루아침에 그 많던 열매가 온데간데 없어져 버렸기 때문이다. 나중에 알아낸 사실이지만 새떼가 몰려와 큰 판을 벌였기 때문이었다. 아무튼 이제는 그 녀석들을 잘 익었다는 신호로 알고 내가 먼저 선수를 치게 된다. 까치 떼들이 몰려오면 다음 날 아침 일찍 일어나 보리수 열매를 따면 틀림없다.

보리수나무는 보리수나무과의 보리수나무속으로 분류되는데, 2007년 발행된 한국 민속식물지에서는 민보리수, 긴보리수를 보리수나무와 동일한 분류군으로 처리하였고 왕보리수나무는 보리수나무와 구분되는 독립된 분류군으로 처리하였다. 민보리수나무는 잎 표면과 암술대에 별 모양 털이 있다가 떨어지며 표면에 인모가 없는 것이 특징이라 한다면, 긴보리수나무는 열매가 길이 7~8mm, 지름 5mm 정도로 긴 형태를 가지고 있다.

우리나라의 토종인 뜰보리수는 꽃이 연한 황색으로 나팔처럼 긴 통꽃으로 피는데 향기가 매우 진하고 향기롭다. 7월에 익는 열매는 1.5~2cm이고 타원형이며 붉은색으로 익는다.

왕보리수나무의 학명은 Elaeagnus umbellata var. coreana이고, 낙엽활엽 관목이며, 다자란 나무의 키는 대략 3~5m 정도로 크기 때문에 관상용으로 키우려면 2m 정도에서 강전정을 해주면서 옆으로 키우는 것이 좋다. 왕보리수는 관상용으로 정원에 심기도 하지만 열매나 뿌리, 잎을 약용으로 쓰고 붉게 잘 익은 열매는 식용으로 잼이나 파이 원료로 이용되며, 특히 꽃에는 벌들이 많이 모이기 때문에 밀원식물로도 중요하게 활용되는데 봄철 개화기에 꽃을 들여다보면 꿀벌들의 역사가 모두 이곳에서 이루어지는 것처럼 보인다.

불교의 경전에 나오는 석가의 해탈과 관련된 보리수나무가 있다. 불경에 나오는 보리수나무는 보리자나무를 의미한다.

보리자나무는 사유수 또는 인도보리수라고도 불리는 보오나무이다. 보리자나무는 상록교목으로 키가 30m에 이를 정도로 큰 키의 나무이다.

보리자나무의 학명은 *Tilia miqueliana Maxim*이고 피나무과에 속하는 낙엽교목으로 열매는 염주를 만들기도 한다.

슈베르트의 가곡에 나오는 '린덴바움(Lindenbaum)'이 곧 보리자나무이며 잎은 어긋나고 큰 편이고, 전체적인 모양은 난상타원형으로 밑부분은 심장형이며 끝은 뾰족하게 생겼고 가장자리에는 예리한 톱니가 있고, 잎 뒷면과 잎자루는 회백색의 성모로 덮여있다. 연한 노란색의 꽃은 이른 여름에 피는데, 꽃자루에 커다란 포가 달려 열매가 익을 때까지 떨어지지 않고 붙어 있으며, 열매는 구형의 핵과로 익는다. 특히 보리자나무의 꽃은 대량의 점액질과 정유가 함유되어 있는데 정유에는 주로 파르네솔(farnesol)이 함유되어 있어 발한, 진경, 해열제로 쓰인다. 보리자나무 껍질에는 지방 및 납분, 펙틴(pectin)이 함유되어 있어, 만성적인 해수병의 치료에 사용된다.

석가는 BC 624년경에 북인도 카필라 왕국(지금의 네팔 남부와 인도 국경 부근의 히말라야산 기슭)의 왕 슈도다나와 마야 부인 사이에서 태어났다.

29세 때 고(苦)의 본질 추구와 해탈을 구하고자, 처자와 왕자의 지위 등 모든 것을 버리고 출가하여 고행에 전념하다가, 이를 중단하고, 보리수나무 아래에 자리 잡고 깊은 사색에 정진하여 마침내 깨달음을 얻었다. 무려 5주간을 보리수 아래에서 해탈의 기쁨에 잠겨 있을 때 범천의 간절한 청이 있어 설법을 결심하고 베나레스 교외의 녹야원에서, 고행을 같이하던 5명의 수행자에게 고락의 양극단을 떠난 중도와 사제에 관하여 설하였다. 이것을 특히 초전법륜이라 하며, 그들은 모두 법을 깨달아 제자가 되었다. 여기에 최초의 불교 교단이 성립되었다. 때문에 불가에서는 석가가 보리수나무 아래에서 수행하다 깨달음을 얻었기 때문에 '깨달음의 나무'라는 뜻으로 보디 브리쿠샤라 불렀는데, 이를 그냥 한역

하여 '보리수'로 호칭한 것이다.

보리자나무와 유사한 나무로 찰피나무가 있다.

찰피나무와 보리자나무는 매우 유사한데, 보리자나무는 찰피나무에 비하여 잎의 길이가 폭보다 길며, 열매의 밑부분에 능선이 있는 것이 특징이다. 찰피나무는 피나무 종류이지만 피나무에 비해 잎과 열매가 두세 배 크고, 열매가 비교적 굵고 둥근형이다.

따라서 보리자나무의 열매가 작고 약간 납작한 것과 비교되어 구분할 수 있다.

♣ 예수가 못 박힌 십자가 나무–산딸나무

산딸나무는 Kousa Dogwood라고도 하는데, 학명은 Cornus kousa이고, 층층나무과에 속한다.

허브뜨락의 현관 입구에는 재래종을 그리고 뒤뜰에는 개량종을 10여 주 심어 놓았는데, 해해 연연 꽃송이가 많아질 뿐 아니라 크기도 커져서 흐뭇한 마음으로 산딸나무 길을 산책한다. 금상첨화 격으로 산딸나무길 아래의 만첩빈돌이가 약간의 불그스레한 꽃을 피우면 산딸나무의 하얀 꽃과 함께 어우러져 장관을 이룬다.

산딸나무 꽃은 네 장의 꽃잎이 마주보기로 붙어 있는 커다란 꽃이 수백 개씩 층층으로 피는데 원래는 여러 가지 복잡한 색이 섞이지 않아 청순하고 깔끔한 것이 특징이지만 공교롭게도 분홍빛이 섞인 돌연변이 산딸나무꽃이 있어 더욱 아름답다. 산딸나무 꽃이 온통 하얗기 때문에 중국에서는 사조화(四照花)로 불리는데,

밤에 하얀 꽃이 환하게 비추어 '사방을 비추는 나무'로 이름을 지었다고 한다. 산딸나무는 낙엽 활엽의 교목이며 주로 황해도 이남 산지의 나무숲 속에 자라며, 햇볕이 잘 들어오고, 토양의 부엽질이 많은 곳에서 자란다. 키는 7~12m이고, 잎은 달걀 또는 둥근 모양으로 가장자리는 물결 모양의 굴곡으로 되어 있다.

10월경에 이르면 붉게 물든 잎과 열매가 환상이며 열매의 달콤한 맛이 신선함을 느끼게 해 준다.

일반적으로 알려진 토종의 산딸나무와는 다른 북부지방의 풀산딸나무가 있다. 풀산딸나무는 키가 10m 정도 자라고 줄기가 네모진 상록초본이며 학명은 *Cornus canadensis* L이다. 높은 산 숲 속에 자라는 상록 떨기나무이며, 줄기가 풀 같다 해서 붙여진 이름이고, 높이는 5~15m이다. 잎은 줄기 끝에 마주나거나 4~6장이 돌려나는데, 꽃은 6~8월에 피며, 꽃잎은 노란빛이 도는 녹색이며 뒤로 젖혀진다. 열매는 핵과이며 둥글고 붉게 익는데, 주로 러시아, 일본, 중국(동북부) 등에 서식한다.

그 외에도 우리나라의 토종보다 꽃이 비교적 크고 색깔이 있는 외래종들이 많이 있는데, 역시 대표적인 것이 꽃산딸나무 혹은 미국산딸나무이다.

미국산딸나무는 정원수 혹은 가로수로 심는데, 4~5월에 꽃이 피며, 10월에 열매를 맺는다. 미국을 여행하다 보면 유달리 키가 크고 하얀 꽃이 하얗게 주렁주렁 달린 '독우드(Dogwood)'라 불리는 산딸나무를 많이 볼 수 있는데, 바로 미국산딸나무이다. 미국산딸나무는 주로 원예용으로 활용되는데, 토종 산딸나무와 다른 점은 꽃의 모양이다. 산딸나무는 꽃잎처럼 생긴 포의 끝이 뾰족한데 서양산딸나무는 꽃잎(포)의 끝이 둥그스름하며 끄트머리 가운데 부분이 움푹 들어가 있는 것이 확연히 다르고, 다양한 꽃 색깔을 가지며 꽃이 잎보다 먼저 핀다는 점이 다르다.

허브뜨락의 산책길을 걷다가 중간 지점에 있는 '산딸나무길'을 걸을 때면 매번 생각나는 '산딸나무 이야기'가 있다.

옛날 유대지역(지금의 이스라엘)에서 한 사람이 십자가 형틀을 메고 로마 군인들의 채찍을 맞으면서 힘겹게 비탈길을 오르고 있었다. 그 모습을 보면서 사람들은 애처로워하기도 하고, 저주의 표정을 짓기도 했다.

그러나 세상 죄를 짊어지고 비틀거리면서 무거운 십자가 형틀에 끌려가는 그 사람은 산딸나무에게 "네가 나의 고통에 대하여 애통하며 뉘우치기 때문에 내가 너에게 이것을 약속하마. 너는 앞으로 다시는 십자가 형틀을 만들 수 있을 만큼 자라는 일은 없을 것이다. 이제부터 너는 가느다랗게 되고, 굽어지고, 뒤틀리게 되고, 꽃봉우리는 십자가의 형상을 하게 되리라. 넉 장의 꽃잎 가장자리의 가운데마다 손톱자국이 있게 되리라. 꽃 한가운데는 갈색을 띤 피 묻은 자국이 남아 있어 가시관이 되리라"라는 약속을 했다는 이야기이다.

이와 같은 전설은 곧 예수님과 산딸나무 간의 관계를 나타내는 전설이다. 산딸나무로 만들어진 십자가에 예수가 못 박힌 이후 다시는 십자가를 만들 수 없도록 하기 위하여 하느님은 산딸나무의 키를 작게 만들고 그리고 가지도 비꼬이게 만들었으며, 꽃은 십자가에 못 박힐 때의 모습을 상징하는 十자 꽃잎을 만들었으며, 꽃잎의 끝은 예수의 손바닥에 박힌 못처럼 색이 약간 바래고 흰 모양으로 만들어졌다. 꽃의 붉은 수술은 예수의 머리에 씌워진 가시관을 나타내며, 가을에 붉은 열매가 달려있는 모습은 예수의 피를 나타낸다고 하니 기독교인들의 입장에서는 기억할 만한 나무이다.

서양인들이 일상적으로 부르는 독우드(Dogwood)는 곧 산딸나무를 의미하는데, 자칫 예수가 못 박힌 십자가 나무로서 몹쓸 '개나무'가 될 수도 있고, 또 다른 해석으로는 옛날 산딸나무의 껍질을 쪄서 나온 즙으로 개의 피부병을 치료했다는 것으로 해석하기도 한다. 특히 산딸나무 꽃잎을 위에서 내려다보면 두 장씩 서로 마주 보고 있는 모습이 십자가를 연상케 하기 때문에 유럽의 여러 기독교 국가와 미국에서는 십자가 모양의 꽃으로 선호할 뿐 아니라 예수가 십자가에 못 박힐 때 쓰인 나무라고 알려져 있다. 산딸나무꽃은 가을이 되면 빨간 조그마한 열매로 변해 또 다른 아름다운 모습으로 변화되는데, 그 열매는 보기도 좋을 뿐 아니라 과육이 부드럽고 달며, 특히 와인과 과일주를 담기도 하고 생으로 먹기도 한다. 잎은 차로 끓여 마시며, 열매에서 분리된 화합물은 염증성 장 질환 치료와 항노화 · 주름개선용 조성물로 활용하기도 한다.

♣ 배고픔을 달래준 쌀밥나무-조팝나무

조팝나무는 쌍떡잎식물로 장미과의 낙엽 관목에 속하는데 잎이 노란색이고 분홍색 꽃이 5~6월에 피는 황금조팝과 은행조팝, 공조팝, 소주조팝, 꼬리조팝, 삼색조팝 등이 있으며, 높이는 2~3m 정도로 크고 북아메리카 및 동아시아 북부에 13종이 분포되어 있다.

조팝나무는 대부분 이른 봄에 하얀 꽃을 피우지만 황금조팝과 홍조팝은 하얀조팝꽃이 다 떨어진 늦은 봄에 핀다. 이른 봄에 피는 하얀조팝은 마치 나무에 밥알이 붙은 것 같다고 해서 그리고 붉은 조팝나무는 잎이 붉은색 물을 들여 놓은 것 같아서, 그리고 황금조팝의 잎은 여름이 되면 황금색으로 점차 변하기 때문에 각각 붙여진 이름이다.

허브뜨락에 있는 황금조팝의 일부는 수년 전에 그리고 일부는 작년 여름에 삽목으로 번식시켜 정원의 울타리용으로 심어 놓았다.

정자에서 내려다보니 마치 분홍색의 수놓은 양탄자를 깔아 놓은 것 같아서 아늑하고 따뜻한 감을 준다. 황금조팝은 작은 꽃 송이송이가 한데 모여서 하나의 큰 꽃송이를 이루는데 작은 꿀벌들이 몰려와 서로 이야기도 하고 맛있는 꿀도 나눠가는 모습이 마냥 여유롭고 보기에도 좋다. 그러나 쌀밥나무는 사람들이 어린 시절, 배가 고파 하얀 조팝나무꽃을 쌀과 비유하여 지은 이름이라는 사연을 알면 눈물이 핑 돌면서 격세지감을 느끼게 하는 나무이다.

심리학에서 최근 자주 인용하는 리마증후군과 스톡홀름증후군

현상이 있다. 리마증후군이란 인질범이 인질에게 동화되어 공격적인 태도가 완화되는 현상을 그리고 스톡홀름 증후군이란 그 반대로 인질이 인질범에게 호감을 보이는 현상을 말한다.

전자는 1997년 페루 리마에서 반정부조직 요원들이 127일 동안 인질들과 지내면서 점차 서로 편지를 나누고, 미사에 참여하는 등 상호이해와 친밀한 행동으로 변화현상을 보이기 때문에 붙여진 이름이다.

스톡홀름 증후군은 1973년 8월 23일부터 8월 28일까지 스톡홀름 노르말름스토리(Norrmalmstorg)의 크레디트반켄(Kreditbanken) 은행을 점거한 은행 강도사건이 있었는데, 6일 동안 경찰과 대치하는 과정에서 인질로 붙잡혀 있던 한 여성과 은행강도 간의 사랑이 이루어진 것을 닐스 베예로트(Nils Bejerot)가 이름 붙여 사용된 것이다. 이와 유사한 사례는 1974년 급진적 좌파 도시 게릴라 공생해방군(共生解放軍, Symbionese Liberation Army)이 항공기 납치 후 인질 중의 한 사람이었던 미국의 언론 재벌 허스트 가문의 큰딸 패티 허스트(Patty Hearst)와 사랑에 빠진 것을 들 수 있다.

증후군(syndrome)이란 어떤 특정한 병명을 붙이기에는 인과관계가 확실치 않은 현상을 부정적인 의미로 이해하지만 어떤 인물이나 특정 대상에 대한 우상과 모방현상을 의미하기도 한다.

우리 사회가 앓고 있는 아름답지 못한 수많은 현상들–강간, 치정, 살인, 자살, 그리고 전쟁 등–에 대한 걱정이 태산 같다.

대부분의 사건들은 교육이나 교정 등 인간에 의해서 치유되기에는 한계가 있다는 사실 때문에 더욱 불안한 것이다. 그러나 인간의 심리적 · 행동적 변화는 인간에 의해서이기보다는 아름다운 자연, 특히 꽃으로부터 잔잔한 그리고 깊은 마음속으로부터의 변화가 더욱 크다는 것이다.

사회의 어두운 그림자들이 자연으로부터 그리고 아름다운 황금조팝나무의 꽃으로부터 잔잔한 감동과 감화되는 신드롬이 일어났으면 좋겠다.

♣ 예쁜 꽃에는 가시가 있습니다–장미

정원에 장미가 빠지면 왠지 허전하고 구색이 맞지 않는 것 같은 생각이 든다. 그만큼 장미는 아름다움을 추구하는 사람들에게 아름다움의 상징처럼 여겨지고 있다. 계절의 여왕 오월이 되면 꽃의 여왕 장미는 어김없이 피어, 많은 사람들의 마음을 아름답게 하는 신비로움을 지니고 있다.

신이 처음에 장미를 만들었을 때, 사랑의 사자 큐피드는 그 장미꽃을 보자마자 너무나 사랑스럽고 아름다워서 키스를 하려고 입술을 내밀었다. 그러자 꽃 속에 있던 벌이 깜짝 놀라 침으로 큐피드의 입술을 톡 쏘고 말았다. 이것을 지켜보고 있던 여신 비너스는 큐피드가 안쓰러워 벌을 잡아서 침을 빼내버렸다. 그리고 그 침을 장미 줄기에 꽂아 두었다. 그 후에도 큐피드는 가시에 찔리는 아픔을 마다 않고 여전히 장미꽃을 사랑했다. 장미는 사랑의 상징이기도 하다.

장미의 꽃말은 '애정', '사랑의 사자', '행복한 사랑' 등인데 꽃의 색깔에 따라서도 각기 다르다. 가장 흔한 들장미는 소박한 아름다움 혹은 고독함을 상징하지만 결혼식 때 부케로 사용하는 장미는 행복한 사람을 상징한다. 빨간 장미는 욕망, 열정, 기쁨, 아름다움, 절정을 상징하지만 허브뜨락에 많이 심어놓은 내가 좋아하는 하얀 장미는 존경, 빛의 꽃, 순결, 순진, 매력을 상징한다. 그러나 노란 장미는 질투를 그리고 파란 장미는 얻을 수 없는 것, 불가능한 것을 상징한다.

장미는 꽃의 형태도 다양하다. 붉은 장미의 봉오리는 얄미울 정도로 가냘프다. 그러하기에 순수한 사랑, 사랑의 고백을 의미한다. 그러나 하얀 장미 봉오리는 오묘하리만큼 동그랗고 "나는 당신에게 어울리는 사람입니다"를 상징한다.

장미꽃은 6~7월에 피는데, 줄기 끝에 한 개 내지 여러 개가 피고, 향기가 나며, 꽃은 5장의 꽃받침, 여러 장의 알 모양 꽃잎과 수술, 한 개의 암술로 되어 있다. 인류가 장미를 재배하기 시작한 역사는 기원전 3000년경에 중동 지역에서 다마스크 장미가 관상용으로 재배되었다고 알려져 있으며, 로마시대에는 장미를 증류해 얻어진 향료가 귀족들의 생활필수품으로 애용되었다.

본초강목(本草綱目)에서 장미는 토종의 찔레를 의미하며 담장 벽에 의지해서 자라는 식물로 기술되어 있다. 하지만 세계적으로 알려진 장미는 100여 품종에 2만 5000여 종이나 되는데 이는 그만큼 많은 사람들로부터 사랑을 받고 있음을 의미한다.

세계적으로 유명한 프랑스 일드프랑스 동쪽 센에마른 데파르트망의 프로뱅(Provins)에는 3.5ha에 이르는 장미정원이 있다. 유네스코 세계문화유산으로 지정된 프로뱅 중세 도시 상가 지역의 북쪽 프레거리를 온통 아름답고 향기 나는 다양한 장미들로 꾸며 놓았는데, 전해오는 이야기로는 샹파뉴 백작이 십자군 전쟁에서 돌아오면서 로자 갈리카(Rosa Gallica)라는 꽃잎이 수북한 장미 품종을 가져와 만들기 시작한 것이 그 시초로 알려져 있다.

이처럼 중세시대의 장미로부터 시작하여 현대에 개량되거나 만들어진 신품종들 그리고 사라져 버린 희귀 품종에 이르기까지 시대별로 장미의 변천사를 계절별로 볼 수 있게 만들어져 있는 유명한 장미 정원이다.

장미는 많은 사람들의 관심의 대상이기 때문에 분류기준도 모호하고 다양하다. 세계장미연합회에서 사용하는 간단한 방법은 장미가 자라는 형태가 덩굴성인가 아니면 비덩굴성인가와 꽃 형태에 따라 구분하는데, 관목장미, 큰꽃장미, 다발꽃장미, 폴리안타, 미니장미로 분류된다.

장미를 계통별로 구분하기도 하는데 하이브리드 사철장미가 가장 대표적이다. 이 장미의 학명은 Rosa borboniana이고 비덩굴 관목형이며, 향기가 진한 겹꽃으로 하나의 꽃대에 6개 이상의 꽃이 피며 5~6개가 한 다발을 형성하고 있다.

다음으로 하이브리드 티 장미가 있는데, 학명은 Rosa delecta이며 꽃을 피우기 시작하면 계속해서 큰 꽃이 피고, 향기가 진해 정원장미, 절화용 장미의 대표 격이다.

하이브리드 폴리안타(Hybrid polyantha)는 Rosa. rehderiana로 알려져 있고, 아기장미로 불리는데 상품화되어 프로리반다 장미로 거래되고 있다. 그 외에도 티 장미(Tea roses), 노이셋 또는 채프니 장미, 다화장미, 위추라이아나 장미 등이 있으며 특히 로사 다마스케나(R. damascena)의 장미꽃에서는 향수를 만드는 데 쓰이는 장미유를 추출한다.

일반적으로 장미의 이용가치는 매우 광범위하고 유익하다. 가장 일반적인 관상용 정원에 식재된 장미로부터 식용에 이르기까지 매우 다양한데 장미로 만든 과자와 사탕, 장미꽃 잼과 술, 장미꽃 차, 장미 화장품과 비누, 향수, 오일, 약품 등에 이르기까지 다양한 장미 관련 제품들을 볼 수 있다.

장미의 번식은 종자로 하는 실생 번식을 포함하여 접목과 삽목 번식을 이용하는데, 절접(切接)은 야생 장미나 찔레나무 등의 실생묘에 봄과 가을에 실시한다.

허브뜨락의 정원 장미들은 초기에는 원예사 혹은 종묘사들을 통해서 구입해 식재하였지만 최근에는 삽목방법으로 번식하여 자체 해결을 하고 있다. 주로 6월에서 7월 장마가 시작될 무렵에 필요한 장미의 신생지를 골라 삽수로 사용하여 삽목하는데 삽목 후 3개월 정도 지나면 발근이 시작된다. 물론 삽목의 단점은 수명이 짧다는 것이지만 대량 생산이 가능하기 때문에 선호한다.

허브뜨락에는 약 30여 종류의 장미들이 5월부터 피기 시작하여 늦은 가을까지 피어있는데 특히 영국 황실장미를 포함하여 아주 귀한 품종들의 꽃을 가까이에서 아침저녁으로 볼 수 있음에 감사 한다. 그래도 내가 가장 귀하게 여기는 장미는 내가 살던 고향집 전북 익산에서 옮겨 심어 놓은 두 그루의 줄장미이다. 메마른 시골에도 5월이 되면 이 집 저 집 담장에 흐드러지게 장미꽃이 피어있던 어린 시절이 생각난다. 시골 동구 밖까지 담장 길이 길게 이어져 있고, 붉게 핀 장미향이 너무 좋아, 왔던 길을 다시 돌아가 코끝을 킁킁대던 어린 시절을 생각하면서 연못가 정자에 앉아 향기로운 장미차 한잔으로 행복을 느껴본다.

♣ 마음과 몸을 씻어주는–차나무

허브뜨락의 울타리에는 차나무를 심어 놓았다.

울타리용으로 심어 놓은 차나무들이 이제 10여 년의 연륜이 쌓여 나름 제 구실을 하고 있다.

처음 이곳으로 이주해 왔을 때 황망한 허허벌판에 낮은 언덕은 온통 찔레꽃 가시덤불로 우거져 있어 걸어서조차 진입하기 힘들던 곳이었다. 길을 만들고 덤불들을 치우면서 경계 표시로 심은 것이 차나무이었다.

봄철 주말이면 이곳에서 그리 멀지 않은 보성차 밭을 찾았고, 오는 길에 몇 나무씩 구입해 심는 것이 취미처럼 되어 버렸고, 그래서 만들어진 것이 차나무 울타리이다.

인근의 화순 쌍봉사에서 그리고 멀리는 구례 화엄사와 박경리의 토지 소설에 나오는 평사리의 최참판 댁 주변을 찾아다니면서 좋은 품종의 씨가 떨어져 나온 어린 차나무들을 뽑아 옮겨 심기도 했다. 물론 차나무는 심근성이고 이식을 싫어하기 때문에 그만큼 깊이 파고 조심스럽게 다루어야 했다. 특별히 차나무를 심은 이유는 꾸준히 녹차를 즐겨 마셨기 때문이며, 차를 마실 때마다 느끼는 향기 때문이었다.

아침에 출근해서 연구실에 앉아 마시는 녹차 맛은 더없이 마음을 차분하게 만들어 주었다. 특별히 격식을 갖추거나 다구를 준비해서 마시는 것도 아니지만 어찌 되었든 녹차를 마시고 나면 입안에서 도는 상큼한 녹차 맛, 그리고 몸 안의 노폐물들이 씻겨져 내려가는 듯한 기분은 다른 어떤 음료나 차에서는 느낄 수 없는 맛이다.

내가 느끼는 녹차 맛에 공감을 하는 아내는 찻잎을 따 '찻잎밥'을 해 먹는다. 특히 이른 봄에 새로 나오는 찻잎을 따 깨끗하게 씻은 후 찻잎 밥을 하면 차에서 우러나온 약간 푸른 빛이 식욕을 높여 줄 뿐 아니라 차진 식감으로 밥맛이 한결 좋아진다. 녹차에 녹차 밥, 언제부터인지 우리들의 일상은 녹차와 함께하는 생활이 되었다.

차나무는 변종이 많은데, 그만큼 애용하는 사람들이 많기 때문이다. 차를 좋아하는 사람들은 차의 향(香)과 색(色)을 중요시한다. 차 향은 순향(純香), 청향(淸香), 난향(蘭香), 진향(眞香)이 있는데, 순향은 안팎이 똑같은 향을 말하고 청향은 설지도 않고 너무 데쳐지지도 않은 향을 말한다.

난향은 고루 든 향을 말하며 진향은 곡우(穀雨) 전 충분하게 차신(茶神)이 갖추어진 향을 말한다. 그 외에 함향(含香), 누향(漏香), 간향(間香) 등은 좋지 못한 향으로 구분된다. 차를 우려 낸 찻물의 색은 맑고 푸르러야 가장 좋은 빛이고 여린 쪽빛에 하얀 빛이 도는 것을 최상으로 본다. 좋은 녹차를 만들기 위해서는 소엽으로 타닌 함량이 적고 효소활성이 약한 새로 나온 가지의 어린 잎을 사용하며, 때문에 5월에 딴 것을 최상으로 여기나 7월, 8월에도 따서 활용한다.

증건차는 채취해온 차잎을 포화수증기를 사용하여 찻잎을 가열하는 증열(蒸熱)과정을 거치면서 생잎의 풋내를 없애고 찻잎의 유연성을 돋우며 녹차 고유의 향미를 만들어 유념과 건조조작을 거치게 된다.

배건차는 입덖음과 유념 및 덖음의 과정을 거쳐 제조된다. 300℃ 이상의 고온에서 가열된 솥에서 덖음하므로 수분 증발과정에서 향기가 생기며 타닌 성분의 변화가 일어나 떫은 맛의 가벼운 증건차와는 다른 풍미가 생긴다.

녹차는 발효과정을 거치지 않기 때문에 차의 성분이 그대로 남아 있어 비타민 C와 폴리페놀(polyphenol)이 풍부하며 항산화작용, 콜레스테롤 제거효과, 혈압상승 억제작용, 노화 억제나 암 예방, 식중독 방지 등 여러 가지 질병의 예방과 억제 효과를 나타내는 카테킨 성분이 많다.

차나무의 품종은 전 세계적으로 수천 종에 이르며 학명은 Camellia sinensis이고 동백과에 속한다. 나무의 크기 외에도 잎의 크기와 형태로도 구분하는데, 크게 중국 대엽종, 중국 소엽종, 인도종, 산종으로 나눈다. 중국이나 일본에서 재배되는 소엽종은 자연 상태에서도 나무 높이가 2～3m이고 잎은 비교적 작아 3cm 정도이다. 중국과 인도 아삼 지방의 대엽종은 키가 15m에 달한다고 하며, 차잎의 길이가 25cm 정도로 길다.

우리나라에서 차나무가 재배된 것은, 삼국유사에 따르면 가락국 김수로왕의 왕비가 된 아유타국의 허황옥 공주가 가지고 온 것을 김해의 백월산에 있는 죽림내에 심었다고 전해지고, 삼국사기에서는 흥덕왕 때 당나라에서 종자를 들여와 지리산에 심었다고 전해지고 있다. 지금 우리나라에서 재배되는 차나무의 대부분은 관목에 속하는 소엽종으로 주로 녹차용으로 재배된다. 소엽종은 중국 동남부를 중심으로 한국, 일본, 대만 등지에 분포하며 대엽종보다 추위에 잘 견딜 수 있도록 개량된 품종이다. 홍차를 만드는 차나무는 주로 인도종(印度種)으로 인도의 아삼, 매니푸, 카차르, 루차이 지방을 중심으로 재배되며 잎이 넓고 짙은 녹색을 띤다.

우리들이 즐기는 녹차는 배건차, 즉 덖음차가 주류를 이루고 있다. 차나무는 추위는 물론 가뭄에도 매우 강하며, 꽃은 유달리 아름답고 향이 많은데, 이는 차꽃이 10～11월의 늦은 가을 나비도 벌이 없는 계절에 피기 때문에 다른 곤충들을 유인하여 수정이 되기 위한 수단으로 강한 향기와 흰색 또는 연분홍색의 분별이 잘

되는 꽃을 피우는 것이다. 이렇게 수정된 차 꽃은 둥글고 모서리가 있는 차열매로 이듬해 봄에 달리기 시작하여 가을이 되어야 성숙한 열매가 된다. 때문에 차나무의 꽃은 어미 세대의 열매를 아기 세대가 보면서 살아가는 좀 특이한 식물이다.

지난 2017년 4월 30일에는 허브뜨락에서 차 시음회를 가진 바 있다. 맑고 청명한 참 좋은 계절에 지인들을 초대하여 지역사회에서 널리 이름이 알려진 유경민 차 사범이 직접 만들어 내는 다양한 차를 직접 맛보면서 하루를 즐긴 날이었다.

불모지에 가시덤불로 걸어서 들어오기조차 어려운 이곳에 길을 닦고 집을 짓고 나무와 허브를 심고 그리고 지난 겨울에는 아내의 30여 년간 봉직한 교사생활을 무사히 마친 것에 대한 감사표시의 행사이었다.

아내의 꿈은 사람의 건강에 도움을 주는 허브와 산야초를 소재로 약선식초 제조 및 각종 천연비누, 천연화장품 만들기 등 '허브뜨락의 힐링 체험장'을 만들어 운영하는 것이었다.

그러한 꿈을 실현하기 위해 만든 것이 허브뜨락이며 개업을 기념하여 가진 시음회이었다. 많은 분들이 찾아와 차 맛도 보고, 허브뜨락의 산책길을 걸으면서 또는 연못가의 정자에 앉아 한담도 나누면서 하루를 즐기고 나니 혀끝에 맴도는 신선한 녹차 맛의 여운이 새로운 희망의 새 맛을 느껴 보기에 충분한 듯했다.

♣ 자가면역력을 향상시켜주는 식물-수국

다양하고 화려하며 아름다운 수국은 많은 사람들로부터 사랑받는 꽃이다. 수국에는 나무수국, 산수국, 불두화, 백당나무 등을 포함하여 일반적으로 재배되는 겹수국이 있으며, 겹수국은 다시 앤티크수국, 핑크수국 · 블루수국, 별수국, 팝콘수국, 애기장미수국 등으로 분류된다.

…… 장마철에 꽃이 핀다는 수국이다.
어젯밤에는 비가 내렸다.
비록 많지 않은 양이었지만 그래도 50년 만의 가뭄이라는 재앙 앞에서 죽느냐 아니면 사느냐의 가름길에 놓여있던 식물들에게는 하늘이 주신 생명을 이어주는 귀한 선물과 같은 것이었다.
허브뜨락의 많은 식물들이 물을 달라고 아우성을 칠 때에는 아예 그 모습을 보기조차 민망스러웠다. 인간이 온갖 지혜(?)를 동원하여 욕심을 부리면서 자연환경을 파괴하고, 생태계를 괴란시키다가 결국 기후변화라는 재앙을 불러와 말도 못하고 스스로 움직이지도 못하는 식물들에게 저런 고통을 주는 것 같아 죄스러움을 느끼는 시간들이었다.
수국은 묘한 생리적 특성을 가진 식물이다.
꽃이 피기 시작한 초기에는 녹색이 약간 들어간 흰 꽃으로 피었다가 점차 밝은 청색으로 그리고 나중에는 붉은 기운이 도는 자색으로 바뀐다. 뿐만 아니라 토양이 강한 산성일 때는 청색, 알칼리성에서는 붉은색으로 꽃이 핀다.
꽃잎처럼 보이는 것은 꽃받침이고, 암술과 수술은 밖에 있으며, 반음지 식물로 비옥하면서도 습기가 많은 곳을 좋아한다. 수국과 비슷한 종으로 산수국과 탐라수국이 있는데, 우리의 향토 수종으로 서로 비슷하기 때문에 구별하기 쉽지 않다. 꽃받침 안쪽으로는 수술과 암술을 완벽하게 갖춘꽃을 지닌 것이 수국과는 다르다.

꽃이나 잎, 뿌리 모두 약재로 귀하게 쓰이기 때문에 예로부터 수구, 수구화 또는 팔선화라고 하는데 봄부터 가을까지 채취한 후 햇빛에 말려 사용하면 항말라리아 알칼로이드(alkaloid), 루틴(rutin), 움벨리페론(umbelliferone), 하이드란게놀(hydrangenol), 필로둘신(phyllodulcin), 스킴민(skimmin)이 함유되어 있기 때문에 심장질환의 강심제로 쓰고 학질 및 해열제로도 사용하고, 가슴이 두근거리거나 심한 열이 날 때 심장을 강하게 해 주는 효능이 있다. 일본에서는 '수국차'라고 해서 잎이나 가는 줄기를 말려 차로 만들어 먹거나 단것을 금해야 하는 당뇨병 환자가 설탕 대용으로 쓰기도 한다.

수국의 학명은 *Hydrangea macrophylla*이고, 삽목을 이용하여 번식하는데, 삽수를 채취하여 호르몬 처리를 한 후 꽂으면 1개월 후 뿌리를 내린다. 이것을 옮겨 심어 7월 말경에 곁눈이 자라기 시작하면 2~3마디만 남기고 짧게 잘라주고, 8월에는 화분의 흙은 밭 흙과 부엽토를 반씩 혼합하여 넣고 간격을 충분히 두고 햇볕이 잘 들어오는 곳에서 기르면 된다.

수국 잎은 달걀형이고 마주나기하며, 가장자리에는 톱니가 있고, 잎 끝 부분은 뾰족하고, 꽃은 중성화로 6~7월에 10~15cm 정도의 크기로 핀다.

오랜 가뭄 끝에 모처럼 비가 내린 날, 장마철에 피는 아름다운 수국꽃을 보기 위해서 이젠 장마가 시작되었으면 좋겠다.

(비를 기다리면서 수국에 대하여, 화순 허브뜨락의 건강 힐링 식물 366번째 식구. 2017년 7월 초하루 날)

수국은 꽃이 아름답기 때문에 정원식물로 활용하지만 한방에서는 한약재로 많이 쓰이는 식물이다. 생약명으로는 용구화, 수구 또는 팔선화라고도 부르는데, 뿌리와 잎, 꽃 모두를 함께 약재로 쓰며, 봄부터 가을 사이에 어느 때든지 채취하여 햇볕에 말려 사용한다. 10년 전부터 미국 육군에서는 수국의 항말라리아 활성을 높여서 결합조직 자가면역질환인 피부경화증 치료제로 임상시험을 완료했다.

할로푸지논은 수국의 뿌리에서 얻어진 신규 물질로 AAR 활성화를 통하여 Th17 연관 자가면역 및 염증성 질환의 치료에 가능성을 입증한 것이다. 연구를 주도한 Anjana Rao 박사는 "놀라운 점은 할로푸지논은 모든 세포에서 AAR을 활성화시키지만 T 세포 염증 반응만을 선택적으로 저해한다는 사실"을 강조한다.

자가면역 질환이란 비정상 면역세포가 자체의 건강한 조직과 기관을 외부물질로 오인해 공격하는 현상으로 형당뇨병, 류머티즘관절염, 루푸스, 염증성장질환, 다발성경화증, 습진, 건선 등이 이에 속한다. 이들 환자들에게 이용되는 주요 약물로는 T세포에서 생성되어 염증과 면역반응을 조절하는 사이토카인(cytokine)을 중화시키는 항체가 있는데 이들 항체는 가격이 비싸고, 정맥 투여해야 하며, 질병의 근원에 작용하지 못하고, 단순히 사이토카인을 낮출 뿐이기 때문에 지속적으로 투여해야 한다는 문제점이 있다. 또한 강력한 면역억제제가 이용되기도 하지만 이들 환자들은 면역 기능이 너무 약해져서 감염으로 사망할 수도 있고, 그 외의 부작용도 다수 보고되고 있다. 수국의 좋은 약성분이 자가면역 질환자들의 고통을 해결해 주는 소재가 되었으면 좋겠다.

♣ 큰누님 같은 꽃-모란

모란은 목단(牧丹)이라고도 한다.

미나리아재비과에 속하는 모란은 학명이 Paeonia suffruticosa ANDR이고, 주로 정원 · 관상용 혹은 약용식물로 재배되는 다년생 식물이다. 꽃은 5월에 피고 양성이며 지름은 15cm 이상이고, 품종은 색깔에 따라서 정황색 · 대홍색 · 도홍색 · 분홍색 · 자색 · 백색 · 청색의 여섯 가지 색깔에 120종이 있으며, 모란꽃은 봄철에 심는 것이 아니라 입추(立秋)가 지난 뒤에 씨앗으로 심거나 포기나누기 혹은 접붙이는 것이 좋다. 꽃잎은 5~7개인데 많은 꽃잎이 달리는 품종이 개발되어 있다. 꽃이 피는 기간은 2~3일이지만 꽃잎이 많은 품종들은 7~10일간 피어있기도 하는데 아침에 피기 시작하여 정오쯤에 절정에 달한다.

오래전부터 부귀를 상징하고, 꽃 중의 왕이라고 불러 왔는데, 호화스럽고 현란한 아름다움뿐 아니라 소담스러우면서 여유와 품위를 지니고 있기 때문이다.

이름도 다양하여, 목작약, 부귀초 혹은 천향국색(天香國色) 등 10여 종에 달하며 품종은 요황과 위자 그리고 일념홍 등이 있다. 중국에서는 모란과 작약을 함께 귀한 꽃으로 여겨 왔는데, "앉으면 모란, 서면 작약"이라고 칭하면서, 나무에 속하는 모란과 풀에 속하는 작약을 접목으로 교배하여 새로운 품종으로 발전시켜 모란을 목작약이라 하고 작약을 초목단(草牧丹)이라고 부르기도 한다.

모란은 중국인들로부터 가장 사랑받아온 꽃의 하나이고 중국이 원산이다. 모란이 우리나라에 들어온 것은 신라 진평왕 때로 알려져 있는데, "당 태종이 붉은색 · 자주색 · 흰색의 세 빛깔의 모란을 그린 그림과 그 씨 석 되를 보내왔다"라고 기록되어 있다.

모란의 뿌리의 껍질은 해열과 진통, 진경(鎮痙)과 소염(消炎) 등에 효능이 있어 약재로 이용한다.

창밖에 비가 보슬보슬 내리는 날, 붉게 연지 바른 내 누님 같은 모란을 바라보면서 김영랑 님의 시를 읊어본다.

모란이 피기까지

–김영랑–

모란이 피기까지는 나는 아직 나의 봄을 기다리고 있을 테요. 모란이 뚝뚝 떨어져 버린 날, 나는 비로소 봄을 여읜 설움에 잠길 테요. 오월 어느 날, 그 하루 무덥던 날, 떨어져 누운 꽃잎마저 시들어 버리고는 천지에 모란은 자취도 없어지고, 뻗쳐 오르던 내 보람 서운케 무너졌느니, 모란이 지고 말면 그뿐, 내 한 해는 다 가고 말아, 삼백 예순 날 하냥 섭섭해 우옵내다. 모란이 피기까지는 나는 아직 기다리고 있을 테요. 찬란한 슬픔의 봄을.

♣ 허브뜨락의 바람막이-목서

정원의 양옆에 세 그루의 커다란 은목서 나무가 그리고 그 주변에 금목서가 여러 나무 식재되어 크고 있는데, 처음 내가 허브뜨락으로 이사를 해 오면서 유일하게 큰 키 나무를 옮겨 심은 나무들이다. 당시 10년 정도의 젊고 싱싱한 나무였으니 지금의 나이는 30에 가까워지고 있다.

당당하게 서 있는 기풍이 믿음직스럽다. 꽃이 피는 가을에는 금목서가 먼저 피고 그 다음 금목서 꽃이 질 때 즈음해서 다시 은목서가 피기 때문에 적어도 한 달 정도는 목서 향기에 취하여 생활의 즐거움을 느낄 수 있다. 역시 목서의 은은한 향기는 세상의 모든 향기식물들의 향기를 다 느끼는 기분이 든다. 금목서는 은목서와 꽃 피는 시기와 향이 달라 지난 2009년에 구입해 심었는데, 처음 몇 번은 실패를 했다. 알고 보니 동일한 목서이지만 금목서는 훨씬 겨울철 추위에 약하고 키우기가 까다로운 나무이었다. 그래서 보다 양지바른 곳에 그리고 물이 잘 빠지는 곳에 위치를 좀 더 높여서 심어보니 잘 살아 지금은 제법 내 키만큼이나 커서, 꽃이 필 때가 되면 그 향이 수십 미터는 가는 것 같다.

목서(木犀)의 학명은 *Osmanthus fragrans Lour*이고 물푸레나무과의 늘푸른 넓은 잎 떨기나무이고 한국에서는 남부지역에 서식한다.

키는 3미터까지 자라며, 밑에서 여러 줄기가 올라와 우산 모양을 이룬다. 잎은 마주나며, 타원 모양 또는 넓은 바소꼴이고 끝이 뾰족하고 잎 가장자리에 잔톱니가 있거나 밋밋하다.

금목서와 은목서, 박달목서, 황금목서 등이 있는데, 금목서는 황금빛 혹은 등황색 꽃이 활짝 열려 피고, 향기가 가장 진하고 달콤한 맛을 느끼게 하며, 잎이 은목서에 비하여 2배 정도로 길쭉하고 잎가의 가시 같은 거치가 없거나 잎 끝 쪽에 몇 개의 작고 뾰족한 거치가 불규칙적으로 나 있다. 수형은 다듬지 않아도 둥그런 수형을 이룬다.

은목서는 흰빛 꽃이 피며, 잎이 둥그스름하고 잎 가장자리에 가시 같은 거치가 있거나 가시 거치가 없는 것도 있으며, 잎이 둥그스름하고 풍성하여 꽃이 상대적으로 잘 보이지 않고 향기는 진하면서 은은하다.

박달목서는 우리나라 거문도에 자생하는 흰 꽃이 피는 종류이다.

목서는 밑에서 많은 줄기가 올라와 수형을 이루며 맹아력이 강하고 잎은 마주나기하며 긴 타원형에 가장자리에 잔톱니가 있거나 거의 밋밋하고, 표면은 주맥이 들어가고 털이 없으며, 뒷면은 연한 녹색이고 측맥이 어느 정도 뚜렷하게 도드라진다.

꽃은 암수딴그루로 9월에 개화하는데, 꽃의 크기는 작은 편에 속하고, 향기가 매우 강해 멀리서도 알아차릴 만큼 짙다. 해를 잘 받는 따뜻한 곳으로 겨울에는 서북풍이 막힌 곳이 좋고, 특히 해를 잘 받지 못한 곳에서는 도장지가 되어 꽃이 잘 맺히지 않는다.

실생 혹은 무성생식으로 하는데, 실생 번식의 경우 2년간의 노천매장을 해야 하고 삽목으로 번식할 경우에는 7~8월 중 고온인 시기에 실시하는데, 그해 자란 새가지가 굳어진 것을 골라 12~15cm 길이로 잘라 반 정도 밑쪽 잎을 따내고 진흙경단을 붙여 모래에 꽂든가 모래 섞인 진흙에 꽂는다.

접목번식은 봄에 쥐똥나무의 실생묘에 접붙이기를 한다.

휘묻이는 장마 때 가지를 2cm 폭으로 돌려가며 껍질을 벗기고 물이끼를 댄 후 싸매어서 건조하지 않게 관리하면 뿌리가 나므로 잘라내어 번식시키고, 분주로도 번식이 가능하다.

수형이 아름답고 향기가 좋아 정원이나 공원 등에서 관상용으로 식재한다.

♣ 미녀가 있는 집에서 심지 않는-명자나무

비교적 따뜻한 봄날에 허브뜨락의 울타리에서는 붉은 명자나무들이 꽃 잔치를 벌인다. 크지 않은 키에 주렁주렁 매달린 명자나무 꽃을 보고 있노라면 마치 화려한 솜이불 위에 앉아있는 느낌이 든다.

사람들은 요란스럽게 화려하지도 않으면서 그리고 어딘가 모르게 속이 깊은 아낙의 심성마냥 은은하면서도 고결한 느낌을 주는 꽃을 가지고 있다 하여 아가씨 나무라고도 한다.

화단의 가장자리나 분에 재배하면 봄에 화사한 꽃이 매우 아름답고 향기 또한 은은하여 보는 이의 마음을 밝고 편안하게 해준다. 한번 피기 시작한 꽃은 다른 꽃에 비하여 오래도 가지만 지는 모습도 또한 추하지 않게 깨끗이 떨어져 버린다.

해서 허브뜨락의 주변을 온통 명자나무로 둘러 심었다.

원래 명자나무는 집안에 심지 않는다는 속설이 있다.

그 이유는 꽃이 아름다워 아녀자가 있는 집에서는 꽃을 보는 척 담 너머로 총각들이 넘겨다본다고 해서이다.

우리 집 이쁜 딸은 결혼을 했기 때문에 걱정 없이 심어 놓았다.

명자나무 꽃은 단성으로 짧은 가지 끝에 1개 또는 여러 개가 달리며 4~5월에 분홍색 · 적색 · 흰색 등으로 다양하게 피는데, 꽃이 지고 8월쯤 되면 자그마한 열매가 열리고 금세 커져 사과 만큼이나 굵고 시큼한 맛을 느끼게 하는 열매가 주렁주렁 열린다.

명자나무의 열매는 작은 빨간 사과처럼 생겼으며 표면은 모과와 같은 느낌이 난다. 큰 것은 지름이 10cm 정도로 크고, 향기가 모과처럼 아주 좋아 과실주를 담그면 그 맛이 일품이다.

명자나무를 한약에서는 목과(木瓜)라 하며 열매 또는 잎과 가지를 약재로 사용한다. 가을에 채취하여 햇볕에 말려서 사용하는데, 사포닌과 비타민 C, 플라보노이드, 사과산, 구연산, 주석산, 탄닌, 시안화수소산 등이 함유되어 있어 구토, 근육경련, 지사, 이질, 류머티스성 마비, 각기, 수종 등을 치료한다. 각기병은 비타민 B1이 부족하여 일어나는 영양실조 증상이며, 말초 신경에 장애가 생겨 다리가 붓고 마비되며 전신권태의 증상이 나타나기도 하는데, 말린 명자를 하루에 5g씩 끓여 먹으면 효과가 있다고 한다.

명자나무는 장미과에 속한다. 학명은 Chaenomeles lagenaria(LOISEL) KOIDZ.이고 원산지는 중국이며, 오래전부터 관상용으로, 지금은 식용, 약용, 음료용(열매)으로까지 광범위하게 활용하는 나무로 식재되고 있다.

나무 높이가 1~2m로 울타리용으로도 적당한데, 특히 가지 끝이 날카로운 가시로 변한 것도 있다. 잎은 어긋나고 타원형 또는 긴 타원형으로 양끝이 뾰족하다.

같은 장미과에 속하는 풀명자가 있다. 학명으로는 *Chaenomeles japonica*(Thunb.) Lindl. ex Spach이고, 일본에서 관상용으로 도입해서 전국에 식재되고 있는데, 명자나무와 다른 점은 3~4월 피는 꽃이 붉은색 한 가지뿐이고 과실의 크기가 지름 2~3cm로 명자나무보다 작고 높이 또한 왜소해 1m 정도까지 자란다는 점이다.

일본, 중국, 한국에 분포되어 있고, 맹아력이 강하고 생육이 왕성해서 우리나라의 경우 어느 지역에서나 잘 자란다. 풀명자의 열매는 둥글고 황색으로 성숙하며 신맛이 강하다.

명자나무의 번식은 비교적 쉬운 편인데, 잘 익은 명자나무 과실 안에 있는 검은 종자를 채취하여 겨울 동안 습한 모래와 함께 노천매장한 후 이듬해 봄에 파종하면 발아가 잘 된다.

똑같은 품종을 증식시키려면 분주나 삽목 또는 접목 방법을 활용한다. 명자나무를 화분에서 키우려면 주기적으로 깻묵이나 퇴비를 조금씩 화분에 뿌려 거름을 주어야 꽃이 예쁘고 열매도 탐스럽게 많이 열린다. 바람이 잘 통하고 햇볕이 많이 드는 곳에서 키우면 꽃도 열매도 훨씬 우량하다.

♣ 백 일간의 꽃길을 만들어주는–배롱나무(나무 백일홍)

배롱나무는 부귀를 상징하는 꽃을 가진 부처꽃과의 다년생 나무로 주변의 가로수로 흔히 볼 수 있는 여름 꽃나무이다.

낙엽활엽의 소교목으로 학명은 *Lagerstroemia indica*이고 나무의 높이는 5~6m 정도로 구불구불 굽어지며 자란다.

중국, 인도, 호주 등지가 원산지이며 세계적으로 약 30여 종이 분포하고 있는데, 우리나라에서는 삼복더위가 기승을 부릴 때쯤인 7~9월에 100여 일 동안 꽃을 피우는 특성을 가지고 있어 나무 백일홍이라고 부르기도 하고, 나무껍질을 손으로 긁으면 잎이 움직인다고 하여 간즈름나무 또는 간지럼나무라고도 한다.

나무가 주는 느낌이 안정감이 있기 때문에 중국에서는 옛날부터 관청의 뜰에 많이 심었고, 우리나라에서는 서당이나 사찰에 많이 심었다. 부산 양정동에 천연기념물 제168호로 지정된 800년 된 배롱나무와 경주 남산 기슭의 서출지 주변에 수백 년씩 된 배롱나무가 있어 많은 사람들의 사랑과 보호를 받고 있다.

배롱나무의 높이는 5m 정도까지 자라고 꽃은 흰색에서부터 적색까지 아주 다양한데, 가지 끝에 달리는 원추화서로 꽃받침은 6개로 갈라지고 꽃잎도 6개이다. 수술은 30~40개, 암술대는 1개로 밖으로 나와 있다. 삭과인 열매는 타원형으로 10월에 익는다.

양지바른 곳의 사질 양토로 배수가 잘되는 곳에서 잘 자라며, 내한성이 약해서 중부 이북 지방에서는 월동하기 어려운데, 최근 내한성이 강한 북방계 배롱나무가 들어와서 서울 지방까지도 식재가 가능할 뿐 아니라 온난화 기후변화로 점차 북상하고 있다.

배롱나무의 용도는 주로 관상용이지만 염료식물로도 이용하는데, 배롱나무의 잎에 많이 들어 있는 타닌성분과 철을 매염제로 하여 흑갈색 계통의 색을 만들어 사용한다.

한약에서는 꽃을 자미화라 하고 뿌리는 자미근, 잎은 자미엽이라 하여 약용으로 활용하는데, 특히 자미화는 산후의 혈붕이 멎지 않는 증상의 치료에 사용하고, 자미근은 뿌리에 함유되어 있는 시토스테롤(sitosterol)등을 분말로 만들어 치통이나 이질을 치료하는 데 활용한다.

자미엽은 알칼로이드(alkaloid) 성분을 활용하여 이질, 습진 등을 치료하는 데 활용한다.

허브뜨락의 산책로 주변에 여러 색깔들의 배롱나무들이 7월부터 피기 시작하면 10월까지는 쉼 없이 꽃들을 즐길 수 있는데, 대부분 어미 배롱나무의 특성을 살리기 위하여 삽목 번식을 활용하였으나 이제 큰 성목이 되어 자연스럽게 씨앗에서 발아된 어린 묘목들과 뿌리가 번져 새끼 배롱나무들이 오히려 더 많은 추세를 보여 주고 있다.

♣ 선비의 고상함을 간직한 나무-회화 나무

선비나무, 홰나무 등 다양한 이름을 가진 회화나무는 한자로 괴화(槐花)로 표기한다. '槐'(괴)자는 귀신과 나무를 합쳐서 만든 글자인데, 이는 사람이 사는 집에 심은 회화나무는 잡귀를 물리치는 나무라는 의미이다.

중국 주나라에서는 조정 앞에 회화나무를 심어 조정을 '괴정(槐庭)'이라 부르기도 했고, 회화나무가 심어있는 장안 거리를 '괴로(槐路)'라 불렀다. 특히 회화나무의 꽃이 피는 시기가 조금씩 다르긴 하지만 음력 7월경으로 이때 즈음에 중국에서는 과거 중 진사 시험을 치렀다고 하는데, 이 시기를 괴추라 불렀다.

옛날 우리나라에서는 서원이나 향교 등 학생들이 공부하는 학당에서는 '학자수(學者樹)'라 하여 많이 심었는데, 귀신을 물리치고 나무의 기상처럼 학자의 기상이 자유롭게 뻗어나가길 기원하는 의미로 알려져 있고, 유적지를 대표하는 도산서원과 그를 배경으로 한 천 원짜리 지폐 뒷면에는 무성한 회화나무가 있다.

고산 윤선도가 거처한 전남 해남의 녹우당에는 400살 먹은 회화나무가 살고 있고, 경북 경주시 안강에 위치한 옥산서원 입구, 경북 경주시 양동마을 등 곳곳에 회화나무가 있고 얽힌 사연들이 있으며 대부분 곧은 선비의 정신을 기리는 내용들이다.

우리나라의 5대 거목 하면 은행나무, 느티나무, 팽나무, 왕버들 그리고 회화나무를 의미하는데, 회화나무는 콩과에 속하는 낙엽활엽수종으로 학명은 Sophora japonica이고, 잎은 어긋나고 달걀 모양이거나 타원형이다.

회화나무의 꽃은 8월에 흰색으로 피고 원추꽃차례로 달리는데 꽃대가 휘어질 정도로 많이 핀다. 꽃이 지고 난 다음 열리는 열매의 형태는 꼬투리 모양인데 둥근 씨앗이 줄줄이 연결되어 있는 모양이 독특하다. 꽃봉오리를 괴화(槐花) 또는 괴미(槐米)라고 하며 열매를 괴실(槐實)이라 하는데, 한의학에서 약용으로 사용한다. 특히 괴화는 황색 염료나 풍치 치료제, 동맥경화 및 고혈압에 쓰고 맥주를 만드는 데도 활용될 뿐 아니라 밀원 수종으로 사용된다.

괴실은 가지 및 나무껍질과 더불어 살충제나 지혈, 습진 및 치질치료에 쓴다. 특히 나무 전체에 함유되어 있는 루틴(rutin)이라는 물질을 추출해서 혈관 보강, 지혈, 고혈압, 뇌일혈 치료 또는 예방약으로 쓴다. 속성수이고 수형이 아름답고 깨끗한 품격을 지니고 있으며, 다듬어주지 않아도 스스로 아름다운 모습을 하는 나무라서 가로수, 조경수로도 애용되고 있다.

♣ 오! 내 사랑 아름다운 봄꽃–목련

목련의 학명은 *Magnolia kobus*이다.

습기가 적당한 비옥한 곳을 좋아하며, 햇빛을 충분히 받지 못하면 꽃이 잘 안 피므로 나무 심을 장소를 고를 때 특히 주의해야 한다. 목련 종류 중에서 불교적 분위기를 갖는 자목련은 꽃잎의 겉은 진하고 속은 연한 자주색을 띠는데, 추위에 약하기 때문에 우리나라 중부 이북이나 해안지방에서는 적응하기 힘들다.

목련나무들은 이른 봄부터 가을까지 개성 있는 모습을 보여준다. 잎이 지고 나서 화살촉 모양의 회갈색 눈이 마치 붓과 같다고 하여 목필이라고도 하고, 꽃봉오리가 막 피어날 때는 북쪽을 바라본다고 하여 마치 지방에 있는 신하가 임금에 대한 충절을 표하는 것 같다고도 한다. 북한에서는 목련을 꽃은 옥이요, 향기는 난초와 같다 하여 옥란이라고 부른다.

목련꽃 피는 모양은 농사에 대한 풍흉을 가름하는 지표로도 사용되는데, 꽃이 위를 향해 오랫동안 피면 그해는 풍년이 들고, 꽃이 아래로 향하면 비가 올 것을 예고한다.

목련 꽃봉오리는 신이(辛夷)라고 해서 오래전부터 약재로 쓰여 왔다. 꽃봉오리가 터지기 직전에 따서 그늘에 말렸다가 부기를 내리게 하거나 눈을 맑게 하는 데, 혹은 비염을 치료하는 약재로 사용해 왔다.

목련의 뿌리, 나무껍질, 종자는 가려움증 치료에 쓰는데, 나무껍질 속에는 유독 성분도 들어 있으니 함부로 사용해서는 안 된다. 목재는 치밀하고 연해서 밥상이나 기타 목공예품 재료로 좋고, 여름철 집안에 습기가 많고 나쁜 냄새가 날 때 목련나무 장작으로 불을 때면 악취가 없어지고 좋은 향기가 난다 하여 예로부터 애용되어 왔다.

목련나무 번식은 가을에 열매를 따서 붉은색의 과육을 제거하여 노천 매장 후 이듬해 봄에 파종하고, 색다른 품종의 특수성을 유지하면서 목련을 증식시키려면 접목을 한다.

많은 신화가 그렇듯 목련의 전설도 못다 이룬 사랑 이야기와 연관되어 있다.

어느 한 나라의 임금에게 외동딸인 공주가 있었다. 공주는 아름다운 얼굴과 몸을 가졌으며, 마음씨 또한 비단결처럼 고와 공주를 아는 젊은 청년들은 모두 공주를 사모했으며 공주와의 사랑을 이루고 싶어 했다. 그러나 공주는 북쪽 바다의 사나운 신(神)만을 사랑하고 있었다. 어느 날, 공주는 자신의 사랑을 찾아 왕궁을 빠져나와 먼 북쪽 바다까지 갔다. 그러나 공주가 천신만고 끝에 찾아간 북쪽 바다의 신은 이미 혼인한 상태였다. 이룰 수 없는 사랑임을 깨달은 공주는 그대로 북쪽 바다에 몸을 던져 목숨을 끊었다. 북쪽 바다의 신은 공주를 가엾게 여겨 양지바른 곳에 묻어 주었다. 사랑스러운 공주를 죽음에 이르게 한 것은 바로 자신이 혼인했다는 까닭임을 알게 된 바다의 신은 자신의 혼인에 대해서도 환멸을 느끼게 되었다. 급기야 북쪽 바다의 신은 아무 죄도 없는 아내에게도 극약을 먹였다. 결국 자신을 사랑했던 두 여인을 죽게 한 신은 그들의 넋을 기리기 위해 아내의 무덤을 공주의 무덤 곁에 만들어 주었다. 한편 공주가 왕궁을 빠져나간 사실을 알게 된 임금은 신하들을 시켜 공주의 행방을 찾았지만 이미 공주는 이세상 사람이 아니었다. 북쪽 신은 자신 때문에 죽어간 두 여인의 무덤에서 꽃이 피어나게 했다. 공주의 무덤에서는 희고 아름다운 백목련이 피어났고 북쪽 바다의 신의 아내가 묻힌 무덤에서는 붉은색의 자목련이 피어났다. 모두 북쪽 바다의 신을 사랑했던 두 여인의 넋으로 무덤가에 피어난 목련은 죽어서도 북쪽 바다의 신을 그리워하는 마음에 북쪽을 바라보고 피어났다는 이야기이다.

허브뜨락에는 세 종류의 목련이 차례대로 꽃을 피우는데 제일 먼저 피는 것은 백목련이다. 너무 성급하게 피는 백목련은 늦게 찾아오는 눈보라로 아까운 꽃송이를 날려 버리기 일쑤이다.

다음 차례는 자목련이고 그 다음이 황목련이다.

이들 목련꽃이 필 즈음에는 콧노래가 저절로 나온다.

엄정행의 "목련화" 가곡이다.

오오 내 사랑 목련화야 그대 내 사랑 목련화야
희고 순결한 그대 모습 봄에 온 가인과 같고
추운 겨울 헤치고 온 봄 길잡이 목련화는
새시대의 선구자요 배달의 얼이로다
오 내 사랑 목련화야 그대 내 사랑 목련화야
오 내 사랑 목련화야 그대 내 사랑 목련화야
그대처럼 순결하게 그대처럼 강하게
오늘도 내일도 영원히 나 아름답게 살아가리
오 내 사랑 목련화야 그대 내 사랑 목련화야
오늘도 내일도 영원히 나 아름답게 살아가리라

3. 허브뜨락의 화훼 식물

1) 사람과 더불어 살아가는 풀꽃들

허브뜨락의 정원에는 유달리 풀꽃 식구들이 많다.

꽃에 대한 관심과 지식이 조금 부족하다면 이들은 모두가 그저 잡초로 보일 것이다. 그러나 그들 하나하나에는 사연이 있고, 아름다움과 향이 있으며, 살아가는 지혜로움이 있는 소중한 허브뜨락의 식구들이다.

물론 그들에게는 특별한 언어가 없으며, 스스로 움직이는 데에는 한계가 있다. 때문에 그들은 몸으로 말을 한다. 아름다운 꽃에서 나는 향기로 벌과 나비를 불러 모을 줄 알고, 바람을 타고 생명여행을 할 줄도 안다. 맛으로 사람들을 유혹할 줄 알며, 굵고 세찬 빗물에는 움츠려야 한다는 것을 알고 있다. 옆에 사는 친구들과 음식을 나눌 줄 알고, 추위에 잎을 떨구어 낼 줄도 안다.

마치 하늘과 땅, 바람과 해와 그리고 모든 생명체들과 소통을 할 줄 아는 것처럼 살아간다.

작은 풀잎 하나하나에도 잔잔한 이슬방울에도 그들에게는 목숨을 건 몸짓이 들어있다. 꽃은 잎이 변형된 종자식물의 생식기관이며, 스스로 수정이 불가능할 경우 화려한 색깔과 향기로 매개물을 유인하여 꽃가루를 옮겨 생식이 이루어지고, 꽃씨나 과일로 성숙한다. 종족의 번식을 위하여 씨는 바람이나 각종 동물, 새, 사람 등을 이용하여 다른 곳으로 퍼져 나가 자라게 된다.

꽃의 가치는 다양하다.

경제적 가치로 보면 천문학적인 규모인데, 지난 2008년 기준으로 세계의 꽃 시장규모는 약 26조 원이었다. 가까운 일본의 2013년 한 해 동안 소비한 꽃 값은 약 1조 369억 엔이었다.

연간 꽃 값으로 가장 많은 돈을 지출하는 나라는 아일랜드 사람들이다. 그들은 일년 동안 평균 100유로를 그리고 두 번째인 스위스는 91유로를 꽃 값으로 지출했다.

화훼란 관상하기 위해 재배되는 모든 식물을 말하지만 그 대부분은 꽃이 피는 식물들이다. 꽃은 아름다운 색깔과 형태, 좋은 향기로 사람들의 정원은 물론 안방까지도 들어온다. 실내 화분으로 때로는 꽃다발로 들어온다.

꽃은 각종 행사에 빠짐없이 등장하며, 다양한 방법으로 식용으로 가공하여 먹기도 한다. 꽃떡과 빵은 물론 각종 샐러드와 꽃차 등은 일상화된 식품들이다. 꿀벌을 매체로 하여 꽃에 있는 꿀을 따 먹기도 한다. 꽃은 사람들의 마음을 전달하는 수단으로도 활용된다. 사랑을 전달하고, 존경하는 마음, 때로는 이별의 아픔을 전달하기도 한다.

나는 허브뜨락에서 꽃을 보면서 책 읽기를 즐긴다.

정원 일과 독서는 살아가는 데 중요한 휴식과 같은 일과로 되어버렸다. 사실 시골 생활을 하다 보면 자칫 어떤 하나의 일에 몰입하는 경우가 많다. 이를테면 아침에 산책을 하다가 잡초 뽑는 일에 한눈이 팔려 아침 식사를 거르는 경우조차 있다.

시골생활을 하다 보면 자신도 모르는 사이에 '일 중독자'가 되어버리고 결국 책과는 담을 쌓게 된다.

어떤 생활이나 마찬가지겠지만 시골에서 식물과 함께하는 농촌생활 역시 스스로 자기조절능력을 기르고 활용하는 것이 매우 중요하다.

나는 나 자신의 '자기조절능력'을 기르는 방법의 하나로 독서를 활용한다. 꽃과 정원, 정자와 그리고 독서이다.

정원가꾸기의 시간과 정자에서의 휴식, 그리고 책을 읽는 일은 하루 일과의 핵심 과정이다.

아침 일찍 새들이 잠에서 깨어나는 시각과 동이 트는 시각이 비슷한데, 봄과 여름 그리고 가을에는 대략 5시 전후이다. 물론 겨울은 새들의 소리는 없지만 6시 즈음이면 동이 튼다.

나에게는 독서를 시작하는 시각이다.

그리고 식사 전 한 시간 정도 정원 일로 몸을 풀고 들어와 아침 식사를 하면 말 그대로 꿀맛 같은 아침 식사를 즐길 수가 있다.

굳이 왜 책을 읽느냐고 나에게 묻는다면 나는 그저 "재미있어서"라고 말하고 싶다.

책 읽는 일처럼 재미있는 일은 없을 것이다.

아침 신선한 시골 공기를 마시면서 책을 읽다 보면 때로는 고대시대로 빠져들기도 하고, 때로는 미국과 영국, 러시아를 여행하는 기분도 든다.

어린 시절의 추억 속으로 빠져들기도 하고, 수십 수백 년 전으로 찰나에 다녀와 버리기도 하고 상상의 날개가 달려 우주를 넘나들기도 한다. 역시 독서는 시공간과 생사를 초월하는, 신이 인간에게 준 위대한 선물임에 틀림없다.

내가 아닌 타인의 정신세계를 마음껏 누비고 다닐 수도 있고, 한 사람의 생애를 단 몇 시간 만에 탐색할 수도 있다.

독서의 가치는 내가 누구인지를 이해하는 데 도움을 주는 데 있다. 객관적으로 나를 이해할 수도 있고, 때로는 본의 아니게 나와 그리고 다른 누군가와 비교도 하면서 스스로를 격려하거나 실의에 빠져들 수도 있다. 수많은 사람들이 오랜 기간 동안에 걸쳐 만들어 놓은 업적이나 지식들을 짧은 시간에 섭렵하거나 소통하면서 나의 생활이나 신념 등을 변화시켜 나갈 수 있다.

지난 6월에는 대학 시절 내가 몇몇 동료들과 함께 만들어 운영하던 '모래성 독서회'모임의 후배들이 창립기념일을 기념하면서 함께 독서토론을 하는 모임을 허브뜨락에서 가졌다. 내가 1기인데, 오늘 참가한 막내 회원은 19기이었다. 그러니까 40대부터 60대의 연령대가 함께하는 모임이 1박 2일로 진행되었다. 그동안 쌓인 이야기도 하고 읽은 책에 대한 토론도 하고 특별히 이번 모임에서 주제로 제시한 '생애설계'에 대한 토론은 매우 진지했다.

나름대로 정성 들여 경험을 바탕으로 집필해, 지난 3월 출판된 『행복한 삶을 살기 위한 생애설계』에 대하여 많은 회원들이 관심을 보였다. 모두가 자신의 행복한 삶을 갈망하기 때문이다.

참 좋은 모임이고 특히 나이가 많아질수록 멀리하기 쉬운 '책'을 가까이하면서, 단지 보는 책에서 '읽고 음미하고 소통하는 책'으로 바꾸어보니 알찬 생활을 만들어가는 참 좋은 기회이기도 하다.

벌써 44년 전에 만들어진 모임인데 지금까지 유지되고 오늘도 20여 명이 참여하여 열띤 토론을 하는 것을 보면 역시 독서의 힘이 아닌가 생각된다.

여기저기 작약꽃과 모란꽃이 만발하고, 허브향이 진동하는 허브뜨락을 맘껏 산책하면서 앵두와 오디 그리고 보리수를 한 움큼씩 입에 넣고 웃음을 터트리는 후배들을 보니 모두가 천진난만한 어린 시절로 돌아가는 느낌이었다.

2) 허브뜨락의 풀꽃식구들

♣ 샌프란시스코에서 비행기 타고 온-아이리스

아내는 유달리 다양한 색깔과 오묘한 모습을 가진 아이리스꽃을 좋아한다.

때문에 허브동산의 정원에는 아이리스가 많이 식재되어 있는데 독일 여행길에 가져온 독일 아이리스가 있고, 그 옆에는 샌프란시스코 아이리스 코너가 있다.

독일 아이리스는 지난 2001년 2월 우리 가족들이 유럽 여행 중 독일 하노버대학에서 가져온 것이다. 당시 하노버대학에서 유학중이던 고은 박사(지금은 전남대학교 교수) 집에 들러 함께 체코 등을 여행하고 돌아오던 날 시간 여유가 생겨 하노버대학을 방문했다.

고은 박사가 연구하던 특수교육학 실험실도 둘러보고 유서 깊은 하노버대학교 정원을 산책하는데, 많은 눈이 쌓여있는 와중에 정원관리자의 아이리스에 대한 설명과 함께 기념 삼아 몇 뿌리 선물로 받아온 것이 지금의 허브뜨락의 독일 아이리스 코너이다.

미국 아이리스 코너는 지난 2015년 샌프란시스코를 여행하던 중 금문교 입구에서 가져온 것이다.

샌프란시스코는 따듯하고 아름다운 도시로 유명하다. 1985년 내가 처음 미국 땅을 밟을 당시의 추억들을 뒤돌아보면서 무엇인가 하나 샌프란시스코를 기억하고 싶은 욕구가 일어났고, 결국 금문교 입구에 지천으로 심어져 있어 황홀스럽게 핀 아이리스가 눈길을 사로 잡았던 기억이 났다.

태평양 앞바다와 금문교 그리고 아름다운 아이리스는 추억을 담아두기에 적절한 대상으로 나의 눈을 사로잡았다. 결국 아름다운 유혹에 못 이겨 몇 뿌리를 캐서 깨끗하게 흙을 털고 가져온 '샌프란시스코의 금문교 아래에서 허브뜨락으로 시집온 아이리스'이다. 나름대로 정성을 들여 가져온 꽃인 만큼 관심을 가지고 가꾸다 보니 꽃들 또한 곱다.

허브동산의 정원 한 코너를 차지하고 있는 아이리스들은 다양하다. 성질이 급한 녀석들은 4월부터 그리고 느긋한 녀석들은 6월까지도 고운 꽃의 고고한 자태를 잃지 않는다.

아이리스는 우리말로 붓꽃이라고 부르는데, 외떡잎식물 백합목 붓꽃과에 속하며 세계적으로는 200여 종이 그리고 한국에는 14종이 있다. 여러해살이 구근초 혹은 알뿌리이고 칼 모양의 잎을 가지고 있다. 꽃은 3장의 바깥쪽 꽃잎, 3장의 안쪽 꽃잎, 3갈래로 갈라진 암술대, 1개의 수술로 되어 있다. 파란색, 노란색, 검은빛을 띤 자주색, 흰색 등 매우 다양하나 크게 4계통으로 구분한다.

영국아이리스(English iris: *I. xiphiode*)는 키가 30~45cm 정도이고 구근성(球根性)이며, 흰색 또는 자주색의 꽃이 5월경에 핀다.

독일아이리스(German iris: *I. germanica*)는 키가 30~60cm 정도이고 덩이줄기이며, 향기가 있으며, 다양한 꽃 색깔로 5월에 피는데, 화단용이나 분재, 꽃꽂이용 등으로 많이 사용된다.

스페인아이리스(Spanish iris: *I. xiphion*)는 비교적 키가 작아 30~45cm이며 알뿌리이고, 원종은 자주색이지만 원예품종은 빛깔이 다양하고 6월에 꽃이 핀다.

네덜란드(더치)아이리스(Dutch iris: *I. hollandica*)는 교배종으로 가을에 잎이 나오며 꽃은 흰색 · 노란색 · 하늘색 · 자주색 등으로 가장 이른 4~5월에 피는 구근성 아이리스이다.

아이리스는 뿌리의 형태에 따라서 크게 비늘줄기종과 뿌리줄기종으로 구분하기도 하는데 독일 아이리스만 유일하게 비늘 줄기이고 나머지는 뿌리줄기종이다.

우리나라에 주로 분포되어 있는 아이리스와 비슷한 종으로는 각시붓꽃, 노랑무늬붓꽃, 타래붓꽃, 솔붓꽃, 부채붓꽃 등이 있다. 우리나라의 토종식물로 분류되는 타래붓꽃은 초여름에 낮은 산이나 들의 건조한 풀밭에서 무리 지어 보라색 꽃이 핀다. 다른 붓꽃들은 잎이 선형(線型)의 칼 모양이지만 타래붓꽃은 나선형으로 실타래처럼 비틀려 있어 타래붓꽃이라고 부르며, 꽃봉오리 모습이 옛 선비들이 쓰던 붓과 모양이 닮은 데서 비롯되었다.

토종 각시붓꽃은 학명은 Iris rossii이고 제주에서 주로 서식하는 4월에 꽃이 피는 아주 부지런한 붓꽃이다.

접두사 '각시'의 의미는 주로 '아름다운' 또는 '여리고 수줍은' 혹은 '작은'이라는 뜻이지만 큰 것은 30cm까지 자라기도 한다.

가장 작은 각시붓꽃이지만 종족 번식의 본능은 아주 강하고 과학적이어서 날고 뛰는 곤충들을 지혜롭게 잘 이용하고 있다.

각시붓꽃의 꿀샘은 눈에 잘 띄지 않는 꽃 안쪽의 깊숙한 곳에 있고, 그 앞에는 수술과 암술이 배치되어 있으며, 꽃잎에는 하얀 줄무늬가 있다. 꽃잎에 그려진 하얀 줄무늬는 곤충의 눈에 잘 띄며, 호감이 가는 색이다. 곤충들은 이렇게 만들어진 줄무늬를 따라 꿀이 있는 곳으로 유도되고, 꽃가루를 묻혀 암술까지 가져다 주는 충실한 꽃가루받이 매체의 역할을 한다.

'아이리스'는 꽃이 아름다워서 관상용으로 심기도 하지만 한방에서는 소화불량이나 배가 부풀어 오르는 증세, 체증이 오래되어 덩어리지는 증상 등을 치료하는 약재로 혹은 인후염, 주독, 폐렴, 촌충, 편도선염 등을 치료하는 데 사용한다.

아름다운 계절의 여왕 오월에 봄비 내리는 날이면 대부분의 꽃들은 빗물에 젖어 고개를 숙이고 외롭게 벌과 나비를 기다리는 모습들이지만, 유독 고개를 빳빳하게 쳐들고 위엄을 잃지 않으려는 꽃이 곧 아이리스이다.

대부분 키가 작은 붓꽃들, 각시붓꽃, 난장이붓꽃, 솔붓꽃, 금붓꽃, 노랑붓꽃, 노랑무늬붓꽃 등은 4월에 꽃이 피지만, 키가 큰

흰붓꽃, 부채붓꽃, 제비붓꽃, 타래붓꽃, 대청붓꽃 등은 초여름(6월)에 피는데 그 향기가 매우 강해 주변이 온통 아이리스 향기뿐인 듯하다.

아름다운 아이리스와 관련된 이야기들은 꽃만큼이나 참 다양하다.

이탈리아에 아이리스라는 절세 미인이 살고 있었다.

명문 귀족 출신으로 착한 마음씨와 고귀한 성품을 지닌 그녀는 로마의 한 왕자와 결혼을 했으나, 얼마 지나지 않아 그녀와 결혼한 왕자가 그만 병으로 죽고 말았다.

홀로된 아이리스는 청혼을 하는 사람이 많았으나, 그 누구에게도 응하지 않고 항상 푸른 하늘만 마음속으로 동경하며 지냈다. 그러던 어느 날, 산책길에 젊은 화가를 만났고 그 역시도 아이리스를 사랑하게 된다. 화가는 열심히 청혼을 했고, 결국 화가의 열정에 감동한 아이리스는 다음과 같은 조건을 제시했다.

"살아 있는 것과 똑같은 꽃을 그려 주세요."

화가는 온 열정을 다해 그림을 그렸고, 아이리스는 그림을 본 순간 그 아름다운 꽃 모양에 감동했다. 하지만 이내 그 그림에는 향기가 없음을 알게 되었고, 향기 없는 아름다운 그림에 실망하고 한숨을 내쉬었다. 그때였다. 어디선가 노랑나비 한 마리가 날아와 그림에 살포시 내려앉더니, 날개를 차분히 접고 꽃에 키스를 하는 것이 아닌가. 그 순간 아이리스는 감격에 차 눈을 반짝이면서 화가에게 키스를 했다.

이후 화가가 그린 푸른 하늘빛의 꽃, 아이리스는 그들이 처음 나누었던 키스의 향기를 그대로 간직해 지금도 꽃이 필 때면 은은하고 그윽한 향기를 풍긴다고 한다.

삶을 마감하는 입장에서 아이리스를 그린 화가는 빈센트 반 고흐이다.

그는 네덜란드 출신으로 프랑스에서 활약한 화가이다. 1880년 화가에 뜻을 두기 시작하여 1885년부터 『감자를 먹는 사람들』, 『해바라기』, 『아를의 침실』 등 유명작품들이 나오는데, 1888년 가을, 아를에서 고갱과의 공동생활 중 병의 발작에 의해서 자기의 왼쪽 귀를 자르는 사건을 일으켜 정신병원에 입 · 퇴원을 계속하다 1890년 봄 파리 근교의 오베르 쉬르 우아즈에 정착했으나 같은 해 7월 권총으로 자살했다. 그가 정신병원에 입원하면서 1890년에 그린 작품이 『붓꽃』이다.

생레미 정신병원에서 그린 두 점의 아이리스 그림의 하나는, 노란색 배경에 노란색 화병, 같은 톤의 테이블과 보라색의 대비 화면으로 생동감을 주는 그림이고, 또 다른 한 점은 같은 시기에 엷은 분홍색 배경에 테이블은 강렬한 초록인데 그는 병원에서 아무도 돌보지 않는 마당 한구석에서 발견한 외로운 붓꽃을 자신만의 것으로 새롭게 창조해 낸 그림으로 알려져 있다.

그는 아무도 돌보지 않은 마당 한쪽 구석에서 고귀한 소재를 찾아내고, 마치 자신의 삶이 소외된 그러나 고귀한 삶인 것처럼 붓꽃에 비유했다.

아이리스는 성배의 전설에 관한 상징으로 사용되기도 한다.

전설 속 이야기로 옛날 아이리스라고 부르는 가련한 소녀가 있었는데, 여신 쥬노는 이 사랑스럽고 예의 바른 소녀를 시녀로 삼았다. 쥬노의 남편인 쥬피터는 아이리스의 젊음과 미모에 반해 아내가 없는 틈을 타 아이리스에게 사랑을 호소한다. 아이리스의 거절에도 불구하고 집요하게 강요하면서 자신은 무엇이든 뜻대로 할 수 있다는 것을 주장한다.

아이리스는 쥬피터의 사랑을 받아들이자니 자기를 귀여워해 주는 쥬노를 배반하는 것이 되고, 그렇다고 쥬피터를 노엽게 할 수도 없고 하여 고민하다 결국 쥬노에게 모든 사실을 밝히게 된다.

여신 쥬노는 아이리스의 갸륵한 마음씨에 감탄하여 무지개라는 일곱 가지 색으로 빛나는 목걸이를 주어 자유로이 하늘을 날 수 있는 신통력을 가지도록 했다. 그리고 여신 쥬노는 고맙다는 치하를 하면서 신주인 네크타르를 세 번 아이리스에게 뿌려 주었는데, 그때 술이 몇 방울 땅으로 떨어져 그곳에 아름다운 꽃이 피었는데, 그 꽃이 바로 아이리스이다.

그리고 아이리스가 꽃이 된 지 얼마 안 되어 꽃들의 대무도회가 열렸는데 이 무도회에는 지상에 있는 모든 꽃들이 모여들어 제각기 아름다움을 뽐내고 있을 때, 갑자기 먹구름이 맑게 갠 하늘에 모여들더니 소낙비가 세차게 쏟아지기 시작했다. 이렇게 되자 모처럼 아름답게 차려 입은 꽃들은 저마다 젖지 않도록 고개를 숙이고 숨을 곳을 찾는 등 법석을 부렸다. 이리하여 잔치는 난장판이 되었으나 아이리스만은 쏟아지는 비에도 아랑곳하지 않고 아름다운 무지개로 빛나면서 흡사 꽃의 여왕처럼 고상한 자태를 잃지 않고 피어 있었다.

♣ 수족이 마비된 사람을 고쳐준-으아리꽃

어린 시절 5월 6월, 아직 녹음이 우거지기 이전 앞산 골짜기에 유달리 하얀 꽃이 피어 있어 의아스럽게 생각하곤 했었는데, 나중에 알고 보니 '토종 으아리 꽃'이었다.

아주 가냘프면서도 강직해서 다른 초목류들이 무성하게 커가는 틈 속에서도 지지 않고 봄이면 피어나던 으아리꽃이 지금은 다양한 형형색색의 색깔로 된 변종들이 수입되어 판을 치고 있다.

으아리(Clematis terniflora var. mandshurica)는 미나리아재비과 으아리속(Clematis)에 속하는데 으아리를 포함하여, 참으아리, 외대으아리, 큰꽃으아리 등이 있으며 그냥 클레마티스로 불리기도 한다. 으아리는 예쁜 꽃이 지고 나면 열매는 대체로 산발한 머리 모양을 하고 있어 자신의 갓털이 부풀어 올라 조금이라도 멀리 날아가 영역을 넓히려는 매우 진화된 생리조건을 가지고 있다.

잎이 두껍고 줄기가 목질화되어 바닷가에 주로 분포하는 종을 참으아리(C. terniflora)라고 하고, 꽃이 1~3개씩 달리며 열매에 갓털이 없는 것을 외대으아리(C. brachyura)라고 하며 특히 큰꽃으아리(Clematis patens)는 꽃이 10cm 정도로 꽤 큰 편이다.

허브동산의 정원에 있는 으아리는 큰꽃으아리인데 푸른색과 흰색 그리고 유백색 등으로 피어있는 모습이 아름답다.

으아리에는 재미있는 이야기가 실려 있다.

옛날 중국 상주에 수족이 마비된 사람이 살았는데 그 사람은 이미 십수 년간을 걷지 못하고 있었다. 그리하여 전국의 명의는 다 찾아보았고 좋다고 하는 약이란 약은 다 사용해 보았지만 모든 것이 허사였고 가족들은 혹시나 하는 마음에 병을 고쳐줄 명의를 만날 수 있을까 하여 환자를 사람이 다니는 길 어귀에 데려다 놓았다. 그러던 어느 날 신라에서 온 한 스님이 길을 지나다 환자를 보고는 측은한 마음이 발동했다. 환자의 맥을 짚어보고 "이 병을 고치려면 단 한 가지 약밖에 없는데, 그 약을 구하기가 어렵다"라고 알려 주었다. 가족들은 그 약을 구하기 위하여 온 산을 뒤지는 등 천신만고 끝에 그 약을 찾아내 정성껏 다려 환자에게 먹이자 며칠 만에 병세가 호전되고 결국 스스로 일어나 걸어 다니게 되었다.

스님이 알려준 약은 바로 위령선이었고, 이때부터 사지마비나 중풍 등을 치료하는 한약재로 사용되었다고 하는데, 위령선이라고 하는 것이 바로 으아리의 뿌리를 말하는 것으로 약의 성질이 위엄 있고 신선과 같이 영험하다 하여 붙여진 이름이다.

으아리꽃은 고결, 아름다운 마음이라는 꽃말을 지니고 있는데, 덩굴성이기 때문에 담벽이나 생울타리용 혹은 정원에 지주대를 세워 타고 올라가도록 키워야 한다. 특히 큰꽃으아리는 유백색으로 매우 고풍스럽고 아름다움이 묻어나는 꽃이다.

♣ 우주를 아름답게 수놓은 가을꽃-코스모스

가을 하면 제일 먼저 생각나는 것 중의 하나가 코스모스이다.

한번 심어 놓은 코스모스는 영락없이 다음 해에 다시 발아되어 나오기 때문에 허브뜨락의 길가에는 매년 끊임없이 코스모스가 피고 진다. 때로는 너무나 번식력이 강해 귀찮아질 때도 있지만 막상 뽑아내려면 아까워 그냥 놓아두는 경우들이 대부분이다.

멕시코가 원산지이며 줄기는 높이가 1~2m이고 윗부분에서 가지가 갈라지며 갈라진 조각은 줄 모양이다.

코스모스(Common 또는 Garden cosmos)는 학명으로 Cosmos bipinnatus인데 속명인 코스모스(*Cosmos*)는 희랍어로 카오스(chaos, 혼돈)에 대응되는 말로 '질서 정연함' 또는 '장식하다'를 의미하기도 하고, '우주'를 뜻하고, 비피나투스(*bipinnatus*)는 2회 우상(羽狀, twice-pinnate)의 잎 모양을 뜻하는 라틴어다.

코스모스는 6월부터 10월에 걸쳐 꽃이 피는데, 가지와 줄기 끝에 꽃자루가 없이 작은 꽃이 많이 모여 피어 머리 모양을 이루며 1개씩 피는 두상화(頭狀花)이고 연분홍색과 흰색 그리고 붉은색 등 매우 다양하고 꽃잎의 끝이 톱니 모양으로 얕게 갈라지며, 통상화는 꽃밥이 짙은 갈색이고 검은색의 열매를 맺는다.

코스모스는 해방 이후에 도입된 것으로 추정되는데, 최근에는 열대 아메리카 원산의 노랑코스모스(*Cosmos sulphureus*)까지 합세하여 가을 화단을 아름답게 만들어 놓고 있다. 그러나 아쉬운 것은 시골길의 코스모스이다. 예전에는 시골길의 가을은 온통 코스모스로 뒤덮인 아름다운 길이었다. 그러나 최근에는 농약의 살포가 심한 지역은 코스모스를 찾을 수가 없다. 다행스럽게 농약 사용을 규제하는 마을에는 대부분 코스모스 길이 잘 가꿔져 있어 마을단위의 농약 사용 정도를 가늠할 수 있는 보편적인 척도가 되기도 한다. 물론 야생하는 코스모스 개체군의 특징 중 하나는 종종 해거리를 한다는 점을 고려해야 한다. 어떤 해에는 크게 번성했다가도, 어떤 해에는 완전히 사라져버리기도 한다. 큰물이 발생했을 때, 상류로부터 종자가 대량으로 떠내려와서 하천 바닥에 파묻히고, 그 후 발아하고 성장하는 동안에 큰물이 발생하지 않으면 큰 무리의 코스모스 군락을 만드는 경우가 있다.

한방에서는 뿌리를 제외한 식물체 전체를 추영(秋英)이라는 약재로 쓰는데, 눈이 충혈되고 아픈 증세와 종기에 사용한다.

♣ 교태가 없어 늙은 농부가 좋아하는 꽃–패랭이(석죽)

패랭이는 키가 15~30cm 정도로 그다지 크지 않지만 워낙 색이 진하고 무리 지어 있기에 마치 붉은 양탄자를 깔아 놓은 것처럼 보인다. 패랭이는 돌에서 자라난 대나무와 닮았다 해서 석죽이라고도 하는데, 석죽과(Caryophyllaceae)의 패랭이속(Dianthus)에 속하며 Dianthus는 'dios에서 유래한 divine, 신성하다'라는 의미와 '꽃(flower)'을 의미하는 'anthos'의 합성어이다.

패랭이꽃이 '석죽'이라고 불린 사연을 보면 옛날 어느 마을에 힘이 센 장사가 있었는데 그는 인근 마을에 밤마다 사람을 괴롭히는 돌귀신이 있다는 말을 듣고 산으로 올라갔다. 그는 화살을 겨누어 그 돌을 향해 힘껏 쏘았는데, 너무나 힘껏 쏘아서인지 화살이 바위에 깊숙이 박혀서 빠지지가 않았다. 그 후 그 돌에서 대나무처럼 마디가 있는 고운 꽃이 피었는데, 사람들은 그 꽃이 마치 바위에서 핀 대나무와 닮았다고 하여 '석죽'이라 이름 지었다고 한다.

패랭이꽃은 석죽과에 속하며 5월에서 6월에 꽃이 피는데, 약재로 사용하는 경우 배뇨문제, 타박상, 눈의 출혈 등에 사용되기도 하고, 와인, 수프, 소스와 잼과 같은 음식의 향을 돋우는 데 널리 이용되고 있다.

우리나라에 자생하는 종류로는 패랭이꽃, 술패랭이꽃, 갯패랭이꽃 등이 있고, 세계적으로 300여 종이 분포하고 있다. 꽃 색깔은 흰색, 분홍색, 자주색, 적색에서 노란색까지 다양한데 요즈음에는 복합된 색의 패랭이꽃들이 자주 눈에 뜨인다.

많은 사람들이 패랭이꽃을 좋아하는 이유는 흔히 집 주변에서 볼 수 있기 때문이기도 하지만 꽃말이 '부인의 사랑, 열렬한 사랑'으로 알려져 있기 때문이다.

일본의 술패랭이꽃은 무자(撫子) 나데시코, 즉 '현모양처'를 뜻하기도 한다.

패랭이꽃을 자신의 처지에 비유하여 고려 중기에 정습명이 지은 한시가 유명한데 그의 〈석죽화〉가 나중에 임금에게 전달되어 임금은 정습명을 옥당(玉堂)에 보임하였다는 일화가 있다.

石竹花(동문선. 권9)

世愛牡丹紅 栽培滿院中 誰知荒草野 亦有好花叢
色透村塘月 香傳隴樹風 地偏公子少 嬌態屬田翁.
(세애모란홍 재배만원중 수지황초야 역유호화총
색투촌당월 향전농수풍 지편공자소 교태속전옹)
세상 사람들 모란꽃을 좋아해, 집 안 가득 심어 가꾸는데, 거친 시골 구석에도, 또한 좋은 패랭이꽃 무더기가 있음을 누가 알리. 꽃 빛은 시골 연못에 잠긴 달 같고, 꽃향기는 언덕 나무의 바람 따라 풍겨 오누나. 후미진 시골이라 이 꽃을 즐기는 공자들이 없어, 그 교태는 결국 늙은 농부의 몫일세.

♣ 경계해야 할 꽃–양귀비꽃

5월이 되면 집 주변에 온통 개양귀비꽃이 만발한다.

양귀비의 원산지는 지중해 연안이고, 양귀비과의 한해살이 초본류이다. 덜 익은 열매의 흠집에서 나온 즙액 말린 것이 아편으로 최면, 진통제, 진정제, 지사제 등으로 써오고 있으나 양귀비 씨는 마약 성분이 없기 때문에 기름을 짜 사용하고, 씨를 털고 난 열매껍질은 앵속각이라고 하여 발한제나 해열제로 활용한다.

이처럼 양귀비는 아편의 재료가 되므로 법적으로 일반인의 취급이나 재배가 금지되기 때문에 볼 수가 없다.

요즈음 어디를 가 봐도 개양귀비꽃이 만발하여 많은 사람들의 눈을 즐겁게 해주고 있는데, 개양귀비는 아편 성분을 없애고, 꽃을 보며 즐기도록 개량한 화초이다.

꽃, 양귀비, 우미인초, 물감양귀비라고도 하며, 꽃말은 '덧없는 사랑'이다. 원래 양귀비 줄기에는 털이 없으나 개양귀비는 털이 있어 쉽게 구분할 수 있다.

양귀비라는 이름은 당나라 현종의 왕비였던 양귀비의 아름다움과 같다고 해서 붙여진 이름이다. 737년, 무혜비가 죽고 난 후 당나라 현종은 며느리인 양귀비(양옥환)를 신첩으로 삼으려 했다. 그러나 세상의 비난이 일자 양귀비로 하여금 사원에 들어가 있도록 하고, 수년이 지난 745년에야 양귀비를 후궁으로 삼게 되었다. 그리고 양귀비에게 푹 빠진 현종은 정사를 그르치며 당나라는 큰 혼란에 빠지게 되고, 안녹산과 사사명이라는 두 호족세력으로 하여금 반란이 일어나는 원인을 만들고, 당나라가 망하게 된다. 사람들은 양귀비꽃의 아편처럼 현종을 현혹시킨 양귀비와 다를 바 없다 하여 '경계해야 할 꽃'으로 지목할 정도로 앙증맞도록 예쁘지만 한편으로는 왕의 해야 할 바를 그르치게 하는 요사스러운 꽃으로 치부되기도 한다.

매년 5월을 전후로 허브뜨락에 흐드러지게 피는 개양귀비꽃들은 예전 당나라 현종에 대한 사죄의 뜻인지, 꽃이 피기 직전까지는 마치 수줍은 듯, 수심에 잠긴 듯, 가련해 보이는 듯, 고개를 푹 숙이고 있다가 일단 때가 되면 당당하게 그 자태를 뽐내고 천하일색 양귀비로 돌변한다. 마치 덜 익은 사람들(?)의 모습처럼….

그러나 아무리 황홀한 모습의 양귀비라 하더라도 역시 세월 앞에서는 힘없이 무너져 내리는 모습을 보여주기도 하지만 다른 한편으로는 위대한 생명의 씨앗, 열매가 익어가고 있다는 사실은 또 다른 중요한 의미를 지니고 있다.

허브뜨락에 피는 양귀비들은 여러 해 전, 종자를 뿌려 둔 것이 스스로 번식하여 봄이면 양귀비 꽃밭이 되는데 지금은 아까워 여린 잎은 샐러드로 그리고 씨앗은 모아 두었다가 빵에 넣어서 먹기도 한다. 양귀비는 꽃 모양도 예쁘지만 맛과 약성이 있어 우리처럼 빵에 넣어 먹거나 기름을 짜서 쓰며, 줄기는 야채로 쓰고 빨간 꽃잎은 시럽이나 술을 담는 데 쓰이기도 한다.

♣ 남편이 아내에게 선물하는 꽃-베르게니아(돌부채)

베르게니아는 쌍떡잎식물 장미목 범의귀과에 속하는 다년생 식물인데, 학명은 Bergenia Cordifolia이며, 시베리아 바위취, 히말라야 바위취, 설원화, 동설화, 설화 등 이름도 매우 다양하며 우리나라에서는 돌부채꽃으로 부른다.

지금은 매우 흔하지만 몇 년 전만 해도 꽤 귀해서 주변에서 찾아보기 쉽지 않았다.

지난 2000년 이탈리아 여행 중 지하 동굴을 구경하고 나오면서 아주 작은 실뿌리 3포기를 옮겨와 정성스럽게 앞마당에 심어놓은 것이다. 누구나 해외여행을 할 때는 나름대로의 특정한 목적을 가지고 가게 마련이다.

어떤 이들은 역사에 대해서, 다른 어떤 이들은 건축, 음식, 미술, 의상, 교육제도 등에 대해서 특별한 관심을 갖게 마련인데, 아내와 나는 식물들, 그것도 화훼류에 대한 관심이 크다. 다행인지 모르지만 관심분야가 같기 때문에 서로 정보를 교환하면서 다니다 보면 새로운 식물들을 볼 때마다 호기심이 발동하고 결국은 우리 허브뜨락에 옮겨 심고 싶은 욕망이 작동하게 마련이다.

베르게니아를 볼 때도 마찬가지이었다.

처음 모르는 식물을 발견했을 때 기쁨도 크지만 때로는 뿌리를 상하지 않도록 잘 캐내고, 그리고 모든 흙들을 씻어내고 갈무리를 해서 가지고 들어올 때까지의 일면 불안감과 그리고 설렘은 추억으로만 생각하기에는 조금 더 강한 느낌이 든다.

베르게니아 옆에만 가면 이탈리아 여행 때의 생각이 나고 가지고 들어올 때의 불안감도 함께 밀려온다. 수년 동안의 추위를 견뎌 내면서 추운 겨울나기를 연습해, 이제는 '아주 강한 허브뜨락의 식물 베르게니아'로 자리 잡고 있다.

베르게니아는 원래 원산지는 시베리아(알타이산맥), 몽고 등으로 매우 추운 지방이며, 내한성이 비교적 강한 식물로 이곳에서도 잘 견뎌 내고 있다. 특히 베르게니아는 남편이 아내에게 선물할 때 사용하는 꽃으로 꽃말이 '순응하는 아내'이다. 사랑을 담아 베르게니아를 아내에게 선물하는 남편 그리고 남편에게 순응할 줄 아는 아내가 있는 곳을 행복한 가정이라고 말한다. 때문에 함께 정원을 둘러볼 때면 베르게니아의 꽃말을 강조하곤 한다.

♣ 기다림을 가르쳐주는 꽃-리아트리스

오늘 나의 페이스북에는 화순 허브뜨락의 61번째 식구 '리아트리스'를 소개했다(2016년 7월 8일).

리아트리스를 생각하면 자주 떠오르는 인물이 이순신 장군인데 마침 오늘이 한산대첩에서 대승한 날이기 때문이다. 리아트리스가 간직하고 있는 꽃말은 '기다림과 고집쟁이'이다.

이순신 장군의 대승의 단초는 바로 기다림과 고집스러움에 있기 때문이다. 지금부터 424년 전 왜군 장수 와키사카(脇坂安治)는 정예병력과 73척의 배를 이끌고 거제도 방향으로, 구키(九鬼嘉隆)는 42척을 거느리고 그 뒤를 따라 조선정벌을 위해 쳐들어왔다. 이들을 대적해야 할 이순신 장군은 원균이 이끌고 온 7척을 합하여 모두 55척의 판옥선뿐이었다. 왜군의 안택선을 대적하기에는 터무니없이 열악한 조건이었다.

이순신 장군의 판옥선은 노꾼 110명에 전투원은 지휘관을 포함 54명에 불과했으나 왜군의 안택선은 노수 90명에 전투원 200명으로 비교가 되지 않는 규모이었다. 이순신 장군의 전략은 판옥선으로 허술한 일자(一자)진을 만들어 거짓 후퇴를 거듭하며 인내력을 가지고 기다리다가 결정적인 기회를 포착하여 적을 치는 것이었다. 이순신 장군의 탁월한 지휘 통솔과 전략 전술은 바로 조국을 사랑하는 마음에서 비롯된 고집스러움과, 때를 기다릴 줄 아는 지혜로움에서 나온 것이었으며, 그러한 하나의 승리가 바로 오늘, 즉1592(조선 선조 25)년에 한산대첩에서 대승으로 이어진 것이었다.

꽃이든 나무든 사람이든 모두가 '키움'에는기다림과 고집스러움이 필요하다. 특히 아이들의 성장과정에서 아이들을 가장 힘들게 하는 일의 하나는 부모들의 조급함이다. 아이들이 스스로 생각하고 작은 일 하나라도 스스로 하고자 하는 일을 잘 마무리하도록 하는 기다림이 필요하다.

리아트리스(Liatris)는 키가 1.5m 정도까지 자라는 구근성 숙근초이다. 학명은 Liatris spp이고 햇볕이 잘 비치고 건조한 곳에서 잘 자란다. 리아트리스의 줄기는 직립형이며 잎은 좁고 가늘며 선상 피침형인데, 꽃은 15~45cm로 길게 핫도그 형태이고 3~8개의 작은 보라색의 꽃이 모여서 핀다. 위쪽에서 아래로 내려오면서 피는데, 이삭의 중심부에 부드러운 털과 종자가 같이 붙어 있어 바람으로 종자가 날려 번식되기도 한다.

리아트리스는 테레빈향(소나무과 식물의 함유 수지)이 나는 잎과 뿌리를 가루로 만들어 인후염용 양치제, 성병치료제 등에 사용하거나 벌레 퇴치, 담배 냄새 제거제로 활용한다.

종자를 활용하여 실생 번식을 하는데, 발아를 위해서는 파종상자와 같은 곳에 파종을 하여 겨울 동안 밖에 두는 방법과 젖은 모래자루나 파종상자에 넣어 냉장고에 2달 정도 두었다가 온실로 옮겨서 발아시키기도 한다.

리아트리스는 북아메리카가 원산이며 30~40종이 있는데, 둥근리아트리스와 애기리아트리스, 방울리아트리스, 기린리아트리스가 대표적인 품종이다.

식물도 사람도 좀 더 기다리는 삶, 좀 더 깊은 관심을 가지고 들여다보면서 사랑도 애정도 지혜로움도 스스로 만들어가는 생활이 진정한 자기 "참나"를 찾는 방법이 아닐까 생각한다.

4. 허브뜨락의 수중 식물

1) 종괘못과 뜨락지

허브뜨락에는 두 개의 작은 연못이 있다.

하나는 화순군 화순읍 주도리의 수원지 역할을 하던 작은 연못이고, 다른 하나는 허브뜨락의 정원 아래에 내가 직접 만든 연못이다.

나는 이름하여 위에 있는 작은 연못을 종괘못(鍾掛池)으로, 그리고 정원 아래 연못을 뜨락지라 부른다.

종괘못은 이곳 화순 주도리를 감싸고 있는 산 이름이 종괘산이기 때문이다. 주전자바위 혹은 고동바위가 있는 종괘산은 화순읍으로부터 서남쪽으로 약 5km 지점인 바로 허브뜨락의 뒷산이다.

옛날 이곳 종괘산에는 큰 종가사라는 절이 있었다고 한다.

지금도 옛 절터에서는 기왓장이 나오고 있으며, 특히 지난 1939년에 이 마을에 사는 김○배 씨가 금동입불상을 이곳에서 발견했다고 하니 꽤 큰 절이었던 것은 사실인 듯하다. 종가사에 살던 용이 종이 울리면 승천하도록 되어있었는데, 서쪽 방향이 막혀 종소리를 못 듣게 되었고, 결국 용은 승천하지 못했다는 전설이 있다.

종괘산(374m)은 각암산(角岩山)이라고도 부르는데, 산 정상에 우람하고 뾰족한 바위가 화순 도곡 온천 쪽을 향해 서 있다.

이름하여 주전자바위, 고동바위라고도 하지만 문필봉, 남근석바위, 종괘바위, 시루떡바위라고도 한다.

이곳 주도리에 사는 나이가 든 주민들은 이 바위 아래를 지나서 도곡으로 초등학교를 다니면서 더운 여름에 갈증이 나면 마치 주전자처럼 생긴 바위 모습을 보면서 마음속으로 물을 따라 마시면서 갈증을 풀어 냈다니 참 지혜로운 사람들이었던 것 같다.

종괘산의 주전자바위를 중심으로 허브뜨락의 반대편에는 역시 유명한 도곡 온천지대이다.

화순 도곡온천은 유황이 많이 함유된 중탄산온천으로 신경통, 관절염, 피부병 등에 효과가 있다고 해서 많은 사람들이 찾아오는 온천지대이다.

인간의 삶에서 소중한 것은 역시 물과 불이다. 오랜 인류의 발전과정은 '삶의 질을 향상시키려는 근본적인 욕구'로부터 비롯된 것이며, 좀 더 안전하고, 건강하고, 편안하고, 행복한 삶을 중심으로 이루어진 것이다.

여기에서 빼놓을 수 없는 것의 하나가 물이다.

인체의 2/3가 물이며, 뇌의 74.8%가 물이다. 지구의 70.8%는 바다로 덮여있고, 육지의 평균 높이가 840m인 데 비하여 바다의 평균 깊이는 3,800m로 월등히 깊은 바닷속이다.

이처럼 많은 양의 물이 있음에도 불구하고 세계은행의 보고에 따르면 약 80개 국가가 물 부족 국가이고, 2025년경에는 지구상의 국가들 중 2/3 가까이가 물 부족으로 어려움을 겪게 될 것이라고 경고하고 있다. 심각하게 새겨 생활해야 할 문제이다.

우리 허브뜨락 주변은 종괘산 줄기로 비가 오면 물줄기들이 도랑이 되어 제법 많은 물이 흘러 내려온다.

극심한 가뭄이 아니라면 조금씩 흘러 내려오는 물줄기를 볼 수 있다. 이런저런 생각 끝에 종괘산 물줄기를 타고 흘러 내려와 유실되는 자연수를 조금이라도 아껴보자는 생각에서 뜨락지를 만들게 되었다.

인류의 발전은 자연상태로부터 먹을 것을 취하고 입을 거리와 잠자리를 해결하던 원시적 생활을 벗어났음에도 불구하고, 가장 기본적인 '물' 문제는 오직 일정한 공간에 저장하고 아껴 쓰는 방법이 예전이나 지금이나 최선이 아닌가 생각된다.

나의 작은 소망이라면 흘러 내려가는 자연수 한 방울이라 하더라도 유용하게 사용할 수 있는 방법이 있다면 그 방법을 지혜롭게 선택하고 실천하는 것이다.

2) 종과못과 뜨락지의 식물 식구들

♣ 효성의 상징-연

작은 연못에 연꽃이 그득하게 피었다.

연꽃이 며칠 전부터 피기 시작하여 오늘 아침에는 말 그대로 작은 연못에 연꽃이 그득하다. 연꽃 향기와 수려함이 집안 곳곳을 차지하고 있을 뿐 아니라 모든 사람들의 얼굴에서 웃음꽃이 덩달아 피어난다.

연(lotus, 蓮)은 쌍떡잎식물로 미나리아재비목의 수련과에 속하는 여러해살이 수초인데, 아시아 남부와 오스트레일리아 북부가 원산지이다.

연이나 수련을 영어 이름으로는 로터스라고 한다.

그러나 나일 강가에 피는 이집트인의 신성한 로터스는 수련이고 그리스 신화에 나오는 연이 식연(lotus eater), 즉 벌노랑 종류의 연이다.

연을 국화(國花)로 삼는 불교 국가들, 인도나 베트남에서는 속명 넬룸보(Nelumbo)라고 하고, 스리랑카에서는 신할리즈어(Sinhalese)로 물콩(water-bean)이라는 식물을 지칭하는 이름으로부터 유래되었는데, 특히 인도에서는 '무명(無明)을 깨치는 태양을 낳는 꽃' 혹은 생명을 낳는 존재를 산스크리트어로 연이(yoni)라 했음을 고려한다면 그 이름의 유래를 짐작할 수 있을 것 같다.

연이 출현한 것은 중생대 백악기(1억 3천5백만 년 전)로 추정되며, 공룡이 멸종해 버린 신생대 제3기(6천3백만 년 전)에는 적어도 연꽃 12종이 존재했다는 화석 기록이 보고되는 것으로 보아 매우 오랜 역사를 가진 식물임에 틀림없다.

연의 종류는 매우 다양하다.

연꽃은 단판(單瓣)과 중판(重瓣)이 있고 여러 가지 품종이 있는데 "대일경소(大日經疏)"에서 소개하는 종류로는 발두마(鉢頭摩, padma), 분다리카(芬荼利迦, pumdarika), 우발라(優鉢羅, utpala), 구물다(拘物荼, kumuda), 니로발라(泥盧鉢羅, nilotpala) 등이다.

일반적으로 붉은색의 적연과 홍연 그리고 황연이 발두마에 속하고, 백련꽃이 분다리카이며, 속(屬)이 다르지만 우발라는 수련을 의미한다.

연은 역시 불교 문화와 연계되어 많이 알려져 있는데, 부처님의 탄생을 알리려 연꽃이 피었다는 설, 극락세계에서는 모든 신자가 연꽃 위에 신으로 태어난다는 설 등이 있어, 부처상이나 스님이 연꽃 대좌에 앉는 풍습이 있다.

우리나라의 연꽃 설화는 효와 관련을 가지고 있다.

심청전에 나오는 연은 효녀 심청을 연꽃에 태워 인당수로 떠오르게 한다. '열녀와 연꽃'이라는 설화는 죽은 남편을 사모하던 과부가 연못에 핀 연꽃을 꺾어왔는데, 그 꽃 속에 남편이 들어 있어서 만났다는 내용이다.

나는 때때로 허브뜨락의 뜨락지에 핀 연꽃을 보면서 아내의 효성에 감사한다.

아내는 경기도에서 1978년에 시작한 초등학교 교편생활을 전라남도와 충청남도 그리고 광주광역시를 거쳐 지난 2015년도에 퇴직했다. 그러니까 35년 동안의 긴 세월이었지만 계속된 것은 아니었다. 언제나 자신의 적성은 교직이고 신이 내려준 직장이라고 자부하던 아내가 어느 날 갑자기 사직하겠다고 결심한 것이다.

교직을 평생직장으로 생각하면서 정성으로 아이들을 가르치던 아내가 교편생활을 그만둔다고 결심했을 때, 나는 놀랍기도 했지만 정말 마음속으로 고맙고 존경심마저 들었다.

이유는 간단했다. 어머님을 사랑하는 아내의 마음 때문이었다.

그러니까 지난 1998년도에 전라북도 익산의 시골에 홀로 계시는 어머님께서 몹시 몸이 편찮으셨다. 병원을 찾아가 진단을 받아봐도 특별한 이상이 없는데 날이 갈수록 병환은 더욱 깊어져 갔다.

그러던 어느 날 아내는 세상에 한 분밖에 없는 귀한 어머님을 그동안 모시지 못함이 언제나 마음 한구석에 죄의식으로 남아 있었음을 고백하면서 "평생 가까이에서 모시지 못하고, 만약 어머님께서 병환이 위중해 세상을 떠나신다면, 아마 영원히 후회스러워질 것입니다"라는 말을 하면서 20여 년 동안 봉직해온 교직을 과감하게 사직하겠다는 것이었다.

시기가 마침 학년 말이기 때문에 학교에도 큰 부담을 주지 않을 것이라면서 단호하게 결심을 표현했다. 놀랍고 어안이 벙벙하여 눈물이 핑 돌았다.

결국 며칠 후 아내는 정든 교단을 사직하고 곧바로 어머님 계신 시골생활을 선택했고, 나는 아이들과 광주에서 그리고 아내는 어머님을 모시고, 병간호를 하면서 익산에서의 생활을 시작했다.

아내는 익산에서 그리고 나는 두 아이들과 광주에서 생활을 한다는 것이 쉬운 일은 아니었다. 그래도 평생 가까이에서 모시지 못하고, 멀리서 죄송스러운 마음만 가지고 살아온 나에게 외롭지 않아 하실 어머님의 모습은 모든 어려움을 잊어버리도록 하기에 충분한 것이었다.

만에 하나라도, 그렇게 홀로 계시다가 병명도 모른 채 병환이 위중해 세상을 떠나신다면 가슴속에 남아있을 '죄스러움'은 평생을 잊지 못할 것이라는 마음에서 아내에 대한 고마움은 다른 어느 것에도 비할 수 없었다.

지극한 정성의 영향인지, 어머님의 병환은 점차 회복되기 시작했다. 온 가족들이 아내의 효심 때문이라고 칭찬들을 했다.

일 년여 기간 동안에 어머님의 건강은 완전히 회복되었고, 그러면서 아내의 생각은 다시 달라지기 시작했다.

건강이 회복되었다고 해서 당장 어머님 곁을 떠나올 정도는 아니었기에 옆에서 어머님을 모시긴 해야 할 것이고, 그렇다고 몸에 밴 아이들을 가르치는 교단에 대한 향수를 떨구어 버리기에는 너무나 큰 미련이 남아 있었던 것이다.

이와 같은 갈등 속에서 결국 아내는 다시 어머님이 계시는 가까운 충남교육청에서 시행하는 신규 교사 임용시험에 응시하여 합격하였고, 그리고 시골 어머님 집에서 가장 가까운 충청남도에서는 벽지학교에 가까운 충남 부여군의 세도초등학교에 다시 발령을 받아 출퇴근하면서 어머님을 모시게 되었다.

그렇게 어머님 모시면서 출퇴근하는 교직 생활을 3년여 동안 한 이후 다시 광주로 전근이 되어 내려왔고, 그리고 아내는 지난 2015년 2월까지 교단에서 젊음을 다 바쳐 후학들을 길러 내는데 헌신해 왔다.

연꽃을 보면서 나는 항상 아내의 모습을 생각하곤 한다.

지극한 효성으로 어머님을 모셨던 젊은 시절의 아내는 마치 연꽃에 앉아 있는 생부처 같아서이다.

그와 같은 내 마음을 모르는 아내는 그저 연꽃이 좋단다.

향기도 좋고, 연꽃차도 좋고, 연잎 밥도 좋아 때때로 아내가 만든 연꽃차와 연잎 밥으로 그윽한 향기를 느끼기도 하지만 그 속에 담겨있는 아내에 대한 고마움은 태산만큼이나 크다.

이미 어머님께서는 이 세상 분이 아니시지만 오늘도 작은 연못에 그득하게 핀 연꽃에서 가장 인자하셨던 어머님의 모습을 그려보면서 행복함을 느껴 본다.

세상에서 가장 사랑스러운 두 여인을 연꽃 속에 하나하나 그려 넣어 보기도 한다.

♣ 샷된 가을을 몰아내는–창포

허브뜨락에 있는 두 개의 연못 중 종괘못은 이 마을 화순읍 주도리 상촌마을의 유래와 관계를 가진 오래된 아주 작은 연못이고,

아래쪽에 있는 것은 뜨락지인데 허술하기 짝이 없지만 내 나름대로는 깊은 뜻을 가지고 만들었으며, 특히 뜨락지의 주변에는 붓꽃과 창포 그리고 조팝나무 등 수많은 종류의 나무와 초화류들이 식재되어 있기 때문에 산책하기에 가장 좋은 장소이기도 하다.

사실 인류사에서 연못에 대한 역사는 명확하지 않다.

기원전 1400년경에 만들어진 것으로 추정되는 테베의 고분 벽화에 네바문의 정원이 있다. 한가로운 정원의 풍경을 그린 벽화인데, 연못을 위에서 내려다본 그림으로 연못 안의 물고기들과 주변의 나무들이다.

연못은 못이라는 말로부터 파생된 말로서 "자연적 혹은 인공적으로 넓고 깊게 패인 땅에 늘 물이 괴어 있는 곳"을 말하며, 우리 역사에 나오는 지(池) · 소(沼) · 당(塘) · 방축(防築) 등을 모두 아우르는 말이다.

구태여 구분하자면 지는 못 자체를 가리키는 글이고, 소는 자연의 힘에 의하여 땅이 우묵하게 팬 자리에 늘 물이 괴어 있는 곳을, 그리고 당이나 방축은 물을 막기 위하여 쌓은 둑을 가리키며 못을 만들기 위하여 쌓은 둑을 지당(池塘)이라 했다.

고대사회에서는 농경지의 관개를 위한 저수지가 있고, 군사목적으로 만들어진 군용지(軍用池)가 있다.

백제시대의 벽골제(전라북도 김제시 소재)와 신라 때 것으로 알려진 의림지(충청북도 제천시 소재), 공검지(경상북도 상주시 소재)는 농업용 저수지로 대표적이며, 신라의 반월성과 고구려의 안학궁(安

鶴宮)의 수비를 위하여 성루 밑에 파놓은 해자와 안학궁에 딸린 피난산성인 대성산성(大聖山城) 속의 용수지 등이 군용지로 대표성을 띠고 있다.

그러나 문화의 발달과 함께 왕궁이나 권력자들의 저택 안에 지형과 식물의 조화로움을 위하여 물을 끌어들이기 시작한 것이 정원 연못의 유래이다. 백제 진사왕(辰斯王)이 신묘 7년(391)에 한산성 안에 못을 파고 산을 만들어 아름다운 물새를 키우고 진귀한 꽃을 심어 가꾸었다는 문헌상의 자료를 포함하여 신라 문무왕 14년(674년)에 반월성 밖에 만든 큰 연못, 안압지를 들 수 있다.

이와 같은 시각에서 본다면 허브뜨락의 자연스럽게 파이고 물이 고여 있는 것은 종쾌소이고 내가 직접 땅을 파고 물이 고이도록 한 것은 뜨락지라고 부르는 것이 올바른 칭호가 된다.

내가 아끼는 후배 김세진 광주 생명의 숲 사무처장은 식물을 아끼고 보호하는 데 선봉적인 귀한 사람이다.

단오도 얼마 남지 않았고, 향기가 독특할 뿐 아니라 우리 민족 식물자원의 하나이기 때문이라면서 창포를 가져왔다. 내가 아끼고 좋아하는 토종 창포를 가져온 후배의 정성이 갸륵해 보였다. 정성스럽게 연못 아래의 물이 조금씩 흐르는 개울가에 심었고, 이들은 이미 자리를 잡고 있는 석창포와 그리고 전혀 다르긴 하지만 노란색 꽃창포와 함께 어우러져 잘 크고 있다.

5월 단옷날과 창포는 전통적으로 인연이 깊다. 단오란 음력 5월 5일을 말하는데, 수릿날 혹은 천중절(天中節)이라고도 하며, 원래는 중국에서 시작된 풍습이었다.

중국 한대(漢代)의 문헌에 따르면 음력 5월은 장마가 시작되는 달로, 나쁜 병이 유행하기 쉽고, 액(厄)을 제거해야 하는 달(月)이었다.

그와 같은 예방조치로 단옷날에 약초를 캐고, 재액을 예방하기 위하여 창포나 쑥으로 만든 인형이나 호랑이를 문에 걸었으며, 창포주 · 웅황주(雄黃酒)라는 약주를 마셨다는 기록이 있다.

우리나라의 경우 고대 마한의 풍속을 적은 위지(魏志)와 한전(韓傳)에 의하면, 단옷날에 풍작을 기원하기 위하여 군중이 모여서로 신에게 제사하고 가무와 음주로 밤낮을 쉬지 않고 놀았다는 기록이 있고, 고려가요 동동(動動)에는 단오날을 수릿날이라 하였는데, 수리란 상(上) · 고(高) · 신(神) 등을 의미하며, 수릿날은 신일(神日) · 상일(上日)이란 뜻으로 여자들은 '단오비음'이라 하여 나쁜 귀신을 쫓는다는 뜻으로 창포를 삶은 물로 머리를 감고 얼굴도 씻으며, 붉고 푸른 새 옷을 입고 창포 뿌리를 깎아 붉은 물을 들여서 비녀를 만들어 꽂았고, 남자들은 창포 뿌리를 허리춤에 차고 다녔는데 이는 액을 물리치기 위해서라고 기록되어 있다.

또 다른 풍속으로는 양기가 가장 세다는 단오절에 아낙네들이 외출하기 전에 창포물로 머리를 감거나 목욕을 하는 풍습이 있고, 남자들은 몸에 깃들어 있는 삿된 병마를 내쫓기 위해 창포 뿌리로 담근 술을 마셨다는 풍습이 있는데 이는 창포의 향이 삿된 기운을 내쫓는다고 해서 유래된 것이다.

한방에서는 건위 · 진경 · 거담 등에 효능이 있어 약재로 이용하며, 뿌리를 소화불량 · 설사 · 기관지염 등에 사용해 왔다.

이처럼 귀한 창포가 요즈음에는 푸대접을 받고 있다.

물론 단오절에 창포로 머리를 감는 여인들도, 창포술을 마시는 남자들도 드물다.

몇몇 회사들에서는 단지 창포의 향기를 담아 샴푸를 만들어 시중에 팔고 있지만 얼마나 그 성분이 많은지 그리고 그와 같은 유래를 알고 사용하는지는 알 수 없다.

창포를 많이 사용하는 나라 중의 하나는 인도인데, 구전에 따르면 장에 탈이 난 어린아이들에게 사용되는 약초였기 때문에 늦은 밤에 창포를 사러 온 사람에게 문을 열어주지 않는 약사는 처벌을 받았다고 하는 기록도 있으며, 지금도 인도 사람들은 구토제, 흥분제, 강장제와 중풍 등 신경성 장애 증상에도 이용하고 있다.

일본에서도 행운의 식물로 인식되어 왔으며, 단오절에 집 기둥에 꽂아서 창포 향을 맡기도 했다.

창포(菖蒲)는 외떡잎식물로 천남성목 천남성과의 여러해살이풀에 속하며 학명은 Acorus calamus var. angustatus이다.

창포의 영어 이름은 칼라무스(calamus)인데 이는 갈대 혹은 줄기를 의미하는 그리스어에서 파생된 말이다.

창포는 연못가나 도랑가의 햇볕이 잘 드는 곳의 물웅덩이에서 잘 자라며, 키는 70cm 내외까지 크고 뿌리와 잎에서는 독특한 향기가 난다.

번식방법은 이른 봄이나 가을에 뿌리 나누기를 하거나 8월경에 종자를 받아 물에 3일 정도 불린 후 뿌려 실생 번식을 한다.

창포의 잎은 뿌리줄기 끝에서 무더기로 나오는데 마치 대검같이 생긴 짙은 녹색이고, 뿌리줄기(根莖)가 발달하고, 마디에서 굵은 뿌리가 만들어진다. 5~8월에 담황색의 꽃이 피는데, 짝꽃(兩性花)이다.

♣ 종족 번식을 위해 부들부들 떨어대는–부들

시골 연못가에서 흔하게 볼 수 있는 식물의 하나가 부들이다.

부들은 부들과에 속하며, 학명은 *Typha orientalis*이고, 줄기가 곧고 길며, 외떡잎식물이고 높이는 1~1.5미터 정도인데 귀찮을 정도로 번식력이 좋다.

우리나라에서는 옛날부터 여러모로 쓰임새 많은 식물이었다.

이를테면 줄기는 짚과 함께 짚신을 만드는 데, 그리고 초가지붕의 덮개를 만드는 데 사용해 왔고, 약간 넓은 잎을 잘 말려 포근한 방석을 만들어 사용했다. 우리나라뿐 아니라 마오리족들은 부들을 라우포(Raupo)라는 이름으로 전통가옥을 만드는 데 사용했다.

한의학에서는 꽃가루를 포황이라 하여 지혈이나 이뇨제로 이용했으며, 화상을 입은 환부에 부들의 솜털을 붙이면 통증이 없어지는 효능이 있다고 해서 많이 사용되었다.

물에서 사는 수생식물로 뿌리는 진흙 속에 그리고 잎과 줄기는 물 밖으로 나와 있으며, 6~7월이 되면 꽃이삭이 달리고 꽃이 피는데, 가만히 들여다보면 참 신비스러운 생리작용을 거치는 것을 볼 수 있다. 부들은 꽃가루받이를 하기 이전에는 꽃이삭의 윗부분이 수꽃이삭이고, 아래에는 암꽃이삭으로 나오는데, 이들 두 부분이 서로 수분을 하면서 부들부들 떠는 현상을 보이게 된다. 이와 같은 과정에서 수꽃이삭은 꽃가루를 다 날리고 떨어져 검은색 흔적만 남기고 암꽃이삭은 소시지와 같은 갈색 열매 모양으로 변하는데, 그 길이는 7~10cm 정도이다. 암꽃이삭이 변한 열매 안에는 하얀 솜털을 단 씨앗이 가득 채워지며 늦은 가을부터 겨울쯤 되면 열매가 부서지면서 바람을 통해 안에 들어있던 씨앗들을 멀리 퍼트려 종족 번식을 하게 된다.

어린 시절 부들을 뽑아들고 칼싸움도 하고, 특히 부들 주변에는 게를 포함해서 많은 야생의 희귀한 곤충들이 살기 때문에 좋은 관찰의 대상이었다.

작은 연못 뜨락지에는 뽑아내도 다시 살아나는 부들이 연꽃들과 조화를 이루면서 한층 아름다운 모습으로 나타난다. 물론 부들은 갈대처럼 억세지 않기 때문에 수련이나 황련들과 어울려 살아가는 모습이 좋아 보이며 특히 연못의 수질환경을 개선하는 데 중요한 몫을 하고 있다. 때때로 연못 속의 우렁이를 잡으러 오는 황새들의 보금자리를 만들어 주기도 한다.

5. 허브뜨락의 약용식물

고대 메소포타미아와 이집트 그리고 인도에서 식물을 이용하여 인간의 질병을 치료한 사례들은 다수의 연구 논문들을 통해 입증되고 있다.

3억 5천만 년 전의 화석에서 발견된 기생충, 2억 년 전의 공룡의 뼈에서 발견된 관절염으로부터 시작하여 현대인들의 암, 결핵, 심장과 혈관질환 그리고 정신질환에 이르기까지 인간의 생명을 위협하는 질환들은 인류가 존재하는 한 사람들과 함께할 것이다. 그리고 식물들은 지금까지 그렇게 해 왔듯이 사람들의 질병에 대한 예방으로 혹은 치료를 위해 활용될 것이다.

1) 질병이 주는 고난의 길

수메르인들은 기원전 3000년에서 2400년 사이 이미 도시국가를 형성하여 살면서, 밀을 가꾸고 아마를 재배하는 방식을 기록해 두었다. 병을 앓는 사람들에게 배설물들을 혼합하여 제조한 오물약(Dreckapotheke)과 아편(opium)이나 대마(大麻), 감초근(甘草根) 등의 내용약초(內用藥草), 호마유(胡麻油)를 주성분으로 한 외용약(外用藥)의 활용에 대한 기록도 있다.

이처럼 아편이나 대마, 감초 등의 식물성 약초들을 섭식하거나 각종 식물들을 목욕물에 넣어 활용하는 방식들은 그리스 · 로마,

그리고 이집트 시대를 거쳐 더욱 정교화되고 다양화되면서 인간에게 이로운 약초식물들로 자리 잡기 시작했다.

지구상의 모든 식물들은 각각의 성질과 성분이 다르며, 정도의 차이가 있을 뿐 약성을 지닌 것이 사실이다.

약용식물(藥用植物)이란 질병의 치료에 이용하는 식물로서 전체 또는 그 일부분이 사람이나 기타 동물에 대해서 어느 정도의 약효를 지니는 것을 말하는데, 현재 세계적으로는 수천 종이 그리고 우리나라에는 약 700종이 약용식물로 분류되고 있다.

주로 식물의 유효 성분, 즉 알칼로이드나 정유 그리고 지방유, 타닌 등이 포함된 것으로 초본류와 목본식물, 버섯과 같은 균류가 포함되며, 직 · 간접적으로 식용식물이나 유독식물일지라도 약으로 이용되는 경우 이에 포함되며, 약초(藥草), 약용자원 식물 등으로 부른다.

허브뜨락에는 약 100여 종의 약용식물들이 자생적으로 자라거나 혹은 별도의 뜨락을 만들어 재배하고 있는데 아내와 나는 남다른 약초식물에 대한 애정과 관심을 가지고 돌보고 있다.

그 이유는 딱 한 가지, 우리들이 건강하게 살기 위해서이다.

…… 지난 2013년 12월 우리 가정에 청천벽력과 같은 소식이 전해졌다.

아내의 암 판정이었다.

말 그대로 모든 가족들을 멘붕 상태를 만들어 놓는 소식이었다. 건강하게 학교 교사로서 아이들을 가르치던 아내가 어느 날 하혈을 한다면서 근처의 작은 병원을 방문하여 검사를 받아 보았다. 큰 병원으로 가서 정밀 검사를 받아 보라는 권고를 받을 때만 해도 별일이 있겠는가 하고 생각을 했다.

집 근처의 암 전문 대학병원을 찾아가 서둘러 받아본 검사결과는 상상을 초월하는 충격적인 소식이었다.

무려 13cm나 되는 근종암이 있다는 것이었다.

수술 일정을 잡는 것이 우선이어서 결국 가장 가까운 가능한 날로 수술 날짜를 잡았다.

아내가 근무하던 학교에도 연락하고 결국 수술하는 날이 되었고, 그렇게 시작된 병원생활과 퇴원과 정상회복의 길로 접어든 삶은 우리 가정의 생활패턴을 근본적으로 바꿔 놓았다.

아내의 수술을 계기로 허브뜨락에서의 하루하루는 감사한 시간들이었고, 건강이 얼마나 소중한 것인가를 몸으로 느껴가면서 생활하는 시간이 되었다.

이곳 생활에서 가장 중요한 신념의 하나는 "건강은 결코 선물로 주어지는 것이 아니라 내가 만들어 가는 것이다"라는 것이다.

하루하루를 어떻게 무엇으로 채워가고 있는가에 따라서, 건강과 질병 그리고 심지어는 생과 사가 결정된다. 때문에 어떤 누구의 생명이든 생명은 소중한 것이라는 신념에서 생명을 해치는 일은 하지 말 것을 결심하게 되었다.

허브뜨락에서 생산되는 식물들이 흡수하는 물질들은 결국 우리의 입을 통해 나의 몸으로 다시 들어온다는 사실을 항상 기억하게 만들었다.

허브뜨락의 식물들은 물론 모든 식물들은 자신들의 먹이를 자율적으로 선택할 능력이 없다. 때문에 각종 농약, 화학비료, 심지어는 공해 유발 물질들을 소각하여 생긴 유해 물질들까지도 구분할 능력이 없다. 때문에 허브뜨락의 식물들이 흡수하는 물질들은 곧 나의 입을 통해 나의 몸으로 축적된다는 사실을 항상 기억하면서 정성을 다해 취사선택하여 사용하고 있다.

그 이유는 아내의 병원생활을 통해서 얻은 “인간에게 먹는 음식이 곧 몸을 살릴 수도 죽일 수도 있다”라는 교훈 때문이다.

허브뜨락에서는 약이 되는 식물들에 대한 특별한 관심과 보호와 활용을 위해 약성을 지닌 식물들의 재배는 물론 활용 방안에 대하여 진지한 공부가 시작되었고, 실천하게 되었다.

사실 인간의 삶은 고통에서 시작되고 아픔은 끊임없이 계속되며 결국 고통으로 끝을 맺게 되어있다. 이를테면 천국과 같은 어머니의 태내에서 세상 밖으로 나오는 출생의 고통으로 시작하여, 어린 영 · 유아 시절, 걸음마를 배우면서 넘어지는 아픔 등 크고 작은 고통들은 삶의 여정에서 누구를 막론하고 피할 수 없는 일들이다. 그러나 그러한 아픔들이 때로는 더 큰 성숙으로 탈바꿈하는 전환점이 되기도 한다.

걸음마를 배우면서 넘어지는 아픔으로 인해 결국 제대로 된 걸음을 걷게 되는 것처럼 말이다. 질병으로 인한 아픔 또한 마찬가지이다.

그러나 생과 사를 가르는 아픔은 차원이 다른 문제이다.

아내의 고통스러운 암 진단과 병원생활은 가장 극단의 생과 사를 가름하는 아픔이었고, 때문에 나와 우리 가정의 새로운 전기를 만들어 주었다. 아내의 암 진단과 수술과 병원생활은 아내에 대한 소중함은 물론 모든 생명에 대한 귀함과 존재의 무게감을 뼈저리게 실감하도록 하였다. 뒤돌아보기조차도 싫고, 아프고 힘들었던 그날의 기억들을 되새겨 본다.

…… 아내가 수술을 마치고, 병원의 입원실에서의 첫날 밤, 핏기 없는 수척한 얼굴을 물끄러미 바라보면서, 오만 가지 생각들이 오갔다. 총기 넘치고 명랑하던 얼굴에 나약함으로 가득 찬, 생과 사가 오가는 밤이었다. 그래도 새벽은 오고 있었다.

어제와 사뭇 다른 새벽이지만 … 아내가 잠든 새벽녘 나의 발길은 병원 지하에 있는 법당으로 향하고 있었다.

…… 아무도 없는 법당 안에서 전등을 끄고 촛불을 밝혀놓고 한참 동안을 멍한 상태로 부처님을 바라보다가 무엇인지 모를 부처님과의 대화가 오가는 듯했다.

환상처럼 보이는 지나간 세월들이었다.

하염없이 쏟아지는 눈물은 가슴속에 맺혀있는 세월의 흔적들과 그 찌꺼기 같은 것인 듯했다. 한참을 그렇게 지낸 다음에야, 조금은 후련해진 가슴을 느꼈다.

그러고도 얼마만큼의 시간이 지난 후 수십 길 되는 낭떠러지 앞에 서 있는 마음으로 나는 '부처님 앞에서의 맹세'를 하고 있었다.

남은 나의 여생, 아내와 함께할 수만 있다면 나는 아내의 행복을 만들어 내는 삶에 나의 모든 지혜를 모으겠습니다.

행복은 결코 누군가가 만들어 가져다주는 것이 아님을 잘 알고 있습니다. 내가 만들어 가야 하는 행복이지만 나 혼자만의 행복은 반쪽의 행복일 뿐입니다. '아내와 함께하는 삶'이어야 합니다.

함께하는 삶 속에서 내일이 있고, 희망이 있으며, 그것이 온전한 행복임을 알고 있습니다. 함께 더불어 살아가는 삶이어야 합니다.

나와 아내의 존재가 그러하듯, 모든 생명체들의 생명이 함께 존중받아야 함을 깨달았습니다. 생명의 소중함이 무엇인가를 알 듯합니다. 나의 몸과 마음과 행동은 생각의 산물입니다.

생각을 올바르게 함은 몸과 마음을 건강하게 하는 첫걸음입니다. 긍정적이고 희망이 있는 생각으로 생활하겠습니다.

어떠한 시련이 다가온다 하더라도 …

살아 존재하는 한, 우리들의 삶은 우리들의 몸과 마음처럼, 생명을 사랑하며 모두를 소중히 여기면서 살아가려 합니다. 속으로 중얼거리듯 마음속 깊이 약속하고 있었다(2013년 12월 19일 아내가 수술한 다음 날, 이른 새벽 법당에서).

…… 오늘은 아내가 수술한 후 처음으로 환자식으로 나온 닭국물을 맛있게 마시는 모습을 보았다.

평상시에도 워낙 닭고기를 좋아했던 것은 사실이지만, 오늘 따라 아내의 국물 마시는 모습이 마치 생명수를 마시는 것처럼 보였다.

마음속으로 크게 다짐을 했다.

나중에는 나는 아내의 가슴속에 들어가 사는 닭이 되어야지, 그래서 아내의 눈이 되고, 아내의 손이 되고, 아내의 마음이 되어서, 아내가 즐겁고, 밝고, 명랑한 생활을 하도록 그녀의 손과 발 그리고 머리가 될 것이라고 생각했다(2013년 12월 22일 새벽 4시에 부처님 앞에서).

…… 한 달여 동안의 병원생활은 아내에겐 참으로 힘든 시간들이었다. 상처 난 육체의 아픔은 물론이고 자신이 병실에 누워 있다는 현실 그리고 '암'이라는 사실에 대한 불안감 등이 겹쳐 마음과 몸을 짓누르는 생활이었고, 그러한 모습들의 일거수 일투족들을 보고 있는 나의 마음은 마치 죄인인 양 하루하루를 기도하는 마음으로 지내야 했다. 하지만 그렇다고 누워있는 환자 앞에서 불안한 마음을 보일 수도, 피곤하거나 두려움이 있는 모습을 보일 수는 없는 일이다.

그저 만족스럽고 완쾌할 수 있다는 희망으로 가득 찬 표정과 대화만이 필요했다. 이와 같은 상황에서도, 아내에게서 가장 밝고 행복한 미소를 볼 수 있도록 하는 것은 정원 가꾸는 일과 관련된 대화이었다.

차가운 눈발이 날리는 겨울철이지만 아내가 하우스에서 잘 키워 가꾼 맛있는 상추를 뜯어 가지고 가면 정작 자신은 먹지도 못하면서 다른 병실의 식사하는 사람들에게 때로는 간호사에게 나누어 주면서 "이 상추는 언제 씨앗을 뿌려서 어떻게 가꾼 상추"라고 자랑하는 일은 병원생활의 점심시간에 일어나는 가장 빈번한 소통의 도구가 되어버렸다.

고통스런 통증이 찾아오는 저녁 시간이 되면 정원의 식물 식구들의 이야기가 단골 메뉴가 되어 다소나마 통증을 물리치는 지혜로움을 터득하기도 했다.

몇 년 전, 터키에서 씨앗을 가져와 발아시켜 키워놓은 세인트워터나무는 지금 심어 놓은 곳이 그늘진 곳이기 때문에 어디로 옮기는 것이 좋을 것 같다는 이야기로부터 시작된 허브뜨락의 정원 식구들 이야기는 그리스에서 달랑 한 쪽 얻어가지고 돌아와 정성스럽게 길러 낸 유카를 어떻게 하면 더 잘 살릴 수 있을 것인가에 대한 이야기로 이어진다. 그렇게 이야기를 하다 보면 어느새 한밤중이 되어 누가 먼저인지는 모르지만 이야기를 하다가 잠들어 버렸다는 사실을 그 다음 날 새벽 눈을 뜨고서야 알게 되는 것이 일쑤였다. 낮 시간은 방학 중에 이루어지는 교육 대학원의 수업을 하고 저녁에는 병실에서 아내와 대화가 이루어지는 시간이었다. 하얀 눈이 내린 한겨울에 허브뜨락의 춘호지 옆에 있는 남매나무에 꽃이 피어 한 가지를 꺾어다 주었다. 금새 병실 안이 남매꽃 향기로 그득해진다. 아내는 남매 꽃송이가 떨어질세라, 조심조심하면서도 이곳저곳 가지고 다니면서 향기를 나눠주는 그 모습이 마치 열여덟 소녀 같아 보였다.

살얼음판을 걸어가는 듯한 심정으로 나날을 보내면서도 어느덧 한 달여간의 병원생활은 끝이 났다.

오늘은 아내가 퇴원하는 날이다.

하루하루가 일 년같이 긴 시간이었다. 병원 생활하는 기간 내내 아내의 보호자로서의 생활이었기에 거의 대부분의 밤을 환자 옆에 있는 긴 의자에서 밤을 보냈다.

혹시, 배가 아픈가? 다리가 아픈가? 소화가 안 되는가?

아침에 일어나면 아내의 표정부터 살피게 되는 나날들이었다.

작은 아픔이 큰 아픔을 만들어 낸다는 진리를 알아 가지고 퇴원하는 기분이다. 작은 아픔은 아주 작은 말 한마디에서 때로는 아주 작은 나쁜 행동과, 아주 순간적인 마음의 잘못된 쓰임으로부터 시작한다.

그리고 그러한 작은 아픔들은 쌓이고 쌓여서 나중에는 큰 아픔으로, 돌이킬 수 없는 일로 커져간다. 그러한 작은 아픔이 나로부터 비롯된 것이라면, 그 아픔으로 만들어진 큰 아픔 또한 나에게 돌아온다는 사실이다.

겸손과 미덕으로 살아야 한다는 지혜를 깨닫도록 하여 주심에 진심으로 감사하면서 퇴원하는 날 아침을 맞이한다(2014년 1월 22일 아침 5시에).

병원에서 집까지 오는 시간은 자동차로 불과 10분이 채 걸리지 않는 거리이다.

그러나 그 짧은 거리, 짧은 시간임에도 불구하고 나의 머리를 스쳐 지나가는 생각들은 몇백 리를 가는 것과 같았다. 그리고 고맙고 감사한 마음은 하늘을 찌를 듯했다.

완전한 회복은 아니지만 웃으면서 퇴원할 수 있음에 진정으로 감사했다. 가장 중요한 일은 역시 건강에 대한 중요성을 인식하는 것이었다. 건강은 건강하지 않을 때 비로소 그 소중함을 알게 된다. 그러나 안타깝지만 그때는 이미 늦은 때이고 돌이킬 수 없는 때이다. 건강할 때 건강을 지키지 않으면 결국 영원히 스스로를 잃게 된다는 사실을 명심해야 한다. 건강을 지키는 일이란 특별한 행동이 아닌 일상생활을 통해서 이루어져야 한다.

나름대로 하나의 규칙을 만든 것은 '오일운동'이었다.

반드시 지킬 것 5가지를 실천하는 1일이라는 의미로서 그리고 나의 몸과 마음에 Oil을 칠하는 오일 운동이라고 명명했다.

간단히 정리하면 저녁에는 11시 이전에 취침하고, 1일 1시간씩 3번의 운동을 하며, 베풂의 생활화, 나의 꿈을 키우는 일 그리고 마지막으로 一切唯心造라는 나의 신념으로 낙관과 긍정의 마음을 가지는 일이었다.

하루하루 나의 마음은 평화롭고 나의 행동은 올바른 방향을 향하고 있으며, 생명의 존엄함을 잊지 않았는가를 확인하는 일이다(2013년 12월 28일. 토요일 아침에).

퇴원을 한 이후에도 아내는 장폐색증으로 두서너 번 응급실을 오가기도 했다. 그러나 지금껏 건강한 생활을 유지하고 있다.

아내의 건강 생활을 지켜 준 것은 아마도 오일 운동이 큰 힘이 되지 않았나 생각된다.

아내의 병원생활을 통해서 만들어진 새로운 전환점은 허브뜨락의 원예 힐링장이다.

원예를 통한 아내의 삶의 질을 향상시켜 보자는 것이었다.

결국 원예에 대한 새로운 공부의 시작이고, 원예활동의 생활화와 그리고 원예활동을 통한 새로운 꿈을 실현하는 것이었다.

다양한 약이 되는 식물들을 수집하여 심었고 일상생활에서 활용하기로 마음먹었다.

2) 질병의 고통을 막아주는 허브뜨락의 약용식물 식구들

♣ 암세포를 파괴하는 아미그달린을 지닌 나무-비파 나무

비파나무(Eriobotrya japonica)는 장미과의 상록 활엽수이며, 동남아시아의 온대, 아열대 지방이 원산지이고 한국을 포함하여 중국, 일본, 필리핀 등지에서 약용수, 과수 또는 정원수로 널리 재배하고 있다.

얼마 전까지만 해도 이곳 화순의 기온은 비파나무 재배에는 부적합한 지역이었고, 그 이유는 추운 겨울에 동해를 입기 때문이었다. 그러나 최근 아열대성 기온으로 바뀌면서 비파가 동해를 입을 정도의 기온으로 떨어지는 경우가 줄어들어 조금만 정성을 들이면 무난히 겨울을 지낼 수 있게 되었다.

청아한 소리를 내는 중국 악기, 비파는 비파나무 잎과 모양이 비슷해 그 이름을 비파 잎에서 따온 것이라고도 전해지는데, 삼국지에 나오는 조조, 당나라의 절세 미녀 양귀비, 송나라의 소동파 등이 한결같이 비파를 좋아했다는 이야기도 전해진다.

한방에서는 만병통치의 약이라 했고, 전해 내려오는 이야기로는 집안에 우환이 있으면 비파나무가 빨리 자란다고 했다. 이는 비파나무가 병을 치료해 주기 위해서라니 가히 그 영험함을 알만할 것 같다.

비파나무의 학명은 *Eriobotrya japonica*(Thunb.) Lindl.이고 장미과에 속하는 다년생 나무이다. 비파는 배 모양의 황색 열매가 달리는데, 맛있는 과일로 귀하게 여겨진다.

우리 허브뜨락에 비파를 많이 심은 이유는 약재용으로 효과적이기 때문이다. 비파의 과실과 뿌리, 나무 껍질과 잎과 꽃 그리고 종자에 이르기까지 모두를 활용할 수 있으며, 심지어는 모두를 함께 넣고 삶아 증류액을 만들어 약용으로 활용하기도 한다.

비파 열매는 수분(90.26%)이 주류인데 비파 열매의 과육에는 지방과 당 그리고 단백질은 물론 철, 칼슘, 인과 비타민 B1, C가 함유되어 있어 폐질환과 관련된 질병에 효과가 높은 것으로 알려져 있다. 비파의 씨에는 아미그달린, 우르솔산, 올레놀산, 탄닌질, 비타민 B1 등이 들어 있어 각종 암과 신장염, 고혈압, 방광염, 이뇨,

천식, 간염에 효과가 있어 한방에서는 만병에 좋은 나무로 알려져 있다. 비파 잎에는 아미그달린과 비타민 B17 등 풍부한 약리성분이 함유되어 있어 주로 차로 만들어 즐겨 마시는데, 붉은빛으로 우려낸 비파차는 몸속의 화학적 독성 분해, 내장의 유해 바이러스를 사멸시키는 효과를 볼 수 있다. 특히 비파 잎의 아미그달린 성분은 일본의 비파 연구 보고서에 의하면 암 성분을 파괴시키며 피 속에 돌아다니는 독성을 제거하여 비파차를 오래 복용하면 피가 맑아지고 혈색이 좋아져 생명이 연장된다고 기록되어 있다.

불경의 대반열반경 제9권에는 비파나무를 가리켜 대락왕수라 하였고 비파 잎을 무우선이라 기록하고 있으며 석가 또한 비파차를 즐겼다고 기록되어 있다. 대락왕수라 함은 식물의 황제라는 총칭으로 석가가 내린 비파의 별칭이며, 무우선이라 함은 어떤 병도 다스리고 치료하여 근심과 걱정을 날려 버린다는 뜻으로 그 경전에는 식물의 황제 비파의 잎과 뿌리, 열매에는 큰 치료의 기쁨이 숨어 있고, 병자가 비파의 향기를 맡으면서 나무를 만지고 혀로 맛을 보게 되면 병이 호전되어 대락왕수의 즐거움을 누리게 된다고 기록하고 있다.

비파 열매는 6월부터 7월까지 수확을 하는데, 노랗게 잘 익은 열매에는 3~6개의 씨가 들어 있고, 과육에서도 향긋한 향기를 즐길 수 있다. 비파 뿌리는 심한 불면증과 두통에 효과가 있고, 비파 꽃은 향기가 좋고 톡 쏘는 강한 향이 있어 꽃차로 즐기거나 아로마 요법으로 심리적 안정과 정신적 피로를 씻어주는 역할을 한다.

…… 지난 여름 전남 해남군에 있는 난지 식물원을 방문했다. 처음 식물원에 들어서는 순간부터 범상치 않은 곳임을 직감할 수 있었다. 마치 작지만 큰 식물원 같은 느낌인데, 오랜 역사와 전통이 있어 보였고, 전문 담당자들이 진지하게 설명해 주는 열정이 눈에 띄어 들어왔다.

이곳의 핵심연구 작목은 비파와 키위인데 주변에 그 귀한 비파나무들이 이곳에서는 즐비하고, 노랗게 익은 비파들이 여기저기 떨어져 있는 모습이 마치 외국의 첨단시설의 선진적인 한 농장을 연상시키기에 충분해 보였다.

결국 그곳의 비파 전문연구관인 박문영 씨와 인연을 맺게 되었고, 그분의 소개로 비파 종자를 소개받아 파종과 재배를 시작하여 이제 허브뜨락의 비파 동산이 하나 만들어져 재배되고 있다.

약용으로 많이 사용되는 비파뿌리는 4~5년생 정도까지는 원뿌리와 곁뿌리 그리고 가는 뿌리로 나누어져 있으나, 나이가 많아짐에 따라 곁뿌리가 발달하고, 천근성이기 때문에 가는 뿌리가 섬세하게 발달한다.

비파는 실생번식 혹은 접목으로 번식하는데, 종자파종의 경우 가을 혹은 봄에 뿌려두면 1개월 후에는 잘 발아하며 환경 조건이 적합하면 휴면기 없이, 가지와 잎, 뿌리, 꽃, 과일이 연중 생장을 계속한다. 비파 꽃은 보통 11월 상순부터 2월 하순경까지 약 4개월간에 걸쳐 피는데, 일찍 꽃핀 과일은 늦게 핀 꽃보다 추위 피해를 받기 쉬우나 과일은 크고 익는 시기도 빠르며 과일 모양, 품질이 모두 좋은 것으로 알려져 있다.

♣ 생애복지지수를 상승시켜 주는-뽕나무

아침에 허브뜨락의 가장 안쪽 깊숙한 곳에 만들어진 황칠나무 길에 심어놓은 뽕나무에서 오디를 수확했다.

허브뜨락에는 수년 전부터 슈퍼 오디나무를 삽목 번식으로 키워 여러 곳에 심어 놓아 '오디나무 길'이 조성되어 있다. 그러나 금년에는 유달리 이곳에 있는 뽕나무의 오디가 튼실하고 많이 달려 며칠 전부터 수확하기 시작한 것이다. 하루에 1~2kg씩 따다가 오늘은 엊그제 비가 왔고, 그리고 3일 동안 수확을 하지 않았기에 수확할 양이 훨씬 많다. 그래서 나무 밑에 그물망을 깔고 나무를 조심스럽게 한 가지씩 잡고 털면서 따 보았다. 물론 예전 같으면 손으로 하나씩 따다가 따는 양보다 땅에 떨어져 없어지는 양이 더 많을 때도 있었고, 어떤 경우에는 한꺼번에 몽땅 딸 욕심으로 나무를 잡고 흔들어 버릴 때도 있었다.

변화된 나의 오디 따는 기술이 그러한 욕심과 무지로 실수하는 단계를 극복을 한 것 같다. 그물망 속으로 뽕나무 열매, 오디가 톡톡 떨어지는 모습을 보니 말 그대로 오지다. 잘 익은 오디를 한 움큼 집어 먹어보니 그 당도나 씹히는 맛이 그만이다. 신선한 아침 공기와 함께 행복의 기운을 맛보는 시각이다.

농사 짓는 사람들의 진정한 행복함이 이와 같은 순간에 있음을 실감해 본다. 한 사람이 일생을 살면서 느끼는 행복의 정도는 얼마나 될까를 생각해보았다.

나는 그것을 '생애행복지수'라고 표현한다.

다시 말해 사람이 태어난 이후, 의식을 가지고 살면서 느끼는 행복을 지수화한 것이다. 그리고 평상시에 이와 같은 생애행복지수를 계량화할 수 있고 측정할 수 있다면 어떨까? 하는 생각을 했다. 추측하건대 사람들의 삶의 질과 가치의 차이는 이와 같은 생애행복지수의 정도에 따라서 크게 달라질 것으로 여겨진다.

그렇다면 그와 같은 행복지수의 차이는 어디서 연유할까?

일상적인 생각으로는 태어난 환경, 재정 능력, 건강, 인간관계 등의 다양한 요인들이 중요한 영향을 미칠 것이다. 그러나 중요한 것은 상당히 많은 요소들이 자신의 노력으로 얻어지기보다는 유전된 요소들, 특히 부모의 영향력이 크다는 것이다. 어떤 환경에서 어떤 경제수준과 사회적 지위를 가진 부모로부터 태어났느냐의 문제는 환경적 유전요인이다. 그러나 질병이나 장애를 만들어내는 유전인자를 가지고 태어났느냐의 유무는 생물학적 유전의 문제이며, 이와 같은 생물학적 유전인자의 가시적인 요인들을 우리는 '운명'적인 것으로 돌린다.

운명이란 무엇인가?

이미 내가 가야 할 길들이 정해져 있다는 것이 곧 운명의 길은 아니다. 운명이란 자연의 섭리를 이해하는 일로부터 시작된다.

왜냐하면 이미 태어나기 전부터 혹은 태어나면서 내가 가야 할 길이 운명적으로 만들어져 있는 것이 아니라 그것은 내가 태어난 순간부터 나를 중심으로 새로운 세계가 만들어진다는 것이며, 나와 주변의 모든 자연과의 조화로움을 위한 운동이 시작된다는 것이다. 다시 말하면 나라는 하나의 생명체를 중심으로 한 자연생태 조건의 변화가 일어나기 시작한다. '나'라는 생명체가 태어나면서 일어난 수많은 조건들의 변화는 가시적인 것들도 있지만 비가시적인 것들이 훨씬 많다. 공기의 흐름을 포함하여 보이지 않는 기류들이-영혼들까지도-새롭게 만들어져 흐르게 되어있다.

가시적으로는 어머니와 아버지의 사회적 · 경제적 지위와 가족 관계의 구조 변화이다. 내가 살아가는데 필요한 의식주 등의 문제들도 마찬가지이다.

비가시적인 문제들, 부모의 운명과 심신의 변화로부터 시작하여 나를 둘러싼 수많은 자연 생태계 속의 생명체 심지어는 무생물까지도 위치가 바뀌고 관계가 바뀌며 그로 인하여 나라는 존재가 생명을 유지하고 삶을 만들어 가는 것이다.

그와 같이 새로 만들어지는 자연 생태 환경 속에서 내가 존재할 수 있는 방법과 길은 바로 모든 주변의 물체들과 나와의 조화로운 관계, 섭리를 깨닫는 것이 곧 생애행복지수를 높이는 길이다.

그 이유는 모든 자연 생태계의 기본원리는 '자연 생태계의 조화로움'을 추구하기 때문이다. 나라는 존재가 어떤 자연 생태계 속에서 서로의 조화로움에 동화된다면 큰 마찰은 없을 것이다. 하지만 새로움을 만들어 내려 한다면 나를 중심으로 하는 수많은 생명체들의 파괴가 일어나고 그리고 마찰이 일어나면서 심지어는 죽느냐 사느냐의 싸움이 일어난다. 이와 같은 경우에 싸워야 할 상대와 화합해야 할 상대를 잘 구분하는 일이 조화로움을 찾는 중요한 섭리이다.

가장 가까이에 있는 나의 몸과 마음에서 어떤 길을 선택할 것인가? 그리고 무엇을 더 중요하게 여길 것인가의 문제는 나라는 개체가 어떤 특수성을 가진 존재인가를 찾아 이해하는 일이 가장 우선되어야 할 과업이다.

마음과 몸이 조화를 이룰 때 나의 육신은 건강하고 마음은 평화로워지며 행복함을 만들어 내게 되는데 이는 곧 나의 이치를 깨닫는 일이다.

가정에서 가족 간의 관계에서도 마찬가지이다.

조화로움과 그리고 행복함을 추구하려 한다면 역시 가족 구성원들 간의 어떤 관계가 조화로운 방향인가를 아는 일이 중요하다.

이해되어야 할 부분이 있고 동시에 상충되는 부분이 있음은 자연의 이치이다. 음과 양이 있고, 남과 여가 있으며, 높고 낮은 것 등이 함께 있을 때 조화와 균형이 이루어진다.

어떤 사람은 어떤 것을 더 많이 필요로 하고 선호하지만 또 다른 어떤 누군가는 다른 어떤 것을 더 선호하면서 스스로의 삶과 생명을 유지시켜 나간다.

그와 같은 원리와 섭리를 이해하는 일이 중요하다. 각자의 개성과 성격 그리고 희망과 가치를 이해하는 일이다.

지역사회나 국가 또한 마찬가지이다.

동일한 뽕나무인데 왜 금년에는 왜 이렇게 많이 열렸는가?

뽕나무가 필요로 하는 빛의 양이 풍부했고, 필요한 영양분이 충분히 공급되었기 때문이다.

농사를 잘 짓는 농부는 그러한 원리와 섭리를 잘 이해하는 사람이다. 그러하기에 더 많은 개체를 식재하려 하기보다는 적절한 장소에 적절한 개체를 심어서 더 많은 수확을 하게 된다.

자신이 해야 할 일과 자신이 서야 할 곳을 이해하는 것처럼 자신과 관계를 가진 개체들, 사람, 생명체 집단의 다른 사람들과의 관계를 자연의 섭리를 아는 것과 마찬가지로 이해하고 소통하면서 그 섭리를 찾아낸다. 그러하기에 그 사람의 생애행복지수는 커지게 마련이다.

나는 오늘 뽕나무의 오디를 수확하면서 새로운 하나의 나의 인생을 학습한다.

그렇기에 오늘 아침의 나의 스승은 뽕나무이다(2017년 6월 8일)

♣ 화순 개천사의 후예-비자나무

아침에 일어나니 많은 비가 내렸다.

제주도의 유명한 비자림을 산책하는 날이다.

서둘러 아침 호텔 식사를 마치고 설레는 마음으로 태고의 숨결을 음미한다는 생각으로 비자림으로 갔다. 가는 동안에도 비는 자주 오락가락하였다. 큰 비가 오기도 하고, 작은 비가 오기도 하고, 그리고 종종 비가 멈춰 해가 나기도 하는 전형적인 제주도 여름 장마철 날씨이다. 입장료는 1500원, 비자림 입구에서 10시 반에 시작하는 해설사를 따라 설명을 들었다.

비자나무는 피톤치드뿐 아니라 다른 좋은 향기를 뿜어 내기 때문에 많은 사람들이 선호한다.

비자나무는 암수가 다르며, 입구 쪽에 있는, 벼락 맞은 비자나무는 암수가 동체로서 벼락과 같은 큰 재난이 있었음에도 불구하고 수백 년을 살아오고 있다는 설명이다.

작게는 20~30년에서 길게는 900년 가까이 살아온 비자나무들이라는데 참으로 대단한 숲이었다.

한 사람의 인생은 길어야 백 년인데….

오랜 역사 속에서 건강히 꿋꿋하게 살아온 비자나무들 앞에서 나는 자꾸만 작아지는 느낌이 든다. 인생이 길다 해도 이러한 나무들에 비하면 참으로 짧은 섬광이 비치는 찰나에 지나지 않는 것이다. 허나 비가 많이 와서 가장 짧은 코스로 그것도 비를 피하기 위해서 앞만 바라보면서 아쉬운 여행을 마쳐야 했다.

그리고 다시 1112번 도로를 타고 오다가 92번 고속도로를 타고 서귀포 쪽으로 나와 중간 지점에 있는 제주 허브동산에 도착했다.

간단히 점심식사를 마치고 입장료는 7,000원씩 하는 허브 동산을 둘러보았다. 아기자기하게 잘 정리되고 가꾸어진 허브 농장의 모습이 마치 우리 가족들을 맞이하기 위해 준비된 것처럼 정리되어 있었다. 계절 또한 허브들의 향을 만끽하기에 아주 적합한 시기이기 때문에 마음껏 감상할 수 있었다. 똑같은 허브동산이지만 지난번 늦은 가을에 왔을 때만 해도 제철이 아닌 허브동산은 황량하기 이를 데 없었다. 그러나 가족과 함께 그리고 여름 허브철에 방문한 이곳은 전번에 와서 본 것과는 비교도 할 수 없을 만큼 만족스러웠다.

무려 3시간을 쉼 없이 감상할 수 있는 감상 거리들이었고, 이곳의 몇 가지 특징들로는 자연 지형지물을 그대로 최대한 활용하였다는 점, 돌을 활용하여 경계를 구축하였고, 바닥은 금잔디를 중심으로 설치하였으며, 구분된 섹터별로 단일종을 심어 아기자기하게 만들어 놓았고, 군데군데에는 다양한 조형물들을 설치하여 의미를 부여하고 이야깃거리를 만들어 내도록 구상하여 놓았다는 점이 좋았다. 이곳에서 생산되는 각종 허브들은 다양한 소재들의 특수성을 감안하여 일상에서 필요한 제품들을 제조하여 판매하는 코너가 있다는 점에서 아주 인상적이었다.

가만히 생각해 보았다.

허브뜨락도 구획을 정하여 각각 허브 종류별로 구별하여 재미있는 이야기를 만들어 낼 수 있는 식물들과 시설물을 기존의 돌들을 잘 활용하여 만들어 가도록 하자는 생각이 든다.

특히 기존의 식물 자원들을 정리 정돈해서 질서 있게 배치해 보자는 생각이 문득 스쳐 지나간다.

이처럼 좋은 생각은 꼭 골똘히 생각해서 나오는 것만은 아니다.

순간적으로 스쳐 지나가는 좋은 생각을 잡아내는 일이 중요하다.

비자(榧子)나무의 학명은 Torreya nucifera이고, 늘푸른바늘잎나무로 한국과 일본 남부가 원산지이다.

4월에는 수꽃과 암꽃이 따로따로 피며, 수꽃은 둥근 달걀 모양으로 잎겨드랑이에 달리고, 암꽃은 가지 끝에 2~3개씩 달리며, 수정된 꽃은 다음 해 9~10월에 자줏빛이 도는 갈색의 솔방울로 달린다.

비자(榧子)란 가을에 익은 열매의 껍질을 벗겨 낸 열매를 말하며, 맛은 달고 성질은 평하며, 기생충을 구제하고 대변이 잘 나오게 하며 기침을 멎게 하는 것으로 알려져 있다.

비자나무는 목질이 단단하고 재질이 좋아 가구재 · 바둑판 · 장식재 · 조각재 · 토목재 등으로 많이 이용될 뿐 아니라 공해에 강하므로 가로수로 적합하다.

허브뜨락에서는 지난 2003년 인근에 있는 개천사 주지스님께서 주신 비자 씨앗을 가져다 파종하여 키운 비자나무가 20여 주 자라고 있다. 화순 개천사 비자나무 숲은 이곳 허브뜨락에서 남쪽으로 10여 km 떨어진 곳에 자리 잡고 있는데, 대한민국의 천연기념물 제483호로 지정된 숲이다.

화순군 개천산과 천태산, 개천사 주변에 있는 비자나무들의 숲으로 가장 오래된 비자나무는 수령이 400년 정도로 추정되며, 수고 16.0m, 흉고둘레 3.5m에 달하고 수관폭은 18.4m에 이르는 노거수로 보존가치가 높다.

이곳 비자나무에서 채취한 비자나무 열매는 구충제로 효과가 있을 뿐 아니라 기름을 짜서 식용으로도 사용되고 있다.

♣ 폴란드의 추억이 있는 안토시아닌의 보고-아로니아

허브뜨락을 중심으로 수십 주의 아로니아(aronia)가 식재되어 있다. 자두나무길의 가로수도 아로니아이다.

아로니아를 이렇게 많이 심은 이유는 아로니아의 성분이 여러 가지 약성을 지니고 있기 때문이며, 동시에 이곳 토질에 적합하기 때문이다.

아로니아는 북미 원산의 장미과의 아로니아속으로 학명은 Aronia melanocarpa이며, 약 200년 전에 유럽으로 전해져 널리 재배되기 시작한 수고가 낮은 관목성 소과류의 식물이다.

아로니아 초크베리(choke-berry)라고도 부르며, 레드 초크베리와 블랙 초크베리 그리고 퍼플 초크베리 등 3가지의 베리 종류를 합쳐서 부르는 이름으로, 신이 내린 열매, 베리 중의 왕이라고 하여 킹스 베리라고도 한다.

아로니아의 주 생산국가는 폴란드(세계 생산량의 80% 이상)이다.

아주 오래전 폴란드를 여행한 적이 있었는데 폴란드인들이 일상생활에서 즐겨 마시는 음료 중의 하나가 곧 아로니아 음료이고, 아침식사로 아로니아 빵과 아로니아 주스를 즐겨 먹는 모습을 보고 실제로 따라 해보니 속이 편안하고 상쾌한 기분이 다른 음식들과 많은 차이를 느낄 수 있었다.

폴란드 농촌의 농장들은 옥수수와 사과나무 그리고 딸기와 아로니아 등으로 유명한데, 기온이 30℃를 넘는 고온이면서 건조하여 아로니아 재배에 적합하기 때문이다.

폴란드의 명물 아로니아는 완전 농축액으로 만들 경우 당지수가 무려 68브릭스까지 올라가며 생과에서 느끼는 떫은맛이 사라진다는 것이 중요한 판로 개척의 장점이었다.

폴란드에서 맛본 아로니아를 기억하면서 그리고 그들의 밝고 건강한 모습들이 아로니아의 효과가 아닌가 생각하면서 이곳 허브뜨락에서도 나름 친환경 재배방법으로 식품과 의약품으로 각광받는 항산화물질이 그득한 아로니아를 이곳저곳에 집중적으로 심게 된 것이다.

허브뜨락의 아로니아 재배는 지난 2013년으로 거슬러 올라간다.

아로니아 재배를 위하여 약 50여 주를 구입하여 식재한 이후 지난 2015년에는 직접 식재한 아로니아 나무에서 신생지를 채취하여 삽목 방법으로 처음 구입한 10배에 해당하는 500주의 새 묘목을 양산해 냈다. 그중 반은 지인들에게 나누어 주고 약 200여 주를 허브뜨락 주변에 식재하여 지금도 잘 자라고 있다.

아로니아나무에 열린 검은 열매를 따 우유와 함께 갈아 마시는 아침 기분은 폴란드에서의 아로니아 주스 마시던 상쾌한 기분 그 이상으로 즐겁고 행복함을 느끼게 하고 있다.

안토시아닌이란 꽃이나 과일, 곡류의 적색, 청색, 자색, 검은색을 나타내는 플라보노이드계의 수용성 색소이다.

겉으로는 검게 보이지만 검은색이 아니고 짙은 붉은색이나 진보라색에 가깝다. 안토시아닌은 식물들에게는 곤충이나 조류를 유인해 화분의 수정 및 종자의 전파에 기여하며, 사람에게는 다양한 생리활성 기능을 돕는 것으로 밝혀져 있다. 아로니아에 함유된 대표적인 폴리페놀에는 안토시아닌(anthocyanin)과 프로안토시아니딘이 있으며, 안토시아닌은 항암 · 항산화 효과가 있기 때문에 많은 관심을 불러 모으고 있다.

폴리페놀은 지방질의 산화를 방지하는 항산화 작용을 하기 때문에 기미 개선, 노화억제, 시력개선에도 효과가 있다.

안토시아닌의 효과는 그 외에도 콜레스테롤 저하와 항당뇨 작용, 신장강화 등에 효과가 있는 것으로 알려져 있다.

이처럼 건강에 좋은 것으로 알려진 아로니아가 국내에서 생산되기 시작한 것은 오래전의 일이 아니지만 그 생산량이 급증하여 현재 국내생산량의 증가 추세대로라면 머지 않아 폴란드 생산량에 가깝게 생산될 수 있다는 예측이다. 건강 음료의 생산이 증가되는 것은 바람직하지만 재배농가들의 생산과잉에 따른 가격저하 등의 문제는 깊이 생각해야 할 중요한 문제이기도 하다.

안토시아닌, 카데킨과 클로르겐산, 탄닌, 베타카로틴 함유량이 풍부하고 그래서 중세 유럽에서는 왕족과 귀족들이 여러 질병의 치유를 위해서 만병 통치약으로 생각하던 아로니아이다.

그러나 아로니아에는 '탄닌'이라는 쓴맛과 떫은맛을 내는 강한 성분들이 많이 함유되어 있어 심지어는 새와 들짐승들이 덜 익은 아로니아를 먹고 질식해 기절한다는 사실을 간과해서는 안된다.

아로니아를 과량 복용하거나 원액을 그냥 마시는 경우 구역질, 복통, 어지러움이 발생할 수 있고, 저혈압 환자들에게 치명적인 문제를 만들어 낼 수 있음에 주의를 요한다.

♣ 인체에 무해한 방부제-옻나무와 개옻나무

허브뜨락의 남쪽 끝자락에는 옻나무와 황칠나무길이 있다.

옻나무 길에는 비슷한 붉나무와 개옻나무 그리고 가죽나무를 형태와 성질을 비교하기 위해 몇 나무씩 무리지어 심어 놓았고, 그 옆에는 황칠나무를 가로수로 심어 잘 자라고 있다.

옻[乾漆]나무는 학명이 Rhus verniciflra Stok이고, 옻나무과(Anacardiaceae)의 낙엽활엽교목이다.

시장 골목을 지나다 보면 옻나무와 관련된 상가들을 심심치 않게 볼 수 있는데, 가장 대표적인 것이 옻닭 집이다. 옻나무와 닭을 함께 삶아 요리를 하는 집으로 옻닭은 몸보신용으로 많이 선호되는 메뉴이기도 하다. 그러나 몸보신을 잘 못해 옻이 올라 고생하는 사람들도 종종 볼 수 있다. 옻나무는 매우 유익한 나무이면서도 그만큼 조심해서 다루어야 하는 나무이다.

옻나무는 150~450m 고지의 비탈이나 서늘한 곳에서 서식한다. 이른 봄에 나오는 푸른 새순은 뜨거운 물에 데쳐서 물에 담가 독성을 우려낸 뒤 나물로 먹는데 고급식품 중의 하나이다. 나 또한 시골 허브뜨락에서 사는 혜택으로 옻나무를 비롯하여 음나무, 오갈피나무의 새순을 얻어 먹을 수 있는 행운을 가지고 있는데,

먹을수록 감칠맛을 느낄 수 있다.

옻은 잎줄기에 길이 7~20cm 정도의 잎이 9~13장씩 어긋나기로 홀수로 달리는데 특징의 하나가 깃털 모양으로 잎의 끝부분은 갸름하고 꼬리처럼 뾰족하고 가장자리는 밋밋하다. 가을이 되면 처음에는 노란색으로 물들기 시작하여 가을이 깊어지면 붉게 물드는데, 투명하고 예쁜 옻나무 단풍은 다른 어떤 단풍에 뒤지지 않을 만큼 아름답다.

6월이 되면 봄철에 잎이 달렸던 자리에 연한 노란 녹색으로 꽃이 피는데, 원뿔처럼 된 꽃대가 나와 끝마다 꽃이 암꽃과 수꽃이 한 나무에 피거나 한 송이의 꽃에 암술과 수술이 함께 나오기도 한다. 암꽃은 끝이 3갈래로 갈라진 1개의 암술이 있고, 수꽃에는 5개의 수술이 있다. 꽃잎은 5장이다. 꽃받침 잎은 5갈래이며 녹색을 띤다.

봄철이면 옻나무 주변에만 다녀왔을 뿐인데, 옻이 올라 고생하는 사람들을 볼 수 있는데, 이는 옻나무 꽃의 꽃가루가 날려 나타나는 현상이다. 단풍이 들 10월 즈음에 단단한 핵으로 싸인 노란 색깔의 씨앗이 약간 납작하면서 둥글게 열리는데 그 수명은 5년 정도 된다.

옻나무에는 유독 물질인 우루시올(Urushiol)이라는 성분이 있어 옻을 유발시키는데, 우루시올은 락크효소(Laccase)의 작용에 의하여 공기 중의 산소를 흡수하여 검은 수지 모양이 되며, 사람에 따라서는 스치기만 해도 심한 알레르기를 일으키고 습진을 악화시키기 때문에 주의를 요한다.

그러나 독성이 있는 만큼 약성도 많고 유익하다.

생약명으로는 건칠(乾漆) 또는 칠사(漆渣)라고 하며 나무껍질을 약재로 쓰는데, 여름철에 채취하여 한지를 깐 질그릇에 마른 것을 넣고 한지로 덮어 한지가 누렇게 탈 정도로 가열한 것을 사용하거나 닭과 함께 고아 먹는다. 뭉친 피를 풀어주며 살균효능이 있기 때문에 어혈이나 식체, 위장병, 신장 결석, 간 질환, 골수염, 관절염 등에 좋은 것으로 알려져 있다.

옻나무의 효용가치는 매우 큰데 가장 유용하게 사용하는 것은 옻칠이다. 4년생부터 10년 된 옻나무 줄기에 상처를 내어 옻을 채취하는데, 옻칠이 최고의 도료로 활용되는 이유는 어떤 조건에서도 방부가 잘되고 변색이 되지 않기 때문이다.

우리 조상들은 일상생활에서 인체에 무해하면서 강도가 높고, 방부성, 내열성이 강한 성질을 갖고 있는 옻나무의 수액을 이용하여 목재나 대나무, 금속, 도자기, 천, 종이 등 다양한 공예품을 만들어 사용하는 지혜를 가지고 있었다.

충남 아산 남성리 석관묘에서 출토된 옻칠 조각들과 1971년 발굴된 무령왕(462~523년)릉 두침과 족좌, 목재 관 등에 사용된 옻칠은 장례문화를 고증하는 데 중요한 자료로 활용되었다.

원삼국시대 것으로 추정되는 동검의 칼집 옻칠과 흑칠(黑漆) 용기, 신라시대의 목심칠기(木心漆器)나 피죽(皮竹)으로 짜거나 삼베로 짠 용기에 겹겹이 발라 만든 칠기 공예품과 고려시대의 나전칠기는 빛깔과 광택의 어우러짐이 아름다움의 극치를 이루고 있는데 일상생활에서의 생활모습들을 추정하는 데 큰 도움이 되었으며, 고구려와 백제 시대의 고분벽화에 칠기를 사용한 고분벽화 등도 바로 옻칠 덕분으로 원형을 유지할 수 있었다.

옻나무와 매우 비슷한 개옻나무가 있다.

옻나무와 동일한 옻나무과의 나무인데, 학명은 Rhus trichocarpa이다. 개옻나무는 산기슭이나 중턱에서 자생으로 자라며, 어린 가지는 붉은색을 띠면서 갈색 털이 많이 나 있다. 나무껍질은 회갈색이거나 회백색으로 세로로 줄이 있으며, 어긋나기로 나는 잎은 털이 나 있고, 잎의 가장자리가 밋밋하며 끝이 뾰족하고 잎자루는 짧고 붉어 옻나무 잎과 비교된다. 꽃은 암수딴그루로 5~6월에 피는데, 황록색이고 역시 갈색 털이 빽빽하게 나며 꽃받침, 꽃잎, 수술이 5개씩이다.

개옻의 열매는 동글납작하며 핵과로 이른 가을, 10월 즈음에 황갈색으로 익는데 가시 같은 털이 많다. 주로 옻나무와는 줄기, 잎, 꽃, 열매에 많이 나는 털로 구별한다.

옻나무의 원산지는 중국이지만 우리나라의 기후풍토에 적합하여 함경북도를 제외한 전국에 걸쳐 분포되어 있으며, 옻나무와 개옻나무 외에도 덩굴옻나무, 붉나무, 검양옻나무 및 산검양옻나무 등의 6종이 생육하고 있는 것으로 알려져 있다.

한국에서 자생하는 옻나무 수액에는 우루시올이 주성분이지만, 타이완과 베트남의 옻나무에는 라콜(laccol)이, 태국과 미얀마의 옻나무 수액에는 팃시올(thitsiol)이 주성분을 이루고 있다.

♣ 부귀영화를 불러들이는 나무-가죽나무와 참가죽나무

가죽나무에는 두 종류가 있다. 하나는 소태나무과의 가죽나무로 일부 지역에서는 개가죽나무라고도 한다. 다른 하나는 생김새가 비슷한 구슬나무과의 참가죽나무이다.

가죽나무는 가짜 중나무란 뜻의 가중나무(假僧木)에서 유래된 것으로 가중나무라고도 하는데, 학명은 *Ailanthus altissima*이다.

원산지는 중국인데 한국을 포함하여 몽골, 일본, 유럽 등지에 고르게 분포되어 있는데 이는 척박하거나 추운 지방 등을 가리지 않고 잘 자라기 때문이다.

줄기가 밋밋하고 가짜 대나무라고 할 정도로 곧고 바르게 크며, 키는 27m 정도로 크게 자란다. 잎 표면은 녹색이고 뒷면은 연한 녹색으로 털이 없으며, 꽃은 단성화로 원추꽃차례를 이루며 6월에 백록색의 작은 꽃이 핀다. 열매는 적갈색으로 프로펠러처럼 생긴 날개 가운데 1개의 종자가 들어 있다.

비슷한 나무로 참죽나무가 있다.

진짜 중나무란 뜻의 참중나무(眞僧木)에서 유래된 것으로 채식을 하는 스님들이 나물로 먹던 나무인데, 멀구슬나무과에 속한다. 모양이나 성분들이 가죽나무와 비슷하지만 가죽나무에 비하여 참죽나무는 껍질이 거칠고 터실터실하며, 속 피질은 붉은빛을 낸다.

옛날 모내기 철이 되면 시골의 아낙네들은 논으로 밭으로 부엌으로 정신없이 돌아다녀야 하는데, 이때 손쉽게 구해서 해먹을 수 있는 나물의 한 가지가 바로 참가죽나물이다. 새순이 날 때 즈음에 연한 새순을 따서 나물이나 쌈으로 먹을 수 있고, 즉석 요리가 가능했기 때문이며, 새순을 따서 말려둔 잎들은 나중에 참죽자반이나 장아찌 등으로 요리해 먹는데 향이 독특하고 맛도 좋아 한국의 전통적인 식품 중의 하나이었다.

참죽나무 잎은 맛이 쓰고 독이 약간 있는데, 단백질, 비타민B1, 비타민B2, 비타민C, 칼슘, 마그네슘 등을 함유하고 있어 식용할 경우 영양이 풍부한 식품이다.

참죽나무의 약성은 소염, 해독, 살충의 성분이 있어 장염, 이질, 종기 등을 치료하거나 항염항균작용이 있어 폐렴구균, 장티푸스균, 이질균, 포도상구균, 대장균, 곰팡이균 등을 억제시키는 작용이 있다. 특히 나무의 뿌리나 줄기의 껍질을 3~6월 사이에 채취해 건조한 후 사용하는데, 성질이 차고 맛은 깔깔하면서 매우 쓰고 독이 있지만 열을 내리게 하거나 지사, 지혈 등의 효능이 있어 만성 이질이나 설사, 혈변 등에 사용하며, 최근에는 피부 재생에 효과적이어서 기능성 화장품의 원료로 이용되고 있다. 그러나 참죽나무의 순은 물론 줄기와 뿌리, 껍질 등은 소화기가 평소 좋지 못한 사람이 복용하면 복통과 설사를 유발할 수 있기 때문에 과용하지 않도록 주의해야 한다.

참가죽나무와 가죽나무는 전통적으로 좋은 목재로 활용되어 왔다. 속 피질이 붉은빛을 내며 문양이 아름답고 목질이 단단하기 때문에 특히 고급 가구들은 참죽나무로 만들어 사용한다. 목질이 좋을 뿐 아니라 잡귀를 몰아낸다는 속설과 부귀영화를 가져다준다는 속설과 전통 때문이다.

허브뜨락의 명패도 문양이 아름다워 이 나무를 사용했다.

♣ 자기 몸을 보호하기 위해 삼지창을 든-황칠나무

최근 황칠나무를 재료로 하는 상품들이 심심치 않게 거래되고 있는데, 황칠나무에 천연 항산화제로 사용되는 a-토코페롤(a-Tocopherol)과 사포닌 성분 등 항산화 효과(노화방지)가 있기 때문이다.

황칠나무로 만든 황칠차와 화장품 등이 대표적이지만 그 외에도 황칠식품들도 유행을 타고 있는데, 대부분 면역력회복, 간 기능개선 등 다양한 효능이 있음을 강조하고 있다. 그러나 전통적으로 황칠나무의 활용은 식품이 아닌 공예품을 만들 때 색을 칠하거나 표면을 가공할 때 사용하는 도료이었다.

황칠나무의 학명은 *Dendropanax morbifera* LEV이고, 두릅나무과에 속하며 남부지방의 해안가와 섬에서 흔히 자라는 상록활엽교목으로 한국이 원산지이다. 다 자란 황칠나무는 높이가 15m에 달하며 수피는 회색으로 껍질 눈이 있으며 노목은 가늘고 얕게 세로로 갈라진다. 황칠나무는 잎이 특이하다. 어릴 때는 3~5개로 갈라져 마치 삼지창의 형태를 하고 있는데 자란 후에는 잎 가장자리가 밋밋해진다. 일설에 의하면 황칠나무를 삼지창 나무라 하면서,

어린 나무가 스스로 자신의 생명을 유지하기 위하여 외부의 공격에 대한 '전투태세'를 취하는 나무라고 말한다.

황칠나무는 6~8월 중순에 연한 황록색으로 암수한꽃으로 피며, 9월 말~11월에 흑색으로 열매가 익어간다.

황칠에 사용되는 나무의 진액은 열매가 열리기 전인 8월에서 9월에 채취하는데 옻칠과 마찬가지로 나무 표피에 상처 내서 노란 액체(진액)를 모아 활용한다. 황금색을 내는 우리의 전통 도료 황칠은 다른 도료와 비교하여 진정효과를 지닌 안식향이 들어있고, 건조나 부착성이 뛰어나기 때문에 목재뿐 아니라 금속, 유리 등에 광범위하게 쓰이고 있다.

조선시대 전라도 섬 지역에서는 이처럼 귀한 황칠나무가 어느 정도 자라면 베어 버렸다는 기록도 있다. 왜냐하면 상납을 강요하는 궁중의 폭정에 견디기 힘들고, 살아남기 위한 수단이었다고 한다.

황칠을 이용하는 기술의 발전과정에 대한 구체적인 내용들을 찾기는 그리 쉽지 않은 일이다.

천수백 년에 걸쳐 갈고닦아온 기술이기 때문이다.

옻나무나 황칠의 가치가 나무나 금속에 칠해져 부패되지 않으면서 그리고 새로운 아름다움을 재창조하는 것이라 한다면 역시 그러한 가치를 실현하는 것은 인간의 지혜로움에 의해서이다.

인간은 그와 같은 지혜를 스스로 만들어 내는 존재라는 점이 다른 것들과 다른 점이다. 때문에 인간이 인간적이라 함은 스스로 끊임없이 자신의 가치를 생각하면서 실현해 가는 존재, '가치 창조적 · 실현적 존재'이어야 한다.

'가치'를 찾아내고 실현하기 위하여 각자의 유전인자들–생물학적 유전인자뿐 아니라 문화적 유전인자까지의 모든 물려받은 인자들–을 성장과정과 자신이 처한 물리적, 심리적 환경에 연계시켜 개발하고 활용해 나가야 한다. 때로는 스스로 결정한 가치를 스스로 부정하기도 하고, 올바르지 못함을 찾아내면서 끊임없이 수정하고 새로운 자기를 발견하면서 새로운 자기를 만들어 가도록 조장하고 권장해야 한다. 때로는 실패와 좌절에 당면해서 나약하고 무너져 내려가는 듯한 자신을 경험하면서 스스로 해결하는 방법을 찾아내기도 하고, 새로운 건강하고 행복한 삶을 살아갈 수 있는 힘을 만들어 내는 지혜를 갖도록 해야 한다.

인간은 끊임없이 새로움과 신비로움을 찾아가는 존재이다.

인류의 역사는 그와 같은 새로움과 신비로움을 추구해온 족적들이며, 때로는 부질없는 것처럼 보이는 일에 생명을 걸기도 한다.

가장 나약한 존재로 태어난 인간이 만물의 영장으로 성장하고 발전해온 배경을 찾는다면 아마도 끊임없이 새로움과 신비로움을 찾는 일을 동경하는 삶에서 비롯된 것이 아닌가 생각된다.

이처럼 경이롭고 신비한 인간은 말 그대로 오묘하면서 매사에 성공할 수 있는 가능성을 지닌 존재이다.

신비롭다, 즉 "심오하여 말할 수 없다"라는 의미는 나의 의식과 영혼과 그리고 삶에 있어서, 즉 인간 내면의 세계는 너무나 심오하기 때문에 말할 수 없다는 의미이다.

옻나무에 대해서 혹은 황칠나무에 대해서 조상들의 지혜를 분석하고 그리고 그 위에 무엇인가 하나의 덧칠을 하는 새로운 창의력을 가질 수 있다면 그는 스스로 바람직한 삶을 살아가는 사람이며, 새로운 신비로움을 만들어 내는 사람이다.

산책길에 잘 자라고 있는 황칠나무와 옻나무를 보면서 잘 자라서 각기 좋은 역할을 충실하게 해주기를 바라는 '마치 그들의 삶의 주인인 것처럼' 갑질을 해본다.

♣ 혈액 개선과 정화에 좋은 식물–선인장

2014년 9월 18일 제주도 서귀포 선인장 박물관을 방문했다.

제주도 서부 농업기술센터의 기술담당관의 설명에 의하면, 이 지역에 자생하던 선인장(백년초)을 육지 사람들이 약용으로 구매해 가는 현상을 보고 집중적으로 재배하기 시작하여 지금은 백년초 분말과 각종 식품소재를 개발하고 있다고 한다. 결국 주변에 자생하는 식물을 고급의 식품 원료로 활용하는 사례의 하나이다.

선인장이 출현한 내력은 정확히 알기 어렵지만 칠레의 고고학 사이트에는 15,000년 전이라는 주장이 있고, Flannery의 논문에 의하면 아메리카 원주민이 7,500~5,000년 전부터 손바닥선인장, 아가베, 아열대 과일 등을 재배했을 것으로 추정하고 있다.

구체적인 기록으로는 14~16세기 멕시코의 아즈텍(Aztecs) 제국에서 원예작물로 옥수수와 함께 재배한 것이다.

선인장(仙人掌, Cactus)은 생명력이 강해 전 세계적으로 재배되고 다양한 용도로 활용되는 식물인데, 진화 과정상 원시적인 나무에서 잎이 퇴화하고 줄기가 비대해져 지금의 형태로 변화된 것으로 알려져 있다.

선인장은 그 모양과 크기 그리고 생육형태가 천차만별로 현재 125~130속 1,400~1,500종에 이르고 있으며, 다육식물에 속함에도 불구하고 특별히 선인장으로 구별하는 이유는 줄기나 잎이 비대하여 저수조직이 발달한 특징 때문이다.

선인장은 생장점에 해당되는 가시자리(Areole)라는 부분이 있는데, 이곳 가시자리에서 꽃, 자구, 모용, 가시 등이 생성됨으로써 다른 식물들과 큰 차이를 보여 준다.

선인장을 번식하는 방법은 종자번식을 포함하여 삽목번식, 접목번식, 자구분주 등의 방법이 활용되는데, 역시 자구분주 방법이 가장 수월하게 할 수 있는 방법이다. 선인장 종류에서 가장 일반적으로 재배되는 종류는 천년초와 백년초인데 이들은 여러 면에서 차이가 있다.

허브동산에서 기르는 종류는 천년초인데 약효와 가치 면에서 월등한 우수성을 가지고 있기 때문이다. 우선 천년초는 내륙지방에서도 자생이 가능한데, 이는 영하 20도의 혹한에서도 견딜 수있다. 천년초 선인장의 모양은 타원형으로 옆으로 뻗어나가는 식물이고, 열매는 빨간색으로 단맛이 나며 한곳에 무수히 많은 잔가시들이 박혀 있다.

그러나 백년초는 제주도에 많이 자생하는 선인장으로 멕시코가 원산지이며 추위에 약해 내륙지방의 노지재배는 어렵다. 백년초의 잎은 길쭉한 타원형이며 위로 자라는 속성을 가지고 있으며, 열매는 자주색으로 신맛이 나고 가시는 바늘처럼 생긴 침형이다.

천년초에는 플라보노이드 함유량이 많고, 점성이 강한 물질 즉 복합 다당체가 비교적 많이 함유되어 있어 뇌 혈관계 기능을 활성화시키고, 천년초의 줄기에는 점액질이 많아 위벽보호와 관절염 보호, 장내 유해 요소 청소에 도움을 준다.

천년초의 열매는 혈액의 개선과 정화에 그리고 뿌리는 혈액순환, 불면증, 심장병 등에 도움이 되며, 뿌리는 고추장, 된장 등 발효식품 등으로 활용되고 있다.

♣ 미라의 방부제로 사용된-알로에

몇 해 전, 카타르와 그리스, 이집트 등을 여행하면서 지천에 널려 있는 알로에를 보았다. '한국에서는 그토록 귀하게 여기는 식물들인데'라고 생각하면서 일부러 잎을 따 손등에도 비벼 발라보고, 얼굴에도 발라보던 생각이 난다.

끈적끈적 달라붙는 흡착력이 역시 야생에서 자란 녀석들이어서 강하면서도 부드러웠다. 어떤 식물들이든 자연 상태에서 크고 자란 식물들이 제대로 자신의 특수성을 발휘하는 것이라 생각했다.

지난 봄, 허브뜨락의 앞집, 알로에 농장에서 새로운 식용 알로에 품종이라면서 몇 뿌리를 분양받아 하우스 안에 심었다. 그러나 역시 겨울을 지나면서 추위를 견디지 못하고 상당수는 동사해 버렸다. 살아남은 알로에를 중심으로 좀 더 관심을 가지고 관리한 결과 이제는 제대로 자리를 잡아 제법 성장한 모습을 보여 주고 있다.

알로에는 원산지가 아프리카, 인도, 아라비아 등으로 추정되며, 아프리카 대륙과 그 주위의 섬, 인도, 아라비아 등에 분포하고 있다. 지금은 주로 멕시코, 자메이카, 미국 남부, 인도, 말레이시아, 일본의 남부 등지에서 야생으로 혹은 재배되고 있으며, 우리나라에서는 온실재배로 재배 영역이 확대되고 있는 추세이다.

알로에에 대한 기록은 이미 기원전 1552년 고대 이집트의 파피루스 처방전에 그 효능이 적혀 있으며, 미라의 방부제, 변비 등의 치료에 사용되었다고 한다.

기원전 4세기경 그리스의 히포크라테스는 알로에를 임상치료제로 사용하였다는 기록이 있고, 알렉산더 대왕은 군용 알로에를 확보하기 위하여 스코트라섬을 정복하였고, 기원전 1세기경 클레오파트라 여왕은 미용제로 이용했다고 하니 오랜 역사를 지닌 식물이고 유용한 약초임에 분명한 듯하다.

조선조 광해군 때 명의 허준의 동의보감(1610)에도 알로에를 기생충, 치질, 옴, 경기 등에 효능이 있다고 기술하면서 페르시아에서 나는 나무진이라고 하였다.

알로에속에 속하는 식물은 전 세계적으로 500여 종이 분포되어 있지만 약용으로 쓰이는 것은 6~7종에 불과하며, vera, arborescens, saponaria, affinis 등을 들 수 있다. 그러나 실제로 재배되는 알로에로는 제약의 재료로 가공하여 쓰는 약전 알로에와 생체를 그대로 쓰는 생약 알로에로 구분된다.

약전 알로에는 케이프 알로에(Cape aloe: 페로스종), 스코트라 알로에(Scotra aloe: 페리종), 큐라소 알로에(Curacao aloe: 베라종) 등이 있고, 생약 알로에는 아르보레스켄스(일본), 베라(미국 텍사스), 사포나리아(미국 하와이주, 플로리다주)가 있다.

알로에의 번식방법은 실생, 포기나누기와 꺾꽂이가 있는데 주로 포기나누기를 사용하며, 포기나누기를 한 후 2년 정도 자라면 줄기의 뿌리 부근에서 부정아가 5~20개 발생하여 분얼하고 여기서 뿌리가 발생하기도 하는데 분얼된 개체를 떼어서 모래상자에 꽂아두면 발근이 된다.

알로에의 수확은 아르보레스켄스종의 경우 1차 개화한 후 1년째, 베라종은 3년 이상 되어야 약효가 좋은 것으로 나와 있으며, 수확한 잎은 생으로 점액을 채취하여 쓰기도 하며 4~5mm 두께로 잘라서 건조기(50~60℃, 8~9시간) 또는 자연 건조시켜 약용으로 한다. 건조한 것은 흑갈색 또는 암갈색의 절편으로 겉면에 황색 가루가 붙어 있을 때도 있다. 저온에서 건조한 것은 간색(肝色) 알로에, 고온에서 건조한 것은 투명(透明) 알로에라고도 한다.

알로에에는 알로인, 바바로인, 칼슘, P-쿠마르산, 수산화칼슘, 탄수화물, 탄닌산, 지방질, 스테로이드, 유기산, 염화물, 황산염, 철, 구리, 나트륨 등이 함유되어 있고, 혈액순환 촉진, 유독 물질 분해, 항균력 강화, 정상세포 형성 작용에 효과적인 것으로 나와 있다.

특히 알로에 베라는 실내 약용 화분식물로도 활용되는데, 잎의 수질에서 나오는 물질, 겔(gel)과 라텍스(latex)라는 2가지 성분이 포함되어 있어 가공된 제품들이 다수 생산되고 있다.

그러나 노인, 소화기 질환을 앓고 있는 환자, 임신부 등에게 사용할 경우에는 특별한 주의가 필요하다.

♣ 곰을 여자로 만들어낸 식물-쑥

주변에서 쉽게 볼 수 있는 식물의 하나가 쑥이다.

심지어는 신화에서부터 시작해서 문명화된 사회생활을 하는 현대인들에 이르기까지 다양한 영역에서 등장한다.

쑥의 속명 알테미시아(Artemisia)는 그리스 신화에 등장하는 여성 이름으로 숲과 어린이를 지키는 여신이다. 주피터의 딸 알테미스(Artemis)를 포함하여 스페인을 포함한 서양 여성 이름에 종종 쓰이는데 이는 '여성으로서의 최고의 온전성'이란 의미를 가지고 있기 때문이다.

우리나라의 신화 속에 등장하는 쑥은 다른 신화들과 다른 건국신화이다.

신화란 우주의 기원이나 초자연의 존재의 계보, 민족의 시원 등과 관련된 신에 대한 서사적 이야기를 말하는데, 단군신화와 같은 건국신화는 다른 성씨의 시조신화나 마을 수호신과 같은 마을

신화와 무속신화 등과는 달리 개천절을 국경일로 정하여 기념하는 매우 구체적인 실생활로 연계된 내용이다.

일부에서는 미신 혹은 우상숭배라고 비난하고 있지만 어찌 되었든 신화로 전해져 내려오고 있고, 어린 시절부터 줄기차게 전해 들어오던 내용이다.

위서(魏書)나 고기(古記) 등을 인용하여 기록되었다고 전해지는 삼국유사의 기이(紀異) 편 첫머리에 실려 있는 단군신화에서는 쑥이 중요한 위치를 차지한다.

"옛날 환인(桓因)의 아들 가운데 환웅(桓雄)이 있어 천하에 자주 뜻을 두고 인간 세상을 탐구(貪求)했다. 아버지가 아들의 뜻을 알고 삼위태백(三危太伯)을 내려다보니 인간들을 널리 이롭게 할 만했다. 이에 천부인(天符印) 세 개를 주어 내려가 다스리게 했다.

환웅은 무리 삼천 명을 거느리고 태백산 꼭대기 신단수(神壇樹) 아래로 내려와 이곳을 신시(神市)라고 불렀는데 이분이 환웅천황이다. 풍백(風伯), 우사(雨師), 운사(雲師)에게 곡식, 수명, 질병, 형벌, 선악 등을 맡기고, 무릇 인간살이 삼백예순 가지 일을 주관하여 세상에 살면서 교화를 베풀었다. 때마침 곰 한 마리와 범 한 마리가 같은 굴에서 살았는데 늘 신웅(神雄)에게 사람 되기를 빌었다. 이때 환웅신이 영험한 쑥 한 심지와 마늘 스무 개를 주면서 '너희들이 이것을 먹고 백 일 동안 햇빛을 보지 않는다면 곧 사람의 모습을 얻으리라'라고 했다. 곰과 범은 이것을 얻어먹고 삼칠일(三七日) 동안 몸을 삼갔다. 곰은 여자의 몸이 되었지만 금기를 지키지 못한 범은 사람의 몸을 얻지 못했다. 웅녀(熊女)는 혼인할 자리가 없었으므로 늘 단수(壇樹) 밑에서 아기를 배게 해달라고 빌었다. 이에 환웅은 잠시 사람으로 변해 웅녀와 혼인하여 아들을 낳으니 이름을 단군왕검(壇君王儉)이라 했다."라는 내용이다.

쑥은 한국의 민족식물일 뿐 아니라 인류의 발생과도 밀접한 관련을 지닌 식물이다. 국화과에 속하는 여러해살이 쌍떡잎 혹은 외떡잎식물로 학명은 *Artemisia princeps* Pampanini이다.

쑥은 지구 전체적으로 자생되는데, 우리나라에서도 약 29분류군(변종 이상)이 있으며, 국가 표준식물 목록에 따르면 한반도에는 *Artemisia* 속에 '쑥'이란 글자가 들어가는 식물은 모두 40종이 있다. 그중 민간에서 자주 쓰이는 쑥으로 개똥쑥(*A. annua*)과 사철쑥(인진쑥, *A. capillaris*), 참쑥(*A. dubia*), 황해쑥(*A. argyi*)이 있다. 물론 강화약쑥으로 불리는 사자발 쑥이나 싸주아리 쑥은 유전적으로 그냥 황해쑥이거나, 황해쑥과 가까운 아종들이다.

쑥대밭이라는 말이 있다. 경작하던 논밭을 방치하면 수년 내에 쑥이 우거져 '쑥으로 덮인 밭'이라는 말인데, 쑥의 왕성한 번식력과 성장을 표현한 것이다.

체르노빌 참사의 체르노빌은 현지어로 쑥을 뜻하며 쑥이 많이 자라는 지역이라서 붙여진 이름이고, 히로시마에 원자폭탄이 떨어져 잿더미가 된 이후에 가장 먼저 돋아나 자란 것이 쑥이었다.

아이들에게 "쑥쑥 잘 큰다"라고 말하기도 한다.

쑥은 이처럼 척박한 환경에서도 생명력이 강해서 성장속도가 매우 빠르고 왕성하여 뿌리줄기 마디에서 쑥의 새순이 '쑥쑥' 돋아나는 형상과 생태를 그대로 표현한 이름이 곧 쑥이다.

사리분별을 못하고 세상 물정을 잘 모르는 순진한 사람을 '숙맥(菽麥) 같은 사람'이라고 부르는데 이때의 쑥은 식물의 '쑥(蓬, 艾)'이 아니다. 콩(菽)과 보리(麥)도 분간 못하는 어리석은 사람을 비유하는 '숙맥(菽麥)'이다.

쑥은 다양한 이름처럼 사용처도 또한 다양하다.

고대시대 때부터 서민에게 가장 대중적인 약초로도 활용되어왔는데, 한의학에서는 쑥, 참쑥, 황해쑥은 성질이 따뜻한 식물로 그리고 개똥쑥과 사철쑥은 성질이 차갑다고 분류한다.

생약명으로 잎은 황화호(黃花蒿), 과실은 황화호자(黃花蒿子)라 하는데, 항말라리아원충의 유효성분인 아르테아뉴인(arteannuin) 등이 함유되어있어 청열이나 거풍의 효능이 있고, 열매로는 피로를 해소시키는 데 혹은 하기(下氣)나 개위(開胃) 등의 약제로 사용한다.

민간에서는 아주 이른 봄, 혹은 정월 보름 이전에 쑥국을 3번만 먹어도 질병을 예방할 수 있다는 설이 있다. 잃어버릴 듯한 입맛과 봄철의 나른함에 향긋한 쑥 향기로 활기를 불어넣어 줄 뿐 아니라 비타민의 공급에 좋은 식품이기 때문에 과학적으로도 근거가 될만 하다.

먹기 위한 쑥은 대부분 5월 이전에 수확한 어린 쑥이다.

약간 쓰긴 하지만 독특한 향과 맛이 우수하다고 해서 된장국에

넣거나, 떡을 만드는 데 썼다. 5월 이후의 오래된 쑥일수록 좋다는 쑥뜸에 사용하는 쑥은 백혈구의 수가 평상시보다 두 배로 늘어나게 하고 면역력 강화에 크게 도움이 되는 것으로 알려져있다.

향수에 젖게 하는 한여름 밤의 쑥 모깃불, 양봉인들이 꿀을 뜰 때 쑥 연기를 내면 벌들이 가까이 오지 못하고 힘을 전혀 쓰지 못한다 해서 채밀업자들이 쓰는 쑥의 이용 방법도 있다.

금연초의 주성분도 쑥으로 알려져 있다.

'새', '줄', '피', '띠' 등과 같이 외마디 소리로 표현되는 한국의 민족식물들 중에 쑥이 포함된다.

이들은 대부분 식량자원으로 활용되어 왔으며, 육신과 제단을 정화하는 신령스런 약초이며, 향으로 취급된 식물들이다.

이처럼 귀하게 사용하는 것이 쑥인데 사실 농촌에서는 지천에 깔려있어 천덕꾸러기로 취급받기 일쑤이다.

종교학자 미르체아 엘리아데(Mircea Eliade)는 신화를 "창조를 서술하는 이야기", 즉 초자연적인 존재의 행위를 통해 하나의 실재가 어떻게 존재하게 되었는지 이야기해 준다고 주장한다.

쑥에 대한 새로운 창조적 시각이 필요한 때이다.

단군신화에 나오는 곰을 인간으로 만들어 내는 신비함을 지닌 쑥과 마늘을 새로운 인간으로 개조하는 일과 같은 것이다.

인간의 본능적인 욕구들, 좀 더 풍요롭고, 안전하면서 건강하고, 편안하고, 행복한 삶은 한계가 없다.

마치 쑥이 생판 모르는 곳에서도 돌연히 나타나, 다른 식물들을 헤집고 파 들어가 주인인 양 자리를 차지하는 모습은 인간과 흡사하다는 생각이 든다.

자연 생태계에서 과연 주인이 누구일까?

분명히 인간도 자연 생태계 속에서는 하나의 구성원임에 틀림없다. 그럼에도 불구하고, 사람들은 생명체들에 대하여 '갑'의 위치에 서있다고 생각하고 있는 것처럼 보인다. 그러나 실제로 그들의 삶은 '갑'이 아니다. 단지 스스로 모든 것들을 지배하고 소유하고 있다고 착각하고 있을 뿐이다.

미르체아 엘리아데가 주장하는 것처럼 신화로부터 새로운 세상이 창조되는, 그래서 쑥을 먹고 100일을 견뎌 함께 더불어 살 줄아는 인간다운 인간으로 거듭나는 새로운 신화가 만들어지면 좋겠다.

♣ 모자브사막을 지켜온 지혜로운 식물-유카

6월부터 7월 사이에는 허브뜨락에 유카꽃이 만발한다.

여기저기에서 하얗게 피어난 꽃은 창끝처럼 뾰족한 잎을 가진 유카의 생김새와는 전혀 다른 부드럽고 온화한 모습이다.

유카는 높이가 1~4m에 달하고, 뿌리 부분에서 모여난 잎은 사방으로 퍼져 나가는데 딱딱하고 뒤로 처지며 끝이 뾰족하다. 훤칠하게 큰 1m 안팎의 꽃줄기에 종 모양으로 된 꽃송이가 주렁주렁 달려있는 모습을 보면 마치 하얀 축복의 등불을 매달아 놓은 듯하다.

북아메리카 원산이며 꽃이 아름다워 정원이나 화분에 심는데 학명은 ucca gloriosa L.이고 백합목의 용설란과에 속한다.

유카의 용도는 다양한데, 관상용으로뿐 아니라 추출물은 착색 향료와 청량음료나 허브차에 섞어서 맛과 신선도를 높이는 효과를 이용하기도 한다. 미국 남서부 인디언들은 유카를 민간 요법으로 각종 질병–종기나 피부병, 독초의 해독제,관절염, 성기능, · 소화불량 등–의 치료제로 사용해 왔던 걸로 기록되어 있다.

유카에는 스테로이드와 사포닌 성분이 함유되어 있어 항스트레스 작용과 함께 종창이나 각종 염증에서 발생하는 독성물질의 양을 줄이고 해로운 미생물과 바이러스를 살균하거나 파괴하여 혈장 내 콜레스테롤을 감소시켜 준다. 뿐만 아니라 혈액순환을 돕고 인체로부터 점액의 분비물을 제거시킨다는 연구가 발표되고 있다. 유카를 포함하여 지구상에는 인간을 이롭게 하는 데 오랜 역사를 지닌 식물들이 많이 있다.

미국의 사진작가 레이첼 서스만은 지난 2004년부터 10여 년간 아시아, 아메리카, 호주, 유럽은 물론 시베리아와 남극까지, 사막부터 바닷속까지 종횡무진 전진하면서 지구에서 생존하고 있는 고령 생명체 30종을 선정하여 기록하고 The Oldest Living Things in the World라는 주제로 강연을 하고 있다.

남아프리카의 너도밤나무(6000~1만 2000살), 브리슬콘 파인(5068살), 버린다 사막에 사는 웰위치아(2000살), 파머참나무(1만 3000살) 등이며 그중에 모자브의 유카(1억 2000년)가 포함되어 있다. 이들 식물들의 삶을 보면 참으로 신비스러운 생존임을 실감한다.

지난 2016년 봄, LA를 방문하면서 캘리포니아의 모자브 사막을 여행한 일이 있다. 그 넓은 사막에서 끊임없이 휘몰아쳐오는 바람을 이용하여 인간은 풍력 발전소를 만들어 활용하지만 유카는 뾰족한 창끝으로 적을 방어하면서 그리고 향기 나는 꽃으로 벌과 나비를 유인하여 종족을 번식하면서 수백 년을, 길게는 수천 년 동안을 모래사막에서 생명을 유지하는 지혜로운 식물이었다.

'살아있는 화석 식물'이라는 별명을 가진 2억 년을 살아온 메타세쿼이아, 신생대 이오세(5580만~3390만 년 전)에 등장하여 지금까지도 건재하는 은행나무 등 모두가 '삶'의 의미를 되새겨 보게 하는 나무들이다. 물론 울창한 숲이 사막으로 변화한 것은 물이 없기 때문이었다. 강우량은 줄어들고 대지는 메말라 다른 식물들이 멸종해 가고 있는데도 불구하고 유카라는 식물이 살아남을 수 있는 지혜로움은 역시 자기 변신이고 절제이다.

자신의 몸을 환경의 변화에 적합하게 줄이는 변신, 스스로 많은 욕구를 통제해온 절제의 지혜로움이야말로 인간이 배워야 할 삶의 원리가 아닌가 생각된다.

♣ 사랑의 닭다리를 만들어 준-오갈피(五加皮)나무

우리 주변에는 유달리 "오"자가 들어가는 식물들이 많다.

오미자, 오엽송, 오이, 오동나무, 오죽 등이 그렇다.

허브뜨락의 사색하는 길가에는 오갈피나무 코너가 있다.

옛날 아버님께서 농사일로 허리가 아프고, 몸이 쇠약해진 듯하면 어머님은 빠짐없이 챙기는 것이 오갈피와 엄나무 그리고 옻나무 등을 넣고 정성 들여 키운 닭을 잡아 삶아 드리는 일이셨다.

그때마다 아버님께서는 물끄러미 쳐다보고 있는 우리들에게 "옜다, 너희들도 한 다리 뜯어 봐야지" 하시면서 다리 하나를 쭉 찢어 나누어 주시던 모습이 생생하게 떠오른다. 물론 그것으로 끝이었다. 워낙 말씀이 없으신 분이셨기 때문에 그 한마디만으로도 모든 것이 다 통했다. 얼마나 우리들을 사랑하고 계시는가는 어린 나이였지만 충분히 교감이 오간 것이다. 그러하기에 엄나무와 오갈피나무를 보면 유달리 아버님의 그 근엄하신 모습이 항상 떠오른다. 아마 그렇기 때문에 이곳 허브뜨락으로 이사 와 정원을 만들면서 제일 먼저 만든 것이 엄나무밭이었고, 그리고 그 둘레에는 오갈피와 옻나무 등을 심었는지 모른다.

오갈피나무는 두릅나무과에 속하는 낙엽관목이며, 키는 3~4m이고 어긋나기로 나는 잎은 3~5갈래로 갈라지며 손바닥 모양으로 배열되고, 8~9월에 자주색으로 피는 꽃은 산형 꽃차례로 꽃잎이 5장씩 나온다.

10월이 되면 검은색의 열매가 주렁주렁 달린다.

한국과 중국이 원산지로 알려진 오갈피나무는 뿌리와 잎 그리고 열매, 나무껍질 등 모두가 약용 혹은 식용으로 사용되기 때문에 하나도 버릴 것 없는 유익한 나무다.

동의보감에서 소개하는 오가피나무의 효능은 기운을 돕고 정수를 보충하고, 힘줄과 뼈를 튼튼하게 하고, 허리와 등골뼈가 아픈 것, 다리가 아프고 저린 것, 뼈마디가 조여 드는 것, 다리에 힘이 없어 늘어진 것 등을 낫게 한다고 되어 있다.

서양에서는 오갈피나무 열매로 술이나 넥타, 주스, 잼, 젤리를 만들어 먹는다. 이처럼 동서양을 막론하고 널리 이용되는 오갈피는 어린잎을 데쳐서 나물로 먹는 식용으로부터 차와 술 등 다양한 방법으로 애용되고 있다.

음용방법도 매우 간단한데, 관절염이나 신경통, 근육경련, 근육통, 팔다리 아픈 데, 혈액 촉진을 위해서 복용하려면 오갈피 15그램에 물 세 대접을 부은 뒤 물이 반으로 줄어들 때까지 달여서 차처럼 마신다.

오갈피의 나무껍데기와 뿌리에는 휘발성 오가피유, 유기알칼로이드체, 다량의 수지, 타닌, 비타민 A, B군, 단백질, 사포닌 등이 함유되어 있다. 이처럼 다양한 약성분들을 이용하려면 껍질과 뿌리를 채취하여 햇볕에 말린 후 잘게 썰어 소주에 붓고 밀봉한 후 일정한 시간이 지나면 오갈피의 약성들이 우러나오는데 술을 마실 줄 알면 이처럼 오갈피 술로 음용하면 매우 효과적이다.

우리나라에서 재배되는 오갈피는 여러 종류가 있는데, 가시오갈피, 서울오갈피, 지리산오갈피, 섬오갈피, 당오갈피 등이 주종을 이루고 있다. 토종인 가시오갈피나무(Eleutherococcus senticosus Maxim.)는 해발 400~1,800m 정도의 산기슭이나 산골짜기에서 무더기로 자라는 경우가 있다. 이들의 줄기에는 바늘 모양의 가시가 붙어 있고, 잎은 달걀 모양의 쪽잎이 손바닥처럼 모인 겹잎으로 나있다. 여름철에 작은 꽃이 우산처럼 모여 피며, 9월에 검은색의 타원형 열매가 열리는데 맛은 맵고 쓰며 성질은 따뜻하다.

약리실험에서 중추신경 흥분작용, 피로회복 촉진작용, 면역 부활작용, 방사선 막이작용, 혈당량 감소작용, 백혈구 늘림작용, 강장작용, 소염작용, 진해작용, 거담작용 등이 밝혀졌다.

특히 오갈피에는 잎, 줄기, 뿌리에 정유, 플라보노이드가 들어있으며 쿠마린 반응을 일으킨다.

쿠마린이란 많은 식물에서 발견되는 물질로 달콤한 냄새를 풍기면서 살충 작용을 함으로써 자기 몸을 보호하는 역할을 말한다.

쿠마린은 간과 신장에 독성을 보이기 때문에 많은 나라에서 음식 첨가제로서의 사용을 금지하고 있지만, 종종 담배 및 인공 바닐라 대체물질에서 발견되기도 한다.

♣ 잡귀를 몰아내는-음나무

음나무(*Kalopanax septemlobus*)는 두릅나무과에 속하는 나무로 학명은 *Kalopanax septemlobus*이며, 엄나무, 개두릅나무로 부르기도 한다. 생약명으로는 해동목이라고 한다.

음나무는 큰키나무로 10~25m까지 크며, 나무껍질은 회백색인데 매우 날카롭고 억센 가시가 많이 나 있으며, 내한성이 뛰어난 약용수로 재배되고 있다.

음나무의 원산지는 중국, 사할린, 한국과 일본 지역이고, 미국과 유럽에서 나는 음나무는 잎이 손바닥 모양으로 생겨서 관상수로 기른다. 일반적으로 가시가 있는 나무는 독이 없고 염증 치료에 탁월한 효과가 있는 것으로 전해져 오는데, 이를테면 음나무를 포함하여 찔레나무, 아카시나무, 탱자나무 등이 대표적이다. 이들 나무들은 대부분 암이나 관절염, 종기, 피부병 등과 같은 염증질환에 탁월한 효과가 있고, 신경통, 만성간염 같은 간장 질환에도 효과가 큰 것으로 알려져 있다. 음나무의 어린 새순은 봄철에 약나물로 먹는데, 새로 나온 연한 잎을 살짝 데쳐 양념을 해서 먹으면 독특한 맛과 향으로 봄철의 고급요리로 사용된다.

음나무 줄기에 있는 가시는 옛부터 잡귀를 쫓는다고 하여 대문에 걸어 놓기도 하였으나 지금은 옛날의 풍습으로만 남아있다.

지난 2000년 봄에 지인의 소개로 음나무 20여 그루를 구입하여 재배하기 시작한 것이 스스로 새로운 뿌리를 내리고 번식되어, 지금은 온통 음나무 밭이 돼버렸다. 5m 이상 되는 우람한 엄나무들이 즐비하게 서있는데, 줄기가 굵어질수록 가시는 없어진다. 음나무의 잎은 서로 어긋나기로 나며, 둥글고 5~9갈래로 잎의 반 정도 깊이까지 갈라져 마치 팔손이나무 잎과 흡사하다. 음나무를 약제로 사용할 경우 주로 껍질이나 뿌리를 쓰는데, 껍질을 쓸 때는 겉껍질을 긁어서 버리고 속껍질만을 사용하며 여름철에 껍질을 벗겨야 잘 벗겨진다.

며칠 동안 리처드 리키의 책 『인류의 기원(The Origin of Humankind』을 읽고 우리가 사는 지구촌의 생명체와 그리고 인류의 출현에 대한 생각을 해 보았다.

누구나 인간의 출현은 어디서부터이고, 지금 지구상에 존재하고 있는 나 자신은 과연 누구이며, 나의 조상과 조상의 조상은 누구인가에 대하여 생각해 보지만 그에 대한 해답은 항상 '신비스러운 세계'로 이어지게 마련이다.

그러나 어떤 입장이든 인류는 끊임없이 복잡 다양화되는 과정을 거치면서 다른 동·식물들보다 고등한 질적인 차이를 갖게 되었으며, 오늘날과 같은 평화로운 지구촌을 만들어 왔다. 그것은 인간의 육신에 축적되어 있는 137억 년 우주 진화의 과정과 문화적 유전인자가 있기 때문이다.

그동안의 긴 여정을 통해 물리적, 생물학적 그리고 심리학적, 문화적으로 변화를 거듭해 왔고 또한 새로운 변화를 거듭하는 진화는 영원히 계속될 것이다.

결국 인간과 자연은 밀접한 관계 속에서 출현되었고 존재하고 있으며 자연 속에서 태어나고, 자연 속에서 살아가다가 결국은 다시 자연으로 돌아간다는 것은 엄연한 사실이다.

진정으로 행복하고 건강하게 '잘 살아갈 수 있는 길'은 오직 '자연'에 있다.

모든 생명의 원천이며 우리를 다시 품어줄 어머니와 같은 자연, 자연으로부터 배우는 지혜로움이 곧 진리이고 행복함으로 이어지는 길이다.

자연과의 참만남이 이루어질 때, 그동안 만들어 낸 많은 지식들이 지혜로움으로 바꾸어지고, 자연을 통해서 얻어내는 지혜로움은 나와 그리고 우리의 생명을 살리는 길이며, 세상에 존재하는 모든 것들이 함께 조화로움을 만들면서 살아가는 길이다.

지혜로움의 보물창고는 우리 주변에 널려있는 자연자원들이며, 때문에 내가 생각하는 정원활동이란 그와 같은 보물창고 속의 식물 식구들과 더불어 평화롭고 더 편안하며 더욱 안전하고 행복한 삶으로 연계할 것인가를 생각하는 활동이다.

나는 허브뜨락에 널려있는 보물 같은 소중한 식물 식구들로부터 삶의 진정한 가치를 찾아내고 이해하고, 소통하면서 오늘도 행복을 선사해 줌에 감사하면서 보낸다.

♣ 유치환의 애절한 사랑이 담긴–치자나무

허브뜨락의 정자 건너편에는 작은 언덕길이 있고, 그 언덕길을 오르는 길 옆에는 치자나무가 심어져 있다. 여러 나무의 꽃치자이기 때문에 하얀 치자꽃이 필 즈음이면 주변이 온통 치자꽃 향기로 그득해진다. 정자에 앉아 치자꽃 향기에 취해 한나절을 그냥 보내기는 어렵지 않다.

때때로 생각하기도 한다. 청마 유치환은 왜 치자꽃을 좋아했을까? "남편을 잃고 홀로 사는 시조 시인 이영도 여사와 연서를 주고받으면서 그녀를 치자 꽃에 비유한 것 같다"라는 주석이 달린 청마 유치환의 시 "치자 꽃"을 흥얼거려 보기도 한다.

– 치자꽃–

저녁 으스름 속의 치자꽃 모양 아득한 기억 속 안으로
또렷이 또렷이 살아 있는 네 모습 그리고 그 너머로
뒷산마루에 둘이 앉아 바라보던 저물어 가는 고향의
슬프디 슬픈 해안통(海岸通)의 곡마단의 깃발이 보이고
천막이 보이고 그리고 너는 나의, 나는 너의 눈과 눈을
저녁 으스름 속의 치자꽃 모양 언제까지나 언제까지나
이렇게 지켜만 있는가

유치환과 이영도의 사랑 이야기는 치자꽃만큼이나 순수하고 애틋하다. 유치환은 이영도 선생을 1947년 통영여자중학교에서 교사로 함께 만난 뒤, 1967년 교통사고로 세상을 뜰 때까지 20년간 5천 통이 넘는 편지를 보냈고, 이영도는 그것을 고스란히 보관해 뒀고 청마 사후 200통의 편지를 추려 “사랑했으므로 행복하였네라”라는 서한집을 냈다.

20살에 결혼하여 21살에 청상과부로 딸아이 하나를 키우는 이영도와 유치환 선생 간의 애절한 사랑 이야기는 너무나 애절하기에 치자꽃에서 스멀스멀 기어 나오는 것 같다.

사람 사는 데 사랑이 없다면 다른 하등 동물들과 다름이 별로 없을 것 같다. 물론 동물들의 세계에도 사랑이라는 것이 있지만 사람들 사회에서 이루어지는, 때로는 달콤하고 포근하지만 또 다른 이면에는 아프고 시린 사랑 이야기, 그러한 사랑이 있기에 삶

은 지루하지 않고, 답답하지 않은지도 모른다.

향기도 그리고 우윳빛 색깔도 매력 덩어리인 치자꽃에 대하여, 강희안은 그의 원예전서 "양화소록"에서 "치자는 꽃 가운데 가장 귀한 꽃"이라면서 네 가지 이점을 드는데, "첫째, 꽃 색깔이 희고 기름진 것, 둘째, 꽃향기가 맑고 풍부한 것, 셋째, 겨울에도 잎이 변하지 않는 것, 넷째, 열매로 황색 물을 들이는 것"이라고 극찬하고 있다.

이들 네 가지 요소들을 두루 갖춘 꽃이 치자나무 꽃만이 아니겠지만 아무튼 칭찬 받아 모자람이 없는 꽃 중의 꽃이다.

치자나무와 꽃치자는 약간 다른데 치자는 활엽 관목으로 학명은 Gardenia jasminoides for. grandiflora이다. 꼭두서닛과에 속하고, 지자(芝子) · 선자(鮮子)라고도 하며, 불가(佛家)에서는 흔히 담복(薝蔔)으로 부른다. 치자나무는 상록수이고 따뜻한 곳을 좋아하여 주로 남해안과 도서지방에 심어야 잘 자라며, 키가 2~3미터 정도로 작은 나무다. 잎은 마주나기로 달리며 긴 타원형이고, 표면이 반질반질하며 가장자리는 밋밋하다.

치자나무와 비슷하지만 꽃치자는 잎과 꽃이 작고 꽃잎이 만첩의 여러 겹으로 되어 있고, 꽃은 암꽃과 수꽃이 따로 피고, 초여름에 흰빛으로 피어 짙은 향기를 풍긴다. 우리가 흔히 보는 장미과에 속하는 꽃들의 대부분은 꽃잎이 다섯 장이지만, 꽃치자나무는 여섯 장의 꽃잎을 갖고 있다.

꽃치자나무는 꽃향이 매우 진하나 열매가 없으며, 영어로는 재

스민과 비교될 만큼 향이 진하기 때문에 '케이프 재스민(Cape jasmine)'이라고 부른다. 치자나무 열매는 크로신(crocin)과 크로세틴(crocetin)이라는 황색 색소가 있어 천연염료로 활용한다.

꽃치자의 꽃이 흰색인 것과는 달리 열매에서 우러나오는 색깔은 노란색과 붉은 기운이 도는 주황색에 이르기까지 다양하며, 옷감과 종이 그리고 음식 등에 무공해 천연색소로 활용하고 있다.

동의보감에서는 "가슴과 대장과 소장에 있는 심한 열과 위 안에 있는 열기, 그리고 속이 답답한 것을 낫게 하고, 오줌이 잘 나오게 하며, 소갈을 멎게 하고, 입안이 마르고 눈에 핏발이 서며 붓고 아픈 것도 낫게 한다"라고 소개되어 있다.

어린 시절 할머니, 어머니께서 명절이나 대사 때가 되면 치자 열매에서 우려낸 물로 과자도 만들고, 떡도 만들어 주시던 생각이 마치 엊그제의 일처럼 되살아난다.

많은 손길이 가지만 천연의 은은한 향기가 나는 치자꽃 향기가 빼곡하게 배어 있는 치자꽃 떡이 그리워진다.

6. 허브뜨락의 과일나무

기록에 의하면 원시시대의 과일들은 대부분은 크기도 매우 작고 딱딱하며 맛도 지극히 원시적(?)이었던 것으로 나와 있다.

지금과 같은 맛있고 부드러운 과일은 인간이 인간에게 맞춰 꾸준히 개량해 온 결과로 알려져 있다.

그러나 과일나무들의 입장에서 본다면, 원시시대의 과일들이 점차 변화되는 환경 속에서 원시 상태로 머문다면 쓸모 없는 과일로 지구상에 사라져 버릴지도 모른다는 위기감을 느꼈고, 때문에 원시시대의 과일들은 인간과 다른 동물들을 이용하여 맛과 향을 변화하도록 자극하였으며, 그리고 씨앗을 널리 퍼뜨리도록 유혹함으로써 살아남게 된 매우 지혜로운 식물들이라는 것이다.

공룡은 왜 사라졌을까?

공룡은 화석으로만 밝혀졌기 때문에 아직까지 공룡이 멸종된 이유가 확실하게 밝혀지지 않았지만 추위설과 운석 충돌설, 초식동물 부적응설, 화산 활동설, 생존경쟁설 등 다양한 시각들이 있다.

초식동물 부적응설이 대체로 설득력을 가지고 있는데, 백악기에는 새로운 식물들이 등장하였고 초식동물들이 그 식물들을 먹지 못해 굶어죽게 되고, 초식동물을 잡아먹던 육식동물들도 줄어들면서 결국 거대한 몸집을 가진 공룡이 멸종하였다는 것이다.

생존 경쟁설은 생물체들은 환경에 적응한 생물이 살아남고 먹이 경쟁에서 뒤처지는 생물은 도태되면서 생태계를 유지해 왔는데, 공룡의 경우 생존경쟁에서 뒤처지다 보니 도태되었거나 영리하고 날렵한 포유류에 비해 몸집은 크고 동작은 느려 살아남을 수가 없었다는 설이다.

생명체들이 생존경쟁에서 살아남기 위한 몸부림은 과거에도 계속되었고 앞으로도 영원히 계속될 것이다. 인간의 진화나 동식물의 변화들의 기본 원리는 매한가지이다.

변화하고, 적응하는 일련의 과정을 끊임없이 반복하는 것은 지구 생태계의 기본 원리이고 법칙이다. 그러나 때때로 인간은 자신들의 삶에서 스스로 나약함을 인식하게 된다. 특히 자연 재해 앞에서, 죽음이라는 운명 앞에서 더욱 그러하다.

변화와 적응의 과정을 반복하면서 그 사이에 '신'이라는 존재를 끌어들이는 것은 곧 스스로의 나약함을 의미하는 일이다.

대부분은 신에 대한 믿음이고 조상에 대한 감사의 표시이기도 하지만 때로는 스스로 할 수 없는 상황에 처하게 되었을 때, '신'이라는 실존하지 않는 어떤 영원한 대상을 설정하고 그 영원한 대상에게 스스로 불가능한 많은 부분들을 의존하게 된다.

1) 조율이시(棗栗梨柹)와 조상 숭배

우리들의 전통적인 풍습의 하나인 조상을 모시는 제사 의례는 조상들에게 감사하면서 동시에 자신과 후손들의 명복을 비는 의

식이다. 나 또한 허브뜨락을 만들면서 나름 중요시한 부분으로, 조상들에 대한 감사함을 어떻게 표현할 것인가에 대하여 많은 생각들을 해왔다.

고민 끝에 얻은 결론의 하나는 조상들의 제사상에 올릴 제수품들만큼은 자급자족하자는 생각이었다.

신성한 마음으로 감사의 표시를 하기 위한 노력의 하나이다.

먼 옛날 원시적인 생활을 할 때, 천재지변이나 맹수의 공격 혹은 질병으로부터 보호를 받기 위한 수단으로서 하늘과 땅, 거목, 높은 산, 바다, 조상 등에게 절차를 갖추어서 신체보전과 복을 비는 행위가 제사의 발생 동기라는 주장도 있지만, 내가 생각하는 제사는 나를 낳고 길러주신 부모님과 조상들에 대한 감사의 표시이다. 조상들께 감사함을 표현하는 방법의 하나는 정성 들여 가꾼 제수품들로 제사를 모시는 일이며, 그러한 제수품으로 올릴 음식의 소재를 스스로 가꾸고 재배하면서 감사함을 느껴 보자는 것이었다.

내용과 방법에서 차이가 있지만 전통적인 방법에서 제수의 진설은 조율이시(棗栗梨柹)와 홍동백서(紅東白西)가 원칙이다.

조율이시(棗栗梨柹)란 대추와 밤, 배, 감을 말하며, 이와 같은 과일의 진설 순서가 홍동백서, 즉 붉은색은 동쪽에 그리고 흰색의 과실은 서쪽에 놓는다는 것이다.

옛날 제사의 전통에서 과일과 포는 밥과 국이 없더라도 우선시하는 전통이 있었으며, 이처럼 과일을 중요시하는 이유는 과거와 현재 그리고 미래, 즉 조상과 자신과 그리고 후손들의 소통을 중요시하면서 의존하고 협력하여 평화롭고 복된 삶을 추구하는 것이었다. 그러나 구태여 그 경중과 우선순위를 따진다면, 과거보다는 현재와 미래, 즉 앞으로의 자손의 번창과 다복을 중요시했기 때문에 과일을 우선시하였고, 그리고 가장 선두에 '대추'를 진설하는 풍습이었다. 대추를 최우선에 진설하는 이유는 우리 조상들은 자손의 번창과 다복을 다른 어느 것보다 중요시했다는 의미이다.

꽃이 피면 반드시 열매를 맺는 대추나무, 그리고 줄줄이 많은 열매가 달리는 대추를 다산과 다복의 상징적 의미로 중요시했다.

대추는 갈매나무과에 속하며, 학명으로는 Zizyphus jujuba Mill. var. inermis Bge인 대추나무의 열매이며, 홍조(紅棗)라고 부르기도 한다.

대추나무는 암수가 한 몸으로 다수의 열매가 열리는데 특히 꽃 하나에 반드시 열매가 맺히고 나서 꽃이 떨어진다는 특수성을 지니고 있다.

헛꽃이 없는 대추의 특수성은 사람으로 태어났으면 반드시 자식을 낳고 죽어야 한다는 뜻이다. 또한 대추의 내부에 들어있는 씨는 통씨인데, 이는 절개와 순수한 혈통을 의미한다. 대추는 후손의 번창을 기원하고, 하나로 된 씨는 열매에 비해 그 크기가 커서 더 훌륭한 후손이 나오기를 기대하는 의미를 지닌 과일이기도 하다.

대추 다음으로 진설되는 것은 밤이다.

밤을 중요시하는 이유는 자손들에 대한 배려와 보살핌이다.

밤에서 나온 새싹이 자라서 다시 꽃을 피우고 열매가 열려야 땅속의 밤이 썩는 특수성 때문이다.

조상들은 자신이 죽은 뒤에도 자식을 생각하고 걱정해 주는, 조상의 은덕을 잊지 말아야 할 뿐 아니라 자신의 근본을 잊지 말라는 것이 합해진 영원한 연결을 상징한다.

조상을 모시는 위패는 밤나무로 만든다. 밤나무로 위패를 만드는 이유는 인간의 성장과정과 관련을 시킨다. 즉 어린 유아기의 부모는 부드럽고 유연하여 마치 어린 밤송이의 가시와 같다. 그러나 어린 시절을 거쳐 청소년기에 도달하여 성장할수록 부모는 밤의 가시처럼 차츰 억세진다.

자식들의 성장과정에서 나타나는 온갖 외풍을 막아 주자는 것이며, 마지막으로 품 안에서 나가 독립을 할 즈음이 되면 밤송이처럼 스스로 몸을 벌려 주어 독립된 생활을 시킨다는 것이다.

부모의 지극한 사랑을 밤나무로 표현한 것이며, 그처럼 고귀한 뜻을 감사한 마음으로 받들겠다는 의미에서 위패를 밤나무로 만들어 사용하고 있다.

세 번째 진설되는 과일은 배이다.

배는 껍질은 누르고, 속살은 흰색이다. 황색은 오행상 가운데, 즉 우주의 중심을 뜻하며, 높고 귀한 지위와 황인종의 의미이고, 흙의 성분(土)을 의미하는 것으로 민족의 긍지를 나타내기도 한다. 배의 속살이 하얀 것은 우리의 백의 민족에 빗대어 순수함과 밝음 그리고 깨끗함을 상징한다.

자식들의 고귀한 삶, 우주의 중심으로서 존재한다는 생각을 기원하는 것이고, 동시에 조상의 덕을 받들어 항상 흔들리지 말고 깨끗함을 잃지 말라는 뜻을 가지고 있다.

마지막으로 진설되는 과일은 감이다.

감은 반드시 접을 붙여야 제대로 된 감나무가 되는 특성을 가지고 있다. 감 씨를 심으면 감이 열리는 것이 아니라, 감같이 생긴 조그만 고욤 열매가 열리기 때문에 제대로 된 감을 만들기 위해서는 좋은 감나무를 접목해야 한다. 이는 곧 인간 됨은 태어남으로써 되는 것이 아니라 부모의 양육과 교육이라는 과정이 있어야 비로소 올바른 인간이 된다는 뜻을 지니고 있다.

가르침을 받고 배우는 것은 생가지를 칼로 째서 접붙일 때처럼 아픔이 따른다는 의미로 아픔을 겪으면서 배우고 선인들의 예지를 본받을 때 비로소 하나의 인격체가 될 수 있다는 것이다. 또한 감나무 대목이 지니는 왕성한 흡수력과 접목에 사용되는 접수가 좋은 형질을 지닌 감나무로 서로 조화와 화합을 이룰 때 좋은 감 열매가 열리듯 좋은 인간관계와 부부간의 좋은 화합을 의미하기도 한다.

감나무의 또 다른 특징은 아무리 커도 열매가 한번도 열리지 않은 나무를 꺾어 보면 속에 검은 신이 없고, 감이 열린 나무는 검은 신이 있다는 것이다. 이것을 두고 부모가 자식을 낳고 키우는 데 그만큼 속이 타 들어 가는 듯한 어려운 과정을 거친다는 의미이고 그러한 어려움을 겪으며 키워준 부모에게 감사하는 마음으로 제사상에는 반드시 감을 놓는다고 한다.

세상을 살아가는 이치는 참 오묘하기도 하다.

매사를 생각 없이 지나칠 수도 있지만, 어떤 원리나 이치를 깨우치고, 앎을 통해 얻는 기쁨은 매우 크다. 그러나 더더욱 큰 희열을 가져다 주는 것은 아는 바를 행함으로써 얻는 것이다.

2) 허브뜨락의 과일나무 식구들

♣ 다산의 상징-대추나무

갈매나무과에 속하는 활엽관목으로, 원산지는 인도이며 높이는 약 5m 정도이다. 꽃은 5~6월에 2~3개씩 모여서 달리며, 꽃잎이 다섯 장이고 노란빛이 도는 녹색을 띤다.

대추라고 부르는 열매는 씨가 단단한 핵에 싸여 있는 타원형 핵과로, 길이가 2.5~3.5cm이며 처음에는 초록색으로 보이다가 9~10월에 적갈색이나 붉은 갈색으로 익는다.

대추는 날로 먹기도 하며, 말려서 저장한 후에 먹기도 한다. 특히 한방에서는 소화제 · 진통제 · 해열제 · 이뇨제 등으로 많이 이용되며, 밤과 함께 제사상에 반드시 올려지는 과일이기도 하다.

단맛에 따뜻한 성질로 '대조(大棗)'라고 하는데, 심장을 도와 혈액순환을 원활하게 하고 신경을 안정시키는 효능이 있으며, 잠이 잘 오게 한다. 비, 위장을 건전하게 하며 뱃속이 차서 아프고 대변이 묽으며 설사할 때도 좋다. 한약에 대추를 많이 이용하는 이유는 기와 혈을 보하는 효능이 크고 여러 갸지 약물을 조화시켜주는 작용이 있기 때문이다.

벽조목이란 벼락 맞은 대추나무를 말하는데, 이를 선호하는 이유는 벼락의 강한 열 기운이 나무속을 파고들어가 탄소화되어 단단하고 강한 기감을 가지고 있어 그 기가 전해진다고 믿기 때문이다.

♣ 배려와 보살핌의 상징-밤나무

밤나무(*Castanea crenata*) 원산지는 한국이며, 한국, 일본, 중국, 북미, 유럽, 중동아시아, 이탈리아, 프랑스, 스페인, 포르투갈, 그리스 등지에서 재배되고 있다. 참나무과의 낙엽 활엽수로 학명은 Castanea crenata Siebold & Zucc.이고, 키는 20m 안팎까지 크는 큰 나무이다.

잎은 어긋나기로 나며 끝이 뾰족하고 잎 가장자리에 톱니가 있다. 나무껍질은 자줏빛이 도는 적갈색이다. 꽃은 옅은 노란색이다.

6~7월 무렵이 되면 허브뜨락의 정원은 밤나무꽃 냄새가 진동한다. 밤나무의 독특한 냄새를 풍기는 밤꽃에는 스퍼미딘과 스퍼민이 포함되어 있기에 나는 특유한 냄새이다.

밤꽃이 필 때가 되면 꿀벌들은 일생일대의 최대의 꿀 잔치가 벌어지는데 바로 밤꽃에서 나오는 꿀 때문이다. 암꽃과 수꽃이 길다란 미상꽃차례에 무리 지어 피는데, 암꽃은 꽃차례의 아랫부분에 달리며, 수꽃은 꽃차례 위쪽 부분에 달리는데 이들 간의 다리를 꿀벌들이 열심히 놓아 주면서 얻은 대가가 곧 밤꽃 꿀이다. 밤꽃은 화려한 만큼 자신들의 성적 표현이 완전하다.

수술의 꽃가루가 암술에 닿으면 암술 세포핵의 색깔이 변함과 동시에 양성이 접촉된 꽃가루 주변에 미세한 점액이 분비되는데, 이 분비액은 꽃가루가 암술대를 통과할 때 윤활유 역할을 한다. 이런 현상을 식물학에서 '주두반응(柱頭反應: 암술머리)'이라고 한다. 강렬한 향기와 색으로 매개체를 유인하던 꽃은 수정과 동시에 향기와 빛을 발하고 꽃잎도 30분 이내에 시들어 버린다.

꿀벌들의 부지런한 노력으로 수정이 이루어진 밤꽃은 9~10월 무렵이 되면 날카로운 가시로 둘러싸인 밤송이로 변한다.

밤송이 안에는 씨 한두 알 또는 세 알 많게는 다섯 알까지도 알밤이 들어차게 된다. 조금만 바람이 불어도, 게다가 비까지 내리면 밤송이 떨어지는 소리가 요란스럽다.

허브뜨락의 앞산에 있는 밤나무 밭을 보면서 항상 생각하는 것 중의 하나는 지나친 욕심이 낳은 허무한 상처라고 이름 붙여 생각하곤 한다.

이곳에 밤나무를 심은 주인은 아랫마을에 사는 80대의 황씨 아저씨다. 그는 밤나무에서 떨어질 알밤 줍는 즐거움을 상상하면서 열심히 정성 들여 어린 밤나무 묘목을 심었을 것이다.

그러나 그의 삶은 역시 늙고 병들어 이동하는 것조차 어려운 지경에 접어들었고, 밤나무는 커서 많은 밤송이를 떨어뜨리고 있건만 주워갈 주인은 나타나지 않으니 이 얼마나 허무한 상처들인가. 아무튼 인생의 무상함의 한 단면이다.

밤나무의 한자는 율(栗), 꽃과 열매가 아래로 드리워 있는 모양의 상형문자라고 한다.

밤나무는 산기슭이나 비옥하고 물 빠짐이 좋은 땅에서 잘 자라며 날것으로 먹거나 삶거나 구워서 또는 가공해서 먹는다. 밤 속에는 탄수화물, 칼슘 · 인 · 칼륨 같은 무기질, 비타민이 많이 들어 있다. 밤은 한약재로도 쓰이는데, 만성 구토증과 당뇨병을 치료하고 위장과 신장을 튼튼하게 하는 과일 중의 하나이다.

밤나무는 좋은 목재로 쓰인다. 밤나무 목재는 단단하여 부서지거나 썩지 않고 오래가기 때문에 가구재, 조각재, 건축재, 차량, 조각, 교량, 완구, 방직용 목관, 기구로 쓰인다.

과실은 식량 대용이며 각종 음식을 만들 수 있고 약용 및 제과 원료로 이용되며 꽃은 밀원으로 그리고 밤 열매 껍질은 탄닌이 많아 염료로 쓰인다.

유사종으로 약밤나무(C. bungeana)가 있는데, 밤나무에 비해 잎이 더 크고 거치는 더 깊으며 일년생 가지는 털이 있고 과실은 소형으로서 함종율, 평양양이라고 하며 중부 이북에 분포하나 남부 지방에서도 식재하고 있다.

♣ 조화로움과 화합을 불러오는-감나무

감나무에 열리는 감은 추억과 낭만이 깃들어 있는 과일이다.

한국의 전통 유교사상에서 특히 조선시대 5덕(德) 문무충효절(文武忠孝節)은 행동의 기준이었다. 감나무는 이와 같은 5덕에 비유하여 5상(五常)이라고도 하는데, 잎은 글을 쓰는 종이가 된다 하여 문(文), 나무는 단단하여 화살촉으로 쓰였다 하여 무(武), 과실의 겉과 속은 색깔이 같아 충(忠), 노인도 치아 없이 먹을 수 있어 효(孝), 서리가 내려도 늦게까지 나무에 매달려 있어 절(節)이라고 표현하여 '감나무의 덕'을 칭송한다.

조상에게 제사를 올리는 데 빠지지 않는 것 중의 하나가 곶감이다. 호랑이와 곶감이라는 전래동화는 어린 시절의 추억이 담긴 할머니들의 빠짐없는 이야기 목록의 하나이다.

그만큼 친근한 과일이 감이다.

감나무는 감나무목, 감나무과, 감나무속에 속하며 감나무속에는 400여 종이 있으나 일반적으로 감나무종, 고욤나무종, 유시종, 미국감나무종 등 4가지가 주종을 이룬다. 감나무종에는 단감, 떫은감, 돌감 등이 포함되는데, 원산지는 한국, 중국, 일본이고 학명은 Diospyros kaki Thunb이다.

고욤나무종은 떫은감 대목으로 주로 이용되며 유시종과 미국종은 식용으로 이용하기도 하지만 대목 또는 탄닌 추출용으로 주로 이용된다. 감나무는 주로 중부 이남에 자생 혹은 재배 가능하며, 전통적으로 따뜻한 지역인 전남지방과 경남 그리고 경북 지역 등 남쪽 지역에 주로 재배된다.

감나무는 정원수나 공원수, 유실수로 이용하는데, 특히 유실수로 활용할 경우 가장 많이 재배되는 단감은 1년생 가지에 대부분 암꽃만 피거나, 간혹 암꽃과 수꽃이 한 나무에 피는 품종도 있다. 단감은 과실 내에 종자가 없으면 잘 떨어지고 과실의 모양이 좋지 않으므로 과실 내에 종자가 많이 들어가도록 하기 위해 암꽃과 수꽃이 한 나무에 피는 단감이나 떫은감 품종을 수분수로 이용하여 재배한다. 감나무는 대개 5월 하순에 꽃이 피며, 9월 하순부터 11월 중순까지 수확한다.

감은 그냥 날로 먹기도 하지만, 말리거나 요리를 하여 먹는 경우도 있는데, 홍시, 단감 그리고 곶감이 선호되고 있다.

곶감은 수확한 감을 2주에서 3주가량 실외에서 말린 후 실내에서 며칠간 더 말린 것으로 간식이나 후식으로 혹은 전통 음료인 수정과로 사용되며, 익은 감을 발효시킨 감식초를 만들기도 한다.

이른 봄 연한 감나무 잎을 따 말려 감잎차로 활용하기도 한다.

감꼭지와 감 껍질에는 비타민 C, 칼슘, 인, 철분, 단백질 등이 풍부하게 들어있어 피부 미용, 혈관강화와 고혈압 개선, 숙취해소 등으로 활용한다.

♣ 어린 시절 아픈 사연이 깃든–배나무

배나무의 학명은 *Pyrus pyrifolia var. culta*이고, 중국 서부, 혹은 남서부가 원산지로 알려져 있으며, 한국을 거쳐 일본으로 전파된 것으로 추정된다. 그러나 현재 재배되는 배나무는 동양계로 남방형인 한국배와 북방형인 중국배 그리고 유럽계인 서양배로 크게 3종류로 구분하고 있으며, 한국에 자생하는 배나무는 재래종인 콩배와 함께 가장 널리 재배되는 돌배가 있는데, 돌배나무(*Pyrus pyrifolia*)는 주로 접목의 대목으로 사용하며, 새로 육성된 '단배', '황금배', '추황배', '원황', '만풍배' 등의 품종이 재배되고 있다.

동의보감, 본초강목 등 한의학 서적에 기술되어 있는 배의 약효는 폐를 보호해주고, 기침을 억제해 감기와 기관지 질환, 가래에 효과가 있다고 적혀있고 실재 생과로 많이 이용하고, 각종 음식물과 함께 사용하거나 기호에 따라 도라지, 생강, 인삼 등을 같이 갈아서 배즙으로 마시기도 한다.

어린 시절 배나무에 얽힌 아픈 추억이 하나 있다.

나의 고향 뒤뜰에는 오래된 배나무가 한 그루 있었다.

내가 초등학교 입학할 무렵에 심은 나무이니 중학교에 다닐 때즈음에는 꽤나 큰 나무가 되었고, 여러 갈래의 가지가 나서 때때로 배나무 위에 올라가 책도 읽고 배가 익을 때쯤 되면 칼 하나만 달랑 가지고 올라가 맛있는 배를 따 껍질을 벗겨 먹곤 했었다.

아버지께서 배나무를 심은 사연은 항상 마음이 시려오게 한다.

그러니까 내가 초등학교도 입학하기 전 그리 멀지 않은 익산 함열이라는 곳에 당시 꽤 잘사는 육촌뻘 되는 친척이 계셨는데, 아버님은 외아들이셨고, 할아버지께서는 형제 한 분이 계셨으며 그 윗대의 큰 진조 할아버지의 형님 자손이셨기 때문에 통상 큰집으로 통했고 매우 가까이 지냈었다.

당시 우리 집은 무척 가난했기 때문에 먹을 것이 변변치 못했고, 특히 과일을 먹는 일은 거의 추석 명절이나 제사를 모시는 날 외에는 생각하기 어려운 일이었다.

한번은 그 집에서 할아버님의 회갑 잔치가 있었다. 맛있는 음식들을 마음껏 먹어 볼 수 있는 좋은 기회가 된 것이었다. 하지만 잔칫상을 차리는 어머니는 매정스럽게 아무것도 주지를 않으셨다. 이유는 잔칫상을 차려야 할 음식들이기 때문이라는 것이었다. 그러나 내심은 특히 자존심이 강하신 분이셨기 때문에 아들이 궁색한 모습으로 먹는 것을 보이기 싫으셨을 것으로 지금 생각하면 이해가 간다. 그런데 다른 아는 할머니께서 "아가, 이것은 썩은 배이니 먹거라" 하면서 맛있는 과일 한 조각을 주셨다. 그것이 발단이었다.

그 맛을 보고 너무나 맛이 좋아 어머니 치마폭을 잡고 따라다니면서 "썩은 배 줘, 썩은 배 줘" 하고 조른 것이었다.

나는 그 맛있는 배의 이름이 썩은 배인 줄 알았기 때문이다.

결국 내 별명은 썩은 배로 통했고 한동안 '썩은 배 아이'라는 별명으로 친척들 간에는 통했다.

그 별명에 애처로움을 느끼셨는지, 그 다음 해 아버지께서는 우리 집 뒤뜰에 배나무를 한 그루 사다 심으셨다. 내가 초등학교 졸업 할 즈음에는 그 배나무가 커서 썩은 배가 아닌 맛있는 배가 주렁주렁 열리고, 마음껏 먹을 수 있었다.

나는 지금도 그 당시 정확한 나이를 기억할 수 없지만 나중에 어머님의 말씀대로라면 5살, 6살이었고, 그 시절의 내 모습을 추억으로 떠올리면서 쓴웃음을 혼자 짓곤 한다.

배나무 하면 하얀 배꽃을 생각한다.

배나무의 꽃은 주로 차로 끓여 먹는 경우가 많다. 건강 개선, 이뇨 작용 등은 물론 향이 부드러워 누구나 쉽게 음용할 수 있다.

배 주산지의 하나인 나주는 배꽃이 피는 4~5월경이 되면 하얀 배꽃으로 꽃천지를 이룬다. 큰 도로변의 배 농장은 햇빛을 잘 받을 수 있도록 유도선을 만들어 놓았기 때문에 가로로 길게 뻗은 배나무 가지마다 하얀 배꽃이 주렁주렁 달린다.

부지런한 농부들은 그 많은 하얀 배꽃들을 적당히 나무가 감당할 만큼만 남기고 모두 솎아 내준다. 그렇게 솎아주고 남은 배꽃은 햇살을 최대한 흡수하여 가을이 되면 말 그대로 아이들 머리통만 한 큰 배로 변한다.

배는 품종에 따라 다르지만 대략 수분이 85~88%이고, 주성분은 탄수화물이며 당분이 10~13% 정도이다.

배에 들어있는 펙틴과 폴리페놀 성분은 기침 · 천식 · 가려움증 등 각종 알레르기 증상 완화에 도움을 준다. 특히 폴리페놀의 일종인 루테올린은 기관지 점막의 수축을 막아주는 효능이 있으며 과육에는 유기산과 비타민, 플라보노이드 성분과 아스파라긴산이 함유돼 있기 때문에 숙취해소에도 좋다.

배의 석세포는 식이섬유로 이루어져 있어 몸속의 노폐물을 씻어주고 변비를 예방하며 콜레스테롤을 줄여준다. 특히 석세포는 육류나 생선류 등을 조리하는 과정에서 발생되는 탄 음식의 발암

물질과 결합해 이를 빠르게 배설시켜 주는 것으로 밝혀졌고, 치아 사이사이에 낀 치석(플라그)도 씻어준다.

이처럼 달콤하고 아삭아삭한 배는 맛만 좋은 게 아니라 우리 몸에 좋은 건강 식품으로서 오랫동안 사랑을 받아온 과일이다.

♣ 미국인들의 정신이 깃든 조니 애플시드-사과나무

사과는 장미과에 속하며 남 · 북반구 온대지역이 원산지이다. 사과는 유럽인들이 아주 옛날부터 먹기 시작해 점점 품종개량이 되어왔고 이미 2,000년 전부터 여러 품종들이 재배되어 왔다.

아메리카 대륙이 개척되기 전에 이미 유럽에서 수백 가지 품종이 알려져 있었다. 북아메리카로 이민자가 밀려들면서 사과도 같이 퍼지기 시작했는데, 어린 사과나무가 인디언과 사냥꾼의 손을 통해서 퍼졌을 수도 있지만 전설적 인물인 조니 애플시드(본명 John Chapman)와 같은 순회묘목상들을 통해서 퍼진 것으로 보인다.

"보상을 구하지 않는 봉사는 남을 행복하게 할 뿐 아니라 자기 자신도 행복하게 한다"라는 말은 마하트마 간디의 이야기이다.

이와 같은 말을 몸소 실천하는 사람들도 또한 매우 많다.

그중의 한 사람이 바로 '조니 애플시드'라는 별명을 가진 존 채프먼이다. 그는 미국인들로 하여금 무언가 매우 특별하게 말하고 싶어 할 때, "애플파이 같다"라고 말할 수 있게 하였고, 또 미국의 가장 큰 도시인 뉴욕을 부를 때 "가장 큰 사과"라고 말하게 하였다. 이처럼 미국에서 사과를 미국적이며, 매우 특별하게 생각하도록 한 것은 미국의 개척시대에 많은 지역을 돌며 사과 씨를 뿌리고 많은 후손들로 하여금 풍요로운 삶을 살게 한 존 채플먼을 칭송하기 위한 것이다.

존 채플먼은 자신을 위해서가 아니라 다음 세대의 미국인들이 배고픔 때문에 고통받지 않도록 하기 위한 헌신적 배려로 그가 가는 곳마다 사과나무를 심었던 것이다. 그래서 사람들은 그를 '조니 애플시드'라는 별명으로 불렀고, 그것은 아무 대가 없이 평생 사과를 보급한 헌신과 희생의 상징이었기 때문이다.

받는 것에 익숙하기보다는 그리고 눈앞에 보이는 이익을 쫓아가기보다는 보이지 않는 미래를 넘겨다보면서 더 많은 사람들이 행복해질 수 있는 길을 선택하는 헌신과 희생이 '조니 애플시드'라는 별명을 가진 존 채프먼을 만들어 낸 것이다.

사과나무 꽃은 딴꽃가루받이를 통해서 수정되며 품종과 생육환경에 따라 크기 · 모양 · 색깔 · 신맛 등 다양하지만, 보통 모양이 둥글고 잘 익은 사과는 붉은색이나 노란색에 가깝다.

사과나무는 남 · 북반구의 위도 30~60℃ 사이에서 잘 자라며, 배수가 잘되는 기름진 땅이 좋다. 접목으로 번식하며 접목 후 1~2년 뒤에 과수원에 옮겨 심고, 6~8년 후에 과실이 열린다.

사과의 주성분은 탄수화물이고 단백질과 지방이 비교적 적으며, 비타민 C와 무기염류가 풍부하다.

사과의 품종은 수천 가지가 되지만 크게 사과술용 · 요리용 · 후식용으로 나뉘는데, 이는 주로 색깔, 크기, 냄새, 반질반질한 정도, 파삭하고 톡 쏘는 맛 등으로 구분하고 있다. 다른 과일에 비해 저장이 용이하고, 당분이 많고 신맛이 적으며 타닌이 적게 들어 있는 종류들이 많다.

사과는 날로 먹거나 여러 가지 방법으로 요리해서 먹는다. 파이나 타르트 등의 내용물로 많이 쓰이며 사과 파이는 미국에서 대표적인 후식으로 꼽힌다.

유럽에서는 소시지나 돼지고기 요리에 튀긴 사과를 곁들이기도 한다.

한국에서는 재래종인 능금을 재배해 왔지만 최근에는 외국에서 도입된 개량종을 많이 재배하고 있는데, 초기에는 국광 · 홍옥 · 축 · 왜선 등이 주종을 이루었다. 그 뒤 인도 · 딜리셔스 · 골든딜리셔스 등도 재배되었으며 요즘에는 후지 · 스가루 등의 신품종이 점점 많아지고 있다.

사과의 품종은 수확기에 따라 조생종 · 중생종 · 만생종으로 나뉘는데, 조생종으로 미광 · 조홍 등이, 중생종으로 스가루 · 모리스딜리셔스 · 스타킹딜리셔스 · 세계일 · 조나골드 · 홍옥 등이 있으며, 후지 · 육오 · 혜 등의 만생종이 있다.

사과의 용도는 무한하다.

잼 · 주스 · 사이다 · 술 · 식초 · 파이 · 타르트 · 젤리 · 무스 · 셔벗 등을 만들어 먹으며, 유럽에서는 소시지나 고기 요리에 튀긴 사과나 사과소스를 쓰고, 카레 · 스튜를 만들거나 감귤류로 젤리나 무스를 만들 때 사과나 사과즙을 넣어 맛과 향을 돋군다.

♣ 터키 배낭여행에 담겨온–석류

밤이 지나고 햇살이 부실 때 빨간 알알이 석류는 붉는데
차가운 별 아래 웃음이 지면서 메마른 가지에 석류 한 송이
가을은 외로운 석류의 계절 그늘 지나고 햇살이 부실 때
빨간 알알이 석류는 붉는데 바람이 차면서 낙엽이 지면서
메마른 가지에 석류 한 송이 가을은 외로운 석류의 계절

1968년 "정은숙 1집"에 수록된 김진욱 작사, 백영호 작곡의 "석류의 계절" 노랫말이다.

당시 신인 여가수인 정은숙을 일약 스타덤에 오르게 한 노래이다. 가을, 앙상한 가지에 붉은 석류 한 알 덩그러니 남아 있음을 외로움으로 표현한 "석류의 계절"이라는 이 노래가 많은 사람들의 심금을 울려 준 것은 당시 생활의 어려움을 반영한 것도 있지만 유달리 붉고 신 석류 맛에서도 찾을 수 있다.

60년대와 70년대에는 노래로 좋아했지만 최근에는 석류의 약성 때문에 많은 사람들이 선호한다. 석류 열매에 들어있는 에스트로겐이 인체에서 분비되는 에스트로겐과 동일한 분자 구조를 가지고 있다는 보고 때문이며(모로오카 고지 1997), 포도당 분해를 촉진하는 구연산, 에너지 대사를 활발하게 하기 위한 수용성 비타민(B1, B2, 나이아신)을 포함하여 비타민이 풍부하고, 나트륨, 칼슘, 인, 마그네슘, 아연, 망간, 철 등의 미네랄이 다량 함유되어 있기 때문이다.

인체 내에서 분비되는 에스트로겐은 자궁의 발육과 내막의 증식, 유선의 발달, 제2차 성징 등을 담당한다. 에스트로겐의 분비가 감소하면 여성의 생리기능에 문제가 발생한다. 뿐만 아니라 피부미용과 갱년기에 접어든 여성들의 안면홍조, 피부건조, 구내염, 심계항진, 불면, 우울증, 성교통, 관절통 등에 영향을 주는 호르몬이기도 하다. 이처럼 중요한 기능을 보충해 주는 것이 석류이다.

인간이 석류를 재배해 온 것은 오래 전 부터인데, 3000년 전 이집트에서는 각종 질병의 치유효과가 높은 것으로 평가했다.

석류는 부활을 상징하는 열매로, 죽은 이를 매장할 때 함께 묻기도 했다. 그래서인지 피라미드 벽화에는 석류 그림이 새겨져 있으며, 고대 페르시아(이란의 옛 이름)에서는 '생명의 과일', '지혜의 과일'로서 귀중히 여겨 왔다.

기원전 522년 아케메네스조의 대왕 다리우스 1세가 궁전을 건립할 때 석류나무의 꽃과 잎을 디자인하여 궁전을 세웠고, 왕 자신도 석류로 디자인한 의복과 장신구로 사용할 만큼 석류는 왕의 열매, 번영의 열매로 사랑받아 왔다.

우리나라에서도 다산을 상징하는 열매로 고려청자를 포함하여 심지어는 신혼부부의 혼례복인 활옷이나 원삼의 문양에도 석류가 새겨져 있다.

석류(石榴)나무의 열매는 둥근 모양에 단단하고 노르스름한 껍질이 있으며 그 안에는 과육이 들어있고, 그 속에 촘촘하게 종자가 들어있다. 석류 씨인데 시큼하면서 달콤한 맛이 많은 사람들의 입맛을 사로잡는다. 날것으로 먹거나 즙을 만들어 마시며, 껍질에 수분이 많고 신맛이 있어 갈증을 없애 준다.

예전에 터키를 아내와 배낭으로 여행하면서 길거리에서 생석류를 갈아주는 그 달콤한 맛을 잊을 수가 없어 지금도 종종 그때의 이야기를 한다.

아침 길거리에서 석류를 그 자리에서 직접 갈아주는데 처음 생각에는 무척 신맛이 나서 어떻게 먹을까 망설였지만 막상 한 컵 마시고 나니 그 향긋하고 달콤한 맛은 다른 무엇과 비교할 수 없었다.

이렇게 첫 맛에 반한 석류즙은 터키 여행 중, 매일 아침마다 단골메뉴로 즐겼고, 지금도 때때로 석류즙을 만들어 먹는 석류 마니아가 되었다,

석류의 꽃말은 원숙미, 자손번영 등으로 사용되는데, 성서에 의하면 솔로몬 왕은 석류 과수원을 가지고 있었고, 유대인들이 이집트에서의 편안한 생활을 버리고 황야를 떠돌아다닐 때 그들의 기억 속에 남아 있는 석류의 시원함을 간절히 기원했고, 그로부터 수세기가 지난 뒤 예언자 마호메트는 "질투와 증오를 없애려면 석류를 없애라"라고 말했다고 한다.

석류는 다양한 기후조건에서 자랄 수 있지만, 열매가 익는 시기에 온도가 높고 공기가 건조한 곳에서 좋은 열매가 열린다.

지난 2017년 지독한 봄가물이 계속될 때 예년에 볼 수 없는 현상의 하나는 석류꽃이 많이 피었고 많은 열매가 열리는 것을 볼

수 있었다.

건조한 것을 좋아하는 나무이기 때문이었다.

한방에서는 열매 껍질을 말려 구충 · 지혈 · 수렴 등에 쓰며, 민간에서는 백일해 · 천식에 열매 껍질과 감초를 함께 달여 마시기도 한다. 특히 이질에 약효가 뛰어나고 휘발성 알칼로이드가 들어있어 기생충, 특히 촌충 구제약으로 사용하는데, 일반적으로 각종 비타민과 무기질 그리고 쿠메스탄 계열의 식물성 에스트로겐 성분이 다량 함유되어 있어 여성 호르몬 분비를 도와준다.

미모의 여인을 우리는 석류같이 예쁘다고 말한다.

석류가 주목을 받게 된 것은 원산지인 페르시아만 주위의 중년 여성들이 다른 지역의 여성들보다 젊음을 오래 유지하며 갱년기 장애도 거의 겪지 않는다는 보고도 한몫하고 있다.

그러한 기능을 알아서인지 양귀비와 클레오파트라가 즐겨 먹었다고 한다. 절세의 미인, 양귀비는 자신의 미모를 유지한 것은 바로 석류 때문이라고 말하곤 했는데, 그처럼 당나라 현종의 총애를 한 몸에 받던 미모의 양귀비도 결국 756년 6월 14일 자신이 스스로 목숨을 끊어 버렸다.

안록산의 난으로 수도 장안을 탈출, 피난길에 오른 현종이 수행하던 군사들의 압력을 못 이기고 양귀비에게 자살을 명했기 때문인데, 양귀비가 자결하자 군사들은 일제히 만세를 불렀다. 한 인간의 죽음을 슬퍼하기보다는 기쁨을 외치게 한 것은 지나친 과욕이 만들어낸 가장 수치스런 종말이 아닐까 생각된다.

석류는 석류나무과에 속하며, 학명은 Punica granatum L이고 원산지는 아시아(아프가니스탄) 지방이고 키가 5~7m 정도이며, 낙엽성 소교목으로 안석류, 산석류, 감석류 등 다양한 이름을 가지고 있다. 석류(石榴)를 안석류로 부르는 이유는 옛날 중국이 페르시아를 안석국(安石國)으로 칭할 때 안석국, 즉 페르시아에서 자라는 나무라는 뜻에서 온 것이고, 석류의 맛이 신 종류를 산석류로 그리고 맛이 단 열매를 첨석류 혹은 감석류로 불렀다.

♣ 수정 없이 열매가 열리는 신기한–무화과나무

성경의 마가복음에는 "무화과나무의 비유를 배우라, 그 가지가 연하여지고 잎사귀를 내면 여름이 가까운 줄을 아나니 이와 같이 너희도 이 모든 일을 보거든 인자가 가까이 곧 문 앞에 이른 줄 알라"라는 말씀이 기록되어 있다.

각자의 입장에 따라 다양한 해석들을 하는 구절이기도 하다.

무엇을 의미하는지에 대해서는 각자의 몫이고, 그만큼 당시의 주변에 흔하게 볼 수 있는 나무이며, 성경에서도 비유의 대상으로 삼는 나무이다.

무화과는 지중해 연안국을 중심으로 원산지로 알려진 소아시아를 비롯한 포르투갈, 터키, 모로코, 알제리, 이란 등지에서 주로 재배되는 과일이다.

무화과는 뽕나무과(Moraceae)의 무화과속(Ficus L.)에 속하며, 여름철에 비교적 따뜻하고 비가 적게 오는 기후에 적합한 아열대성 난지과수(暖地果樹)이나 우리나라에서는 여름철에는 전국 어디서나 생육이 가능한 식물이지만 영하 7~8℃ 내외에서 동해(凍害)를 받기 쉬워 겨울나기는 어려운 지역이 많고 전남, 경남의 해안지대와 제주도 등지에서 재배가 가능하다.

지금은 전남 무안을 중심으로 해안지방에서 집중적으로 생산되는데 허브뜨락에도 줄줄이 몇 나무가 심어져 있어 무화과 철이 되면 허브뜨락을 찾아오는 탐방객들의 입맛을 즐겁게 해주고 있다.

우리나라에 무화과가 들어온 것은 1800년대 후반 일본을 통해서인 것으로 보이는데, 목포를 비롯하여 광주, 여수 등지와 부산, 포항, 영덕, 멀리 강릉까지, 서쪽으로는 강화도까지 주로 해안선 따라 재배되고 있다.

무화과의 주 품종은 브룬스윅 품종으로 잎이 가늘고 결각이 깊고 마디는 짧으며 과실은 비교적 적고 숙기가 고르지 못하여 주로 관상용으로 재배되었으나 지난 1970년대 이후 전남 영암군 일대에 무화과 과수농업이 시작되어 보통계에 속하는 '승정도후인', '브라운터키' 등 무려 17개 품종이 도입되어 재배되고 있다. 주로 '승정도후인' 품종이 재배면적의 90%를 차지하고 있으나 동해에 강하고 당도가 높은 바나네 품종의 면적이 늘어나고 있는 추세이고 수꽃을 갖지 않고 수정이 필요 없는 암꽃(雌花)만으로 단위 결실한다는 점이 특징이다.

무화과는 꽃 종류와 수분(授紛), 수정(受精), 결실습성에 따라 카프리계, 수미르나계, 보통계, 산페드로계로 구분한다.

카프리계는 소아시아 및 아라비아 지방의 야생종이며, 학명은 Ficus Carica Linn. var. Sylvestres Shinn이고, 재배과수로서는 이용되지 않고 있으나 대표적인 품종으로는 팔마타, 스텐포드, 삼손 등이 있다.

수미르나계는 건과(乾果)용으로 주로 많이 활용되는데 학명은 Ficus Carica Linn. var. Smyrnica Shinn으로 소아시아의 스미르나 지방과 미국 캘리포니아 등지에서 재배된다.

산페드로계의 학명은 Ficus Carica Linn. var. intermedia Shinn으로 암꽃만 가진 단위 결실하는 계통으로 '산페드로화이트'와 '비오레도후인' 등이 이에 속한다.

무화과는 최근 들어 대기오염, 각종 질병 등으로 많은 사람들로부터 선호되는 과일이다. 무화과의 당분은 대부분 과당 포도당이며 유기산이 0.1~0.2% 들어있고 특이한 성분으로 암을 치료하는 효과가 있는 것으로 알려진 벤즈알데히드와 단백질 분해효소 작용을 하는 휘신이라는 물질이 있다.

고대 이집트나 로마, 이스라엘 등에서 무화과는 암, 변비, 치질, 종기, 간장병 등에 이용되어 왔고 오랜 병고에 시달린 사람에게 권장되었으며 강장제로도 널리 이용되었다. 종기가 나거나 부어 오른 곳에 무화과 습포를 하면 효과를 볼 수 있다고 한다.

무화과 잎은 치질에도 이용하는데, 그늘에서 말린 무화과나무 잎에 뜨거운 물을 붓고 그것을 끓인 후 적당히 식힌 후 면 헝겊에 살짝 적셔서 치질의 환부에 부착하는 방법이다.

무화과에 많은 휘신 성분은 고기를 연하게 하는 연육제로도 이용된다. 무화과 나무의 잎, 줄기, 뿌리, 과실 등을 절단하면 백색의 유액이 분비되는데 이것이 휘신이며 연약한 피부에 접촉하면 상처를 입기도 한다.

가장 일반적인 이용방법은 과일을 식용으로 하는 것이며, 가공 식품으로도 이용한다. 최근에는 무화과 식초로 가공하여 변비해소, 혈액순환, 암 예방의 수단으로 활용하는데, 껍질을 벗긴 복숭아와 소주 등을 이용하여 잘 닦아낸 무화과에 드라이 이스트 0.2% 정도를 부어서 잘 으깨어 준 후 설탕을 넣어 당분을 보충해 주면 발효가 일어나며 그 후 초균을 첨가하여 일정한 기간이 지나면 향기롭고 시큼한 무화과 식초가 만들어진다.

무화과 번식은 주로 삽목방법을 이용하며 낙엽이 떨어진 후부터 이듬해 봄 새싹이 트기 전까지 가능하나, 가장 좋은 시기는 3월 중순이다. 삽목할 가지는 2월 중순~3월 상순에 가지를 잘라 사용하는데 삽수길이는 20~25cm 내외로 하되 3~4마디를 남기고 마디의 바로 아래를 자른다. 상부는 마디의 바로 아래를 잘라야 첫 마디의 새싹이 충실하다. 무화과는 과일 수확 후에 그해에 자란 결과지의 아랫부분 2~3절 정도만 남기고 절단하고, 새로 나온 신생지들 중에서 튼실한 1~2본을 골라 키운다.

♣ 뇌세포 노화방지에 좋은-블루베리

북아메리카 원산으로 알려진 블루베리는 북반구 전역에 여러 종으로 분포하며, 이러한 종들을 토대로 북아메리카 등지에서 품종 개량 등이 활발하게 이루어져 크랜베리(넌출월귤), 월귤, 빌베리, 링곤베리, 불르베리 등이 재배되고 있다.

최근에 항산화 효과가 있고, 시력 회복과 뇌세포 노화 방지에 좋은 안토시아닌 성분이 많다 하여 각광받고 있는데 겉보기엔 푸른색 계열이지만, 실제로 즙을 내보면 검보라색에 가까운 색이 나오는데, 이는 껍질에 축적되어 있음을 알 수 있으며, 때문에 껍질을 버리지 않고 먹는 것이 중요하다.

한국에서는 2010년 무렵부터 전남 화순과 전북 정읍, 경기도 평택을 중심으로 재배, 생산이 본격화되어 전국적으로 재배되고 있다.

블루베리는 크게 로(우)부시, 반수고 하이부시, 북부 하이부시, 남부 하이부시 등 4부류로 구분하는데, 로우부시는 야생종을 선발해 개량한 것으로 나무 크기도 매우 작고 열매도 작고 맛도 없어서 가공용으로 쓰는 품종이다.

반수고 하이부시는 내한성이 강해 −40℃에서도 생존하며, 열매 크기는 작다. 성숙기 6월 상순에 당도 13.5%의 극조생의 노스랜드와 해당 계열 중 열매의 크기와 맛이 우수한 노스블루, 칩페와, 탑햇 등이 여기에 속한다.

북부 하이부시는 보통 1~2m까지 크고 영하 −20℃ 정도에서도 생존하는 내한성을 보이는 종으로 우리나라를 포함, 전 세계적으로 가장 많이 재배되는 계열이다.

조생종이며, 국내에서 많이 재배되는 품종 중 하나인 듀크도 북부 하이부시에 속하는데 당도가 12브릭스로 높은 편이며 특이한 향기를 지니고 있다.

남부 하이부시는 기온은 −10~−15℃까지로 비교적 내한성이 약한 계열이며, 여기에는 동일계열로는 냉해에 강하고 중,대과들이 많이 열리는 편에 속하는 뉴하노버, 수확시기가 빠르고 대과에 부드럽고 순한 맛이 나는 레벨, 수확시기는 가장 이른 매그놀리아가 여기에 속한다. 그 외에도 과일 밑부분이 별 모양인 스타, 생육조건이 매우 수월한 샤프블루, 중생이며 부드럽고 단 열매를 대과로 맺는 에메랄드, 단맛이 강하고, 느슨하게 달린 열매의 생산력 또한 높아서 상업적으로 인정받는 카멜리아 등의 품종이 이계열에 속한다.

블루베리는 산성을 좋아하는 식물이며, 굵고 좋은 열매를 따기 위해서는 2~3종을 혼식하여 품종 간 수분(受粉)을 유도한다.

묘목 식재 후 4~5년째부터 본줄기들 중 튼실한 3~4개의 줄기를 남기고 솎아 내는 전정을 하며 과실은 조생종은 6월 상순부터, 만생종의 과실은 7월 상순부터 수확할 수 있다.

블루베리를 관상용으로 재배할 경우 봄에는 종 모양의 하얀색 꽃을 아름답게 피우며 여름에는 예쁘고 맛있는 과실 그리고 가을에는 진홍색의 잎, 겨울에는 붉고 노란 가지를 감상할 수 있기 때문에 선호하나 수백 가지의 품종 중 지역의 특성과 재배 목적에 맞는 품종을 선택하는 것이 매우 중요하다. 블루베리는 매우 가는 수염뿌리가 대부분 토양 표면에 분포하는 천근성의 과수이므로 건조의 해를 받기 쉬워 관수에 유의해야 한다.

7. 허브 꿀 따는 허브뜨락

1) 꿀벌과 인간

꿀벌을 보면서 참 많은 것들을 배운다.

그들의 부지런함을 배우고, 협동심을 배우며, 충성스러움을 배운다. 청결함에 놀랍고 질서정연함에 다시 한 번 더 놀랍다.

꿀벌들에게 감사를 표하기도 한다.

맛있는 꿀을 생산해 줌에 감사하고 약이 되는 화분을 줌에 감사하며 쓰임새 많은 밀랍을 줌에 감사한다.

꿀벌과 인간이 맺은 인연에 대한 기록들은 비교적 다양하다.

남아프리카공화국 보더 동굴에서는 4만 년 전의 밀랍 덩어리가 발견되었는데, 연구 결과 창을 만들 때 나무 끝에 뾰족한 돌을 부착하기 위해 사용했던 흔적으로 추정했다.

사하라사막 이남의 아프리카 전역에서 발견된 선사시대의 암석화에서도 벌집 그림이 많이 남아있는 것으로 알려져 있다.

"밀랍"은 꿀벌들이 생산해 내는 특정 물질의 화학적 성분이 초기 농경시대의 사람들이 사용하던 그릇조각에서 발견되었다는 점을 고려하면 적어도 9000년 전부터 양봉꿀벌(Apis mellifera)을 했거나 꿀벌의 밀랍을 일상생활의 일용품으로 사용하기 시작했다.

터키의 차탈회위크 신석기 유적지와 영국 브리스톨대 연구진이 유라시아 일대에서 발견한 약 9000~6000년 전의 질그릇에서 밀랍 흔적을 찾아냈을 뿐 아니라 아나톨리아 북서부 지역, 덴마크, 발칸반도 등 여러 지역에서 밀랍을 사용한 흔적이 발견되었다.

질그릇과 밀랍과 관련된 증거들 말고도 스페인 동굴벽화(BC. 7000년경)의 벌꿀 그림, 고대 이집트(BC3200년경)문자에서 왕권과 꿀벌의 비유와 피라미드에 새겨진 꿀단지, 열이 날 때 벌꿀을 권유했다는 히포크라테스의 의술 기록, 아리스토텔레스의 꿀벌의 생태 연구와 꿀벌의 습성 기록 등을 참고로 할 때 아마도 인류의 역사만큼이나 오랜 세월을 이 지구상에서 살아온 생명체가 아닐까 추측될 뿐 아니라 인간과의 인연이 깊은 유익한 생명체임을 알 것 같다.

꿀벌이란 꿀벌속(*Apis*)에 속하는 곤충의 총칭이며, 이름 그대로 꿀을 저장하고 생산하는 벌을 말한다.

벌은 개미과를 제외한 벌목[膜翅目]에 해당하는 곤충의 총칭으로 세계에 10만 종 이상이 알려져 있지만 실제로는 그 배가 넘는 것으로 추정된다. 작게는 몸길이 1mm 이하의 좀벌이 있고, 70mm가 넘는 대모벌도 있다.

벌은 종류에 따라 먹이 선택이나 생활양식이 매우 다양한데, 식물체의 조직을 먹는 것에서부터 채식 곤충을 먹는 벌, 식물의 미량생산물인 꽃가루와 꽃꿀만을 먹는 식물식(植物食) 벌 등 다양하다.

금테줄배벌의 종류는 몸의 길이는 20~22mm 정도로 작은 벌인데 '콩풍뎅이'의 유충에 기생하며 산다. 우리들에게 흔하게 알려진 땅벌은 수컷은 12~18mm, 암컷은 15~19mm 정도의 작은 체구에 흑색 바탕에 황색 무늬가 있는데, 땅 속에 여러 층의 집을 만들며 살아간다. 가을철 추석을 전후하여 벌초하는 사람들을 쏘아 피해를 주기도 한다.

말벌은 수컷은 20mm, 암컷은 약 25mm 정도이다. 암컷은 몸빛이 흑갈색이며 황갈색과 적갈색의 무늬가 있는데, 나무 수액 또는 다른 곤충류를 포식하며 살아가는 벌인데 꿀벌의 천적으로 꿀벌을 습격하면 순식간에 꿀벌 한통이 말살당하기도 한다.

장수말벌은 좀 더 커 수컷이 27~39mm, 암컷은 37~44mm 정도로 몸에는 갈색 또는 황갈색의 잔털이 빽빽이 나 있는데, 주로 나무속의 빈 공간, 땅속, 인가의 벽이나 추녀 밑에 둥글고 크게 벌집을 만들어 살고 있으며, 한국산 벌 무리 중에서 가장 큰 종으로 매우 공격적이고 독성이 강하여 쏘이면 심한 상처를 입는다.

가장 인간과 친한 관계를 맺고 있는 양봉 꿀벌은 몸의 길이는 12mm 내외의 비교적 작은 체구를 가진 벌이다.

꿀벌은 여왕벌과 일벌 그리고 수벌로 구성된 대가족제도로 살아가는데, 여왕벌은 더듬이와 머리방패의 가장자리가 황갈색을 띠고 있고, 수컷은 일벌보다 크고 겹눈이 정수리에 붙어있으며 주둥

이는 퇴화했고 회황색의 털이 촘촘히 나 있다. 일벌은 온몸에 회황색 털이 많이 나 있으며 제1~2배마디는 적갈색이고 나머지는 흑갈색이다. 날개는 투명하고 황색이 돌며 시맥은 흑갈색을 띤다.

꿀벌은 수많은 육각형 방들이 있는 벌집을 만들어 군체를 이루며 사는데, 한 군체는 불임성인 대다수의 암벌인 일벌과 나머지의 생식벌인 수벌, 그리고 유일하게 알을 낳을 수 있는 개체인 여왕벌로 이루어져 있다. 일벌과 여왕벌은 독침을 가지고 있으나 수벌은 독침이 없다. 일벌의 독침은 천적을 만나면 사용하나 거꾸로 된 가시가 있으므로 빠져나가면 죽는다. 여왕벌의 독침은 다른 여왕벌과 싸울 때만 사용하나 거꾸로 된 가시가 없으므로 빠져나가도 죽지 않는다.

꿀벌의 천적은 말벌과 사마귀, 거미, 잠자리 등인데, 꿀벌의 먹이인 꿀뿐 아니라 애벌레를 약탈하기 위해 습격하며, 꿀벌은 무리를 지어서 말벌과 전투를 벌이는데, 적이 많은 경우에는 힘이 부쳐서 패하지만, 우리나라의 재래종인 한봉꿀벌은 봉구열로 상대를 죽이기도 한다.

말벌들로부터 공격을 받으면 많은 꿀벌들이 에워싼 후, 날개 근육을 움직여 온도를 높여서 죽이기도 한다. 최근 연구로 온도와 고농도의 이산화탄소를 내뿜어 질식시키는 방법으로 천적인 말벌과 싸우는 자기 보호 방법을 갖고 있다고 한다.

꿀벌을 사육하다 보면 꿀벌사회의 특이한 현상들 중 하나는 계급사회 형성이다. 꿀벌사회의 핵심이 되는 것은 여왕벌이다. 여왕벌의 임무는 번식이고 번식을 위해 존재하는 수벌은 교미가 끝난 후 공동체 유지를 위해 무리에서 추방당하거나 살해당한다. 여왕벌이 알을 낳아서 애벌레가 부화하면 일벌은 여왕벌이 될 벌에게만 로열 젤리를 먹여서 다음 대를 준비하며, 만약 여왕벌이 두 마리이거나 식구가 너무 많은 경우에는 분봉(分蜂)이라고 하여 독립을 한다. 이는 권력투쟁을 위해서 분열을 하게 되면, 공멸을 하게 되기 때문이다. 한 마리의 여왕벌에는 일벌이 무려 20,000~40,000마리가 따르는데, 일벌은 애벌레를 기르고 벌집의 꿀이 될 꽃꿀을 모은다. 이들은 벌집을 떠나 당이 가득한 꽃꿀을 모아 벌집으로 되돌아온다. 일벌들은 꽃꿀이 부분적으로 소화될 때까지 꿀주머니를 이용하여 꽃꿀을 여러 번 섭취하고 다시 내뿜는데, 자신들이 만족할 만한 양질의 꿀을 얻을 때까지 이러한 과정을 되풀이하며 그렇게 얻어진 꿀은 육각형으로 된 방들에 저장하고, 채워진 꿀을 사람들은 강탈(?)해서 먹는다.

꿀벌의 용도는 매우 다양하다.

벌꿀, 로열 젤리, 밀랍, 프로폴리스, 꽃가루, 봉독 등을 얻기 위해 사육될 뿐 아니라 화분매개 작용으로 식물의 가루받이(수분)에 이용된다.

가장 일반적으로 이용하는 것은 역시 꿀이다.

꿀이란 일벌들이 식물의 밀선에서 분비하는 물질을 수집하여 벌집에서 증발 · 농축시켜 그들의 식량으로 저장해 놓은 것이며, 이와 같은 벌꿀은 일벌들이 어디에서 채취했느냐에 따라서 즉 밀원의 종류에 따라 아카시아꿀, 유채꿀, 밤꿀, 잡꿀, 피나무꿀, 감귤꿀, 블루베리꿀 등으로 구분되며, 종류에 따라 맛과 성분이 각각 조금씩 다르지만 대체로 과당 38%, 포도당이 31%로 주종을 이루며 그 외에 자당, 수분, 맥아당 등으로 구성되어 있다.

가장 일반적으로 사용되는 꿀은 야생화 꿀이다.

일반적으로 '잡화꿀', '잡꿀'이라고도 불리는데, 벌이 여러 종류의 야생화를 옮겨 다니며 채밀한 것으로, 동시에 개화되는 꽃들, 즉 봄철의 싸리, 옻나무, 칡, 상수리, 찔레꽃 등 여러 꽃이 섞인 꿀이다. 물론 이와 같은 야생화 꽃꿀이라 하더라도 꿀벌들이 주로 채집하는 지역의 생태환경이나 꽃의 종류에 따라서 맛과 향 그리고 색깔이 다르다. 그러나 여러 종류의 꽃들이 합해져 있기 때문에 대체로 아카시아꿀보다 진하고 밤꿀보다는 진하지 않다. 속을 따뜻하게 해줄 뿐 아니라 면역력과 살균력이 좋아 감기 · 호흡기 질환 등에 효과가 있다. 아울러 고혈압에도 효과가 있는 것으로 알려져 있다.

피나무꿀은 6월께 피는 피나무꽃에서 채취한 꿀이다. '전마'라고 불리는 피나무는, 염증과 만성골수염을 치료할 수 있는 약재수인데, 꿀이 많이 생산되는 밀원식물이다. 특히 피나무꽃의 꽃받침이 있는 부근에서 나오는 꿀은 향기가 좋고 당분 함량이 높으며 양도 많을 뿐 아니라 아미노산과 미량원소가 들어 있어 노인, 고혈압, 피로회복과 혈액순환 등에 좋은 것으로 평가되고 있다.

옻나무꿀은 옻나무꽃에서 채취한 꿀인데, 옻을 타는 사람들이라 하더라도 옻꿀을 통해서는 옻이 오르지 않기 때문에 특별한 주의를 요하지 않는다.

알버트 아인슈타인은 "꿀벌이 멸종하면 인류도 4년 내로 꿀벌 따라 멸종한다."라고 언급했다.

왜 그러할까?

당연히 생태계의 파괴를 의미하는 것이기 때문이다.

다시 말하면 꿀벌들에 의해 수정되는 식물들의 수정이 불가능하고, 번식이 불가능해질 것이며 생산이 불가능해지기 때문이다.

꿀벌의 움직임을 보면서 종종 생태계의 신비스러움을 느낀다.

꿀벌들이 살아가는 방법은 그들의 조상 대대로 내려온 수천 년, 아니 수만 년 동안의 전통적인 방법을 그대로 살아가는 것이다.

오랜 옛날, 지구촌에서는 커다란 공룡들이 지구 생태계의 주인 노릇을 해왔지만 세월이 지나면서 그 자리는 다른 생명체들에게 넘어가게 되었고, 지금에 와서는 그 자리를 인간이 차지하고 있는 것이다. 그러나 꿀벌들의 모양은 크게 변하지 않은 것으로 알려져 있다. 그들의 삶은 어떠한 환경에서도 살아남을 수 있도록 작고 부지런하며 지구상에 존재하는 식물들이 번식하는 데 필수적인 화분과 꿀을 먹고 살아가기 때문이다. 그러나 식물들이 내주는 화분과 꿀은 식물들이 자신의 종족 번식을 위해 꿀벌을 유인하는 수단이다.

결국 식물들은 꿀벌을 매체로 수정이 이루어지고, 꿀벌들은 자연스럽게 그들이 필요한 화분과 꿀이라는 그들의 식량을 확보하면서 서로 공생하는 삶이 된다.

세상을 살아가는 가장 아름다운 모습 '공생'이다.

허브뜨락의 주변에는 이처럼 서로 공생하는 모습을 이른 봄부터 가을까지 끊임없이 볼 수 있다.

이른 봄 얼음 속에 꽃이 피는 복수초, 거친 서리가 내리는 이른 봄인데도 향기 나는 꽃으로 겨울잠을 자는 꿀벌들을 불러 모으고, 유혹하는 야광나무가 있다. 그리고 뒤이어 봄기운이 짙어지면 주변에 아카시나무 꽃향기가 진동을 한다. 워낙 꿀벌들이 좋아하는 아카시꽃이기에 허브뜨락의 주변에는 아카시나무가 많다. 일부는 심어 놓은 것이지만 대다수는 스스로 씨앗이 떨어져 자라고 핀 꽃들이다. 마치 꿀벌들이 종자를 만들도록 수정해 준 대가를 치르기라도 하려는 듯 하얀 꽃들이 꿀벌들에게 큰 잔칫상을 만들어 대접하는 모습들이다.

몇 년 전 식목일을 전후해서는 붉은 아카시나무를 수십 주 식재 했다.

꿀이 많이 나온다고 해서 심은 붉은 아카시나무인데, 홍조 띤 모습을 보고 있노라면 이곳이 천국인지 지구인지 구분하기 어려울 정도로 환상적이다.

이렇게 시작한 꿀벌들의 봄맞이 잔치는 밤나무꽃, 싸리나무 꽃을 종횡무진하면서 그들의 삶을 즐기는 모습이 참으로 대견스럽다. 지천에 깔려 있는 허브 향기 나는 꽃들은 여름철에 피크를 이룬다. 그리고 가을철 무렵이면 서서히 녀석들은 겨울 월동 준비를 한다. 육각형으로 촘촘하게 지어진 꿀통에 맛있는 꿀이 채워지면 밀랍을 만들어 봉해 버린다. 가혹하지만 그때가 되면 채밀을 해야 한다. 왜냐하면 사람들이 좋아하는 가장 적당한 수분 함량의 꿀이기 때문이다.

맛있는 꿀을 따기 위해 더 많은 그리고 꿀이 많이 나는 수분수들을 심어 놓은 대가를 받는 것이다. 아카시꽃, 찔레꽃이 필 즈음이 되면 그들의 활동 범위는 무려 2킬로미터까지 날아가 꽃가루와 꿀을 날라 온다.

작은 일벌들은 날기조차 어려울 정도로 무거운 꿀을 짊어지고 열심히 일을 한다. 그러한 일벌들을 바라보고 있으면 때로는 애처로운 마음이 생긴다. 나름대로 추운 겨울을 대비해서 꿀을 저장하거나 어린 벌들을 키우기 위해서 따오는 화분덩이들일 터인데, 그리고 끊임없는 날갯짓으로 육각형의 소비방에 채워진 꿀의 수분을 날리는 노동으로 안전하다고 생각되는 꿀통을 밀랍으로 봉해 버린 것인데, 어느 날 사람들은 그것을 몽땅 순식간에 빼앗아 가 버리는 것이다.

꿀벌들이 만약 의식을 가지거나 인간과의 관계를 안다면 그래도 그들은 일을 할까 하는 생각을 해 보곤 한다.

그러나 꿀벌들은 사람과 마찬가지로 자신이 주인이 되는 자기 주도적 삶을 살아가는 존재이다.

자기 주도적인 삶이란 자신이 주인공인 삶이다.

스스로 설정한 삶의 목적을 달성하기 위하여 내가 해야 할 일을 찾고, 내가 걸어가야 할 길을 찾는 일이며, 내가 할 일들이란 막연한 일들이 아니라 '남들보다 더 잘할 수 있는 일' 혹은 '내 자신의 할 수 있는 일들 중에서 보다 더 잘할 수 있는 일'을 찾아내고 수행하는 것이다.

사람들이 평생을 통해 '하는 일'이란 내가 나중에 먹고사는 집과 식량과 옷을 준비하는 것만은 아니다. 평생을 먹고살 만큼 넉넉한 식량을 축적해 놓았다 하더라도 사람들은 일을 한다.

본능에 가까운 '일'이다. 꿀벌들도 마찬가지이다.

그들이 축적해둔 벌꿀이 산처럼 쌓여 있다 하더라도 꽃이 있는 한, 식물들이 수정을 해서 종자를 번식시켜야 한다는 신호는 꿀벌들을 유혹할 것이고 그들의 일은 계속될 것이다.

자기주도적인 삶을 살아가는 인간은 나의 행동과 사유는 어떤 특수성을 가지고 있는가를 생각하며, 과거로부터 현재에 이르기까지의 축적된 문화와 가치관, 성격과 향후 미래에 대한 가능성 등을 스스로 판단하고 예측하는 능력을 가지게 된다.

자기주도적 삶은 구체적이고 다양한 변인들을 바탕으로 스스로 자신에게 적합한 선택을 하게 된다.

무엇을 어떻게 할 것인가로부터 '삶의 방향(가치관)과 목표'를 선택하는 것에 이르기까지 끊임없는 선택의 연속선상에서 내가 주인이 되어 선택하는 것이다.

이와 같은 자기주도적인 삶은 결국 성취감과 자중감을 높여주며, 양질의 삶, 행복한 생활, 새로움에 대한 도전적인 생각을 갖게 한다.

꿀벌들의 사회에서 일벌들이 살아가는 방법과 일이란 그들이 존재하는 이유이다.

꿀을 모으는 일이 먹이를 준비하는 일이면서 동시에 식물들의 번식을 도와주는 일이기 때문이다.

이처럼 식물들과 꿀벌 그리고 꿀벌과 인간의 관계는 식량을 빼앗기고 뺏어 먹는 관계가 아니라 서로에게 필요하고, 행복을 나누는 상호 고귀한 존재들이다.

일체유심조(一切唯心造)라는 말은 모든 것은 마음으로부터 비롯된다는 것이며, 행복함 또한 마찬가지로 마음먹기 달려있음을 의미한다.

스스로 자신과 다른 모든 것들과의 차이를 찾아내고, 차이를 바탕으로 스스로 존재의 이유를 깨닫고, 존재가치를 실현하기 위하여 스스로를 유용하게 활용하는 것이야말로 자기 자신을 가장 보람차고 행복하게 하는 일이다.

가장 무능한 상태, 단지 숨 쉬고 어머니의 젖을 빠는 것 외에는 거의 할 수 있는 일이라고는 아무것도 없던 나약하고 미숙한 존재가 점차 스스로 존재할 수 있는 능력을 가지게 하고, 주변 환경과의 상호작용을 통해서 새로움을 창조해 낼 수 있는 창조력을 가진다는 것은 생명체가 가진 소중한 가치이다. 곧 누군가에게 도움이 되는 가치를 창조하는 일, 이것이 곧 선이고 귀한 역량이라는 입장에서 꿀벌들의 삶은 참으로 위대한 것임을 실감한다.

2) 허브뜨락 주변의 밀원 식물 식구들

원시사회의 자연 상태에서 모든 산물들은 신으로부터 부여된 공동의 소유이고, 평화로운 상태이었다. 그러나 이성에 의하여 '노동의 대가'에 따른 사적 소유가 인식되고 더 나아가서는 화폐라는 도구를 만들면서 인간은 부를 축적하고 미래를 걱정하면서 원래의 생득적 관념, 즉 선하고 평등한 평화로운 관계를 벗어나기 시작하였다. 이러한 시민사회로의 이동과 사회계약제도의 발전(?)은 인간을 끊임없는 창조적 존재로 변화시켰다.

그러한 창조적 존재는 무엇인가? 남들의 몫을 나의 몫으로 만들어 버림으로써 내가 그들보다 더 많은 무엇인가를 가짐으로써 창조의 목적을 달성하는 것이라면 분명히 그것은 발전이 아닌 선한 인간성의 상실이고, 진보가 아닌 퇴보의 시작일 것이다.

그러나 인간의 창조력이 다른 생명체들과의 차이를 찾아내고 만들어 가면서 각자의 몫을 최선을 다해 궁극적으로는 조화로움과 평화로움을 만들어 내는 것이라면 이는 더할 나위 없는 아름다운 창조력이 될 것이다.

사람들은 밀원 식물을 가꾸어 꿀벌들로 하여금 그들이 살아가는 데 필요한 먹이를 만들도록 해주고, 꿀벌들의 먹이 찾는 일은 곧 식물들의 종족 번식에 필요한 수정의 매체가 되면서 살아가는 모습은 진정한 유토피아가 아닐까?

♣ 꿀벌을 춤추게 하는 나무－회양목

회양목은 매우 소중한 밀원 식물이다.

전통적으로 나무의 재질이 단단하고 나무의 결이 고와 귀한 도장을 파는 데 사용하기 때문에 도장나무라고도 부르는 회양목은 회양목과에 속하는 늘푸른떨기나무이다. 키와 잎이 작고 소담스러워 정원을 가꾸는 데 경계수로 많이 이용하는 나무인데 꽃이 피는 4~5월에 회양목이 심어져 있는 주변을 가다 보면 꿀벌들의 역사가 왕성하게 일어나고 있음을 볼 수 있다.

회양목은 본래 한국에서 자생하는 나무로 경북, 충북을 중심으로 하는 석회암 지대의 지표 식물인데, 이른 봄, 대부분의 식물들이 아직 꽃을 피우기에는 이른 시기에 피어난 회양목꽃은 벌들의 훌륭한 양식이 된다.

상록식물로서 우리나라 회양목은 잎이 좁고 긴 긴잎회양목과 잎이 더 크고 잎자루에 털이 없으며 섬 지방에 사는 섬회양목이 있는데, 1917년 윌슨이 관악산에서 채집한 것과 1989년 단양에서 채집하여 미국으로 가지고 간 회양목은 윈터 그린(Winter green), 윈터 뷰티(Winter beauty)라는 새로운 품종으로 개발되어 식재되고 있다.

우리 땅의 고귀한 식물이 타국인에 의해 이름이 붙여지고 그들의 자원으로 돌변한 것이다. 우리의 자원을 우리가 돌보지 못함으로써 발생하는 안타까운 일들 중 하나이다.

회양목은 성장 속도가 아주 느려 직경이 25cm 정도가 되려면

600~700년이 소요되는 것으로 알려져 있으며, 밀원식물로서뿐 아니라 목관악기나 현악기의 줄 받이, 장기 알, 측량 도구에 쓰이는 고급 목재로 사용되며, 파라북신, 북시나민 등 알칼로이드가 함유되어 있다.

♣ 중풍 마비를 낮추게 하는–찔레

봄부터 이른 여름까지 작은 찔레꽃이 피면 꿀벌들은 바빠진다.

잔잔한 하얀 꽃에 독특한 향기로 벌들을 유인하여 가루받이를 한 찔레는 가을이 되면 붉은 열매를 맺게 되고 종족번식을 하게 되는데, 찔레의 학명은 *Rosa multiflora* or Rosa polyantha이며, 장미과에 속하는 관목으로 동북아시아 지역이 원산지로, 한국과 중국, 일본의 야산에 광범위하게 분포해 있다.

번식력이 왕성하기 때문에 시골의 길가, 양지바른 산기슭, 골짜기, 냇가 등지에서 흔히 볼 수 있으며, 자그마한 뿌리만 있어도 어느새 찔레꽃 밭이 돼 버리곤 한다. 더욱이 줄기에 가시가 있어 쉽게 접근하기가 어렵지만 꿀벌들은 자유롭게 드나들면서 수정의 대가로 맛있는 꿀을 받아간다.

특히 찔레꽃은 불면증, 건망증, 간 질환, 당뇨, 중풍 마비에 쓰이기 때문에 찔레꽃에서 채밀한 꿀은 그만큼 효과가 높은 것으로 알려져 있다.

♣ 해열과 이뇨제 꿀을 주는-버드나무

허브뜨락의 입구에 오래된 버드나무가 한 그루 있는데 버드나무는 겨우내 꿀벌들을 유인하기 위해 준비하는 듯하다.

봄기운이 돌면서 아지랑이가 돌아다니고 잎이 나오기 위해 푸른색이 돌기 시작하면 어느새 '버들개지' 또는 '버들강아지'라고 부르는 꽃이 피어난다.

겨우내 준비해 둔 맛있는 꽃가루와 꿀을 잔칫상에 올려놓고 꿀벌들을 초대하고 그리고 수정하는 버드나무는 금세 익어 두 개로 째져서 흰 솜털이 있는 씨가 바람에 날려 흩어진다. 꿀벌들을 초대하여 벌인 꿀잔치로 소기의 목적을 달성한 것이다.

버드나무는 버드나무과에 속하는 낙엽 교목이다. 우리나라에 자생하는 버드나무는 나뭇가지가 축축 늘어지는 능수버들, 왕버들, 갯버들 등으로 총 30종이 있고, 대략 8~10m까지 자라며, 잎은 긴 타원 모양이며 잔 톱니가 있다.

꽃은 암수딴그루로 4월 무렵에 암자색으로 잎보다 먼저 핀다.

버드나무의 꽃은 길이가 1~2㎝로 비교적 작은 꽃인데 수꽃에는 꿀샘과 수술이 2개씩이고 수술대 밑에는 털이 있으며, 암꽃은 1~2개의 꿀샘이 있으며 암술대는 약간 길고 4개의 암술머리가 있으며 꽃대에는 털이 있다.

버드나무는 주로 가로수나 풍치목으로 활용하며, 특히 버드나무 껍질에는 아스피린 계통인 살리실산을 만들어내는 성분이 있어 오래전부터 세계 각지에서 해열제, 이뇨제 등의 약용으로 이용해오고 있다.

♣ 인체의 독소를 배출시켜 주는 꿀-싸리꽃

우리 주변에는 싸리나무를 소재로 활용되는 제품들이 많다.

회초리(楚), 싸릿대 바구니, 광주리, 종다래끼, 고리, 삼태기, 바소쿠리, 싸리비, 지팡이 등과 같은 일상 용품은 물론 싸리로 이어 얹은 싸리 지붕, 울타리와 문을 엮어 세우는 싸리문 등이다.

우리들이 일상적으로 부르는 사립문(싸리문)은 역시 가장 전통적인 시골 냄새가 풍기는 서민층 집의 문이었고, 마을 혹은 가족단위의 놀이에 빠지지 않는 윷(柶)놀이나 설날의 윷점놀이에서는 싸릿대를 토막 내고 반씩 쪼개 쉽게 만들 수 있는 놀이 도구이었다.

나는 어려서 서당을 다녔는데, 훈장 선생님의 회초리를 잊을 수 없다. 글자의 획이 틀렸다는 이유로, 때로는 정신을 똑바로 차리지 않는다거나 자세가 바르지 않다는 이유에서 매서운 회초리를 맞곤 했었다.

천자문, 동몽선습 등을 외우거나 쓸 적에 틀리거나 졸음이 와서 획이 빗나갈 때도 여지없이 회초리가 날아들곤 했다. 그래도 그날들의 추억이 아름다운 향수로 다가오는 것은 사심 없는 훈장님의 사랑 때문일 것이다.

싸리나무(Lespedeza bicolor Turcz.)는 콩과에 속하는 낙엽관목이며, 북아메리카와 동부 아시아 온대에 약 60종이 있으며 우리나라에는 싸리나무, 흑싸리, 털싸리 등 20여 종이 자라고 있는데 어느 것이나 약으로서의 성분들은 비슷해서 모두 쓸 수 있다.

오지에서 잘 자라는 싸리나무는 일반적으로 인식하는 빗자루나 만드는 소목이 아니라 높이 3미터 내외에 달하는 것도 있다. 실재하는 공주 마곡사의 싸리나무 기둥과 승주군 송광사의 큰 싸리나무를 파서 만든 큰 그릇(밥 함지박) 등이 바로 큰 싸리나무로 만든 것이다.

싸리는 흔한 식물이지만 귀한 성분들이 들어있어 귀하게 생각해야 할 식물이다.

옛날에는 싸리나무를 요긴한 구황식품으로 활용했다.

싸리나무에 달리는 씨와 잎에는 알칼로이드, 플라보노이드, 아스코르빈산이 많이 들어 있을 뿐 아니라 단백질과 전분, 지방질이 많고 여러 가지 영양분이 많이 들어 있어서 식량 대신 먹을 수 있다는 것이 밝혀져 훌륭한 식품으로서의 가치를 인정받고 있다.

옛말에 싸리나무 씨를 먹고 백 살이 넘도록 살았다는 이야기와 싸리나무를 오래 먹으면 겨울에도 추위를 모르고 건강해진다는 얘기는 빈 소리가 아닌 듯하다. 특히 잎에 많은 플라보노이드 성분은 피와 간의 콜레스테롤 양을 낮추고 소변을 잘 나가게 하며 몸속의 질소 성분을 몸 밖으로 내보낸다. 때문에 잎을 달여 상복하면 신장염, 신부전증, 콩팥경화증, 콩팥질소혈증 등에 좋을 뿐 아니라 고혈압과 동맥경화를 예방하거나 치료하는 데에도 쓸 수 있다.

싸리나무 뿌리는 풍습으로 인한 마비, 타박상으로 인한 통증을 멎게 하는 작용이 있고, 땀을 잘 나게 하며 염증을 없애고 요산을 몸 밖으로 내보내는 작용을 한다.

역시 끊임없이 흔하게 접할 수 있는 것은 싸리나무 꽃에서 나온 싸리꿀이다. 싸리나무 꽃은 홍자색으로 7~8월에 피기 때문에 이때쯤이 되면 전국 각지의 산간지방에서 채밀이 이루어진다. 싸리꿀은 아카시아꿀보다는 약간 진한 백황색이며, 맛은 감미롭고 약간 신맛이 있다.

싸리꽃은 꿀벌들이 좋아하는 꿀을 많이 가지고 있을 뿐 아니라 꽃을 직접 활용하는 방법들도 다양하다. 쉽게 이용하는 방법은 싸리나무 꽃을 이용한 목욕법이다. 싸리나무 꽃은 땀을 잘 나게 하고 피부 속에 깊이 들어 있는 갖가지 노폐물을 몸 밖으로 빠져나오게 하기 때문에 미용효과가 높을 뿐 아니라 인체 내의 독소를 빼내는 데 효과적이다.

싸리나무의 꽃은 꽃차로도 사용할 수 있다. 싸리나무 꽃의 은은한 향기를 그대로 즐길 수 있기 때문이다.

싸리나무 꽃을 따 건조 후 분말로 만들어 먹어도 좋은 효과를 볼 수 있을 뿐 아니라 독특한 풍미를 느낄 수 있다.

♣ 꿀벌들의 긴 겨울잠을 깨워주는-유채꽃

봄철이 되면 전국적으로 유채꽃 축제가 흔하게 열린다.

크고 작은 강변이나 도시 근교, 특히 제주도의 유채꽃 축제는 말 그대로 장관이다. 이처럼 유채꽃 축제가 많이 열리고 각광을 받는 이유는 꽃이 아름답기도 하지만 기르기도 쉽고 꿀과 화분으로 유용한 가치가 있기 때문이다.

유채(油菜)는 십자화과의 두해살이 식물로 가을에 씨를 뿌려 이듬해 봄에 꽃이 피는데 우리나라는 물론 아시아 유럽 등 세계적으로 널리 재배되고 있다.

유채의 종류는 보통종과 서양종이 있는데, 보통종은 지중해 연안에서 중앙아시아 고원 지대 원산으로, 꽃은 황색이고 종자는 적갈색이라 적종(赤種)이라고도 한다. 서양종은 스칸디나비아 반도에서 시베리아 및 아프카 지방에 걸친 지역이 원산지로, 꽃은 황색에 약간 녹색을 띠며 종자는 흑갈색이다.

우리나라에서는 조생종이면서 내한과 내습성이 강한 서양종에서 개량한 아사히 · 유달 · 목포11호 · 용당 등을 밀원식물, 관상용 그리고 유료작물(油料作物)로 재배하고 있다. 유채의 키는 80~130cm 정도까지 크고 표면은 매끄러우며 녹색이다.

유채꽃은 총상꽃차례로 가지 끝에 약 10cm 길이의 꽃자루를 가진 홑꽃으로 촘촘하게 핀다. 꽃잎 · 꽃받침은 각각 4개씩 갈라져 있으며 수술 6개, 암술 1개, 4개의 꿀샘으로 이루어져 있다.

유채꽃은 밀원식물로서뿐 아니라 식용유로 콩기름 다음으로 많이 소비되고 있다. 그러나 원래 유채기름에는 글루코시노레이트 성분 때문에 불쾌한 쓴맛과 독성이 있고 지방의 상당 부분이 인체에 유해할 수 있는 에루스산(erucic acid)으로 이루어져 있다. 때문에 식용으로 사용하기보다는 주로 공업용으로 사용하지만 다양한 정제과정을 거쳐 식용으로 활용하기도 한다.

유채기름은 영어명으로 rapeseed oil이라 하는데, 어원으로 rape(강간)라는 의미가 있다.

이와 같은 어원에서의 부정적 의미를 버리고 공업용 기름이라는 이미지에서 벗어나기 위해서 캐나다 유채 학회에서는 캐나다의 Can과 ola를 합성해서 카놀라라는 이름을 만들어 활용함으로써 세계의 식용 오일 시장의 상당 부분을 점유하고 있다.

8. 허브향기와 남새밭

1) 청정한 먹거리와 노동의 가치

가끔 생각하곤 한다. 내가 땀 흘려 가꿔 생산해낸 고추며, 상추, 치커리, 양파들이 시장에서 구입하면 얼마면 살 수 있을까? 대답은 언제나 '부질없는 짓'이었군, 하면서 피식 웃는 것으로 끝이 난다. 그럼에도 불구하고 봄이 되면 나도 모르게 삽과 호미가 손에 들려져 남새밭을 가꾸는 모습을 쉽게 볼 수 있다.

씨앗을 뿌리고 풀을 뽑기 위해서이다. 그리고 밥상에서 맛보는 내가 가꾼 청정한 먹거리에서 땀방울의 대가를 아낌없이 받아낸다. 보약을 먹는 기분으로…….

일상생활에서 무엇을 먹을 것인가의 문제는 가장 본질적이고 중요한 문제이다. 아무런 의심 없이 믿을 수 있는 청정하고 신선한 먹을거리가 있음은 분명 행복한 삶이다.

살아가는 지혜로움은 오롯이 개인의 몫이지만 대부분의 일들은 결코 혼자의 힘으로는 불가능한 것이 사람들의 삶의 방식이고 내용이다. 그럼에도 불구하고 왜 많은 사람들은 구슬땀을 흘리면서 자신의 먹거리를 스스로 생산하려고 노력하고 있을까?

건강하게 살아가는 지혜, 행복해지는 지혜를 포함하여 모든 지혜로움은 자신이 아는 지식과 경험을 융합해서 스스로 만들어 내는 것이다.

그러나 그러한 지혜를 얻기 위하여 끊임없이 생각하고 행동하고, 그리고 다른 상대방들과 대화하고 소통하고 관계를 가져야 한다.

대부분의 관계와 소통의 대상은 주변의 사람들이다. 하지만 나는 많은 지혜를 식물들을 통해서도 얻어낸다.

살아가는 데 필요한 기다림의 철학도, 참만남의 가치도 때로는 함께 더불어 살아가야 하는 진리도 식물들을 통해 확인하고 검증받고 그리고 실천해 왔다. 많은 먹거리들을 청정하게 가꾸면서 흘린 땀방울의 대가를 건강으로 찾아보자는 것이다.

물론 앞으로도 그러할 것이다.

이미 5천 년 전부터 전해 내려오는 인도의 아유르베다라는 전통의학이 있다.

산스크리트어로 생명을 의미하는 '아유르(ayur)'와 지식을 의미하는 '베다(veda)'라는 두 단어가 결합한 '아유르베다'는 '생명의 과학'을 의미하는데, 일상적인 삶을 통해서 질병을 예방하고 치유하는 식이 요법과 생활 습관을 통한 신체와 정신 그리고 의식의 균형을 추구하는 방법이었다.

모든 생각과 질병의 원인은 식이 요법과 생활 습관으로부터 비롯된다는 생각이며, 그 중심에 식물이 있다는 것이다.

많은 시간, 나는 '가파'의 가르침을 생각한다.

그의 주장은 "세상에 존재하는 모든 식물들은 모두가 약성을 지니고 있다"라는 것이다. 가파는 석가(BC.560~480) 생존기 때의 사람이다.

낭시성이라는 곳에 바라빗다라는 미모의 기녀가 있었는데, 당시 병사왕의 왕자 무외가 그 미모에 반하여 임신을 시켰으나 바라빗다는 아이를 출산한 후 길거리에 내다 버렸다. 버려진 아이가 곧 가파이다.

무외는 기파를 주워다 길러 뛰어난 의술을 가지게 되었으며 그의 치료법은 지금까지 전해져 내려오고 있다.

죽림정사에서 질병으로 고통 받는 부처의 치료를 위하여 아난존자가 부른 치료사가 곧 기파이었고, 가파는 부처의 병을 치료하였다.

회복된 부처가 이르기를 "육체의 병과 마음의 병을 구분하여 치료 방법을 모색하는데, 육체의 질병은 음식으로부터, 마음의 병은 번뇌로부터 유발하며 그 근본을 치료하는 것이 중요하다"라고 설파했다.

가파의 치료법은 간단하다. 이를테면 심한 두통을 앓는 사람들로 하여금 식초를 끓여 코에 주입토록 하여 치료하는 방식들이었다. 물론 현대 의학에서 보면 지극히 원시적인 방법일지도 모른다.

고대 아즈텍 인디언 시대의 한 사전에는 약 1,200가지의 약재에 대한 약리 작용이 기록되어 있고, 6만 년 전에 네안데르탈인의 분묘에서도 몇 가지 흔적을 발견할 수 있었다.

그들은 백 가지 식물들의 맛을 보고 약을 선택하여 활용했으며, 중국 의약과 농업의 시조로 전해져왔다.

무엇을 먹을 것인가의 문제는 가장 원초적인 문제이다.

아무리 좋은 약이 되는 식물이라 하더라도 어디에서 무엇을 먹고 자랐고 열매를 맺었느냐는 매우 중요한 문제이다.

농약성분과 화학비료가 그득한 토양에서 자란 식물이라면 이는 독이 되는 식물이다.

허브뜨락에서의 신념은 이곳 허브뜨락에서 함께 사는 식물 식구들이 인체에 해로운 농약과 공해로부터 가능하면 최소한의 피해로 자유로운 삶을 살아가도록 하는 것이다. 그것이 곧 내가 건강해지고 주변 사람들이 건강하고 행복해지는 길이기 때문이다.

식물에 대한 보살핌은 곧 나 자신의 보살핌이며, 스스로 몸을 소중히 하듯 식물이 소중함을 깨닫고 소통하는 일이다.

인간의 마음과 몸의 관계는 일상생활에서 이루어지는 나와 나 이외의 다른 것들과의 관계와 상통한다.

자신과 외부에 대한 관계에서 스스로 어떤 가치를 부여하고 부여된 가치에 따라 자신도 모르는 사이에 영향을 받고 그리고 반응하게 된다.

이를테면 나의 주변에 존재하는 것에 대하여 '사랑한다, 좋아한다'는 생각과 '싫어한다. 증오한다'는 생각은 곧바로 자신의 신체적 변화를 유발하게 된다.

주변의 식물들에게 자신의 감정과 욕구, 생각들이 투사되고 그에 따라 나타나는 반응과 현상들을 통해서 스스로 반성도 하고, 기쁨과 희열을 느끼면서 관심과 흥미로움을 더하고, 자신을 돌아보고, 자신의 소중함을 느끼면서, 주변의 모든 생명체에 대한 소중함과 감사함을 느끼자는 것이다.

사람들은 누구나 맑고 깨끗한 주변 환경을 선호한다.

신선한 공기와 물을 마시면 건강하다는 사실은 수많은 의학전문가들의 근거 있는 주장들에서 익히 알고 있기 때문이다.

미국의 항공우주국에서는 지난 1980년대 후반 프롬알데히드나 벤젠 등 인체에 유해한 물질들을 제거하는 데 효과적인 식물들을 연구하기 시작하여 효과가 큰 식물들로 스파티필름, 국화, 아이비, 그라세나, 마지나타, 산세베리아, 아레카야자, 드라세나, 맛상게아나(행운목) 등을 지적한 바 있다.

이들 식물들이 미치는 효과들은 상상을 초월한다.

우리 주변에서 흔히 볼 수 있는 드라세나 맛상게아나(행운목)를 보자. 공기 중의 유해 물질들, 즉 미세먼지, 냄새, 전자파 등을 제거해 준다는 것이다. 그 메커니즘을 살펴보면 우선 하나는 유해물질들이 먼지에 내려앉아 있거나 공기 중에 떠돌아다닐 때, 드라세나 맛상게아나 잎의 기공을 통해 유해물질들이 흡수되어 1차적으로 물질대사를 통해 분해되고, 나머지 유해 물질들은 뿌리로 이동되어 흙속에 있는 미생물들의 영양분으로 사용되면서 2차적으로 분해된다.

또 다른 과정으로는 드라세나 맛상게아나가 증산작용을 할 때이다. 즉 드라세나 맛상게아나 내부에 있는 수분이 잎의 기공을 통해 수증기 형태로 배출되는 증산작용을 하기 때문에 당연히 농도가 진해지면서 삼투압 작용으로 뿌리 주변의 물이 식물로 흡수되게 되는데, 이때 토양입자에 붙어있는 유해물질들이 수분과 함께 흡수되어 미생물들에 의해 분해되어 없어지게 되는 과정이다.

이와 같은 일련의 분해와 흡수작용들은 모든 일반적인 식물들의 호흡작용들, 이산화탄산가스를 들여 마시고 산소를 공급해 줌으로써 사람들에게는 맑고 청정한 공기를 공급해 주는 역할처럼 일상적으로 일어나는 메커니즘들이다.

뿐만 아니라 플라시보 효과도 기대할 수 있다.

플라시보 효과란 가짜 약이라 하더라도 믿음을 가지고 수용하면 치료효과가 나타날 수 있다는 것인데, 바로 원예활동이 자신의 심신을 맑고 청정하게 해 줄 수 있다는 일반적인 상식의 기초 위에서 생활하는 것이다.

스스로 자신이 수행하고 있는 원예활동을 통해서 자신의 건강이 좋아질 것이라는 믿음, 자신이 여유 있게 식물들을 돌봄으로써 그 보상이 나에게 다시 돌아온다는 막연한 보상심리가 원예활동을 통해서 얻을 수 있는 플라시보 효과이다.

원예활동이 자신의 심신을 보호하는 기능이 있다는 믿음을 가지고 수행하는 것이다.

전통적으로 우리 민족들은 남새밭을 가꾸고, 그곳에서 정성 들여 가꾼 채소며 남새들을 식용으로 이용해왔다.

자신과 가족이 먹을 식재료들이기 때문에 더욱 정성스럽고 농약과 같은 유해한 약품들을 사용하지 않으면서 키운 식물들이었다.

참으로 지혜로운 방법들이었고, 되살려야 할 아름다운 전통 생활방식의 하나이다.

2) 고귀한 만남이 이루어지는 남새밭

허브뜨락에서의 생활은 걷는 운동을 중요시한다.

걸으면서 만나는 식물들과의 만남은 남다른 의미를 가지기 때문이다. 인생은 만남으로 시작되고 만남으로 마감하는 만남의 역사이다. 그러나 그러한 만남들에는 차라리 만나지 말았어야 할 만남들도 있고, 만남이 어떤 가치나 의미를 가져다주지 못하는 만남들도 부지기수이다. 흔하지 않지만 일생을 통해서 진정으로 내가 키워야 할 꿈이 무엇인가를 찾아내게 하거나, 어디로 갈 것인가를 방황하고 있을 때 올바른 지침을 주는 만남도 있다.

심지어는 죽음을 염두에 두고 사사건건 죽어 버릴 거리를 찾던 사람이 새로운 희망을 가지게 하고 그리고 새로운 보람을 느끼면서 행복한 삶으로 완전하게 탈바꿈시켜 버리는 만남도 있다.

우리는 이와 같은 만남을 일컬어 '참만남'이라고 말한다.

그와 같은 참만남은 비단 사람만을 의미하지는 않는다. 때로는 길가에 굴러다니는 돌멩이일 수도 있고, 수천 년 전에 이미 세상을 달리한 어느 철학자의 유명한 명언이 될 수도 있다.

심지어는 길가에 홀로 쓸쓸히 자라나는 잡초가 될 수도 있다.

참만남이란 삶의 가치와 방향을 바꾸어 놓기도 하고, 존재의 이유를 알게 하기도 한다.

브라멜드는 "사랑에 대하여"라는 자그마한 책을 통해서 우리들에게 많은 시사점을 던져 주고 있다.

그녀의 졸업 논문 '베게네눈'은 사랑에 대하여 매우 잘 정리한 논문으로 정평을 얻고 있는 내용이며 우리나라에도 "사랑에 대하여"라는 번역서로 출판되어 있다.

그는 참만남을 몇 가지로 정리하여 설명하는데, 참만남이란 진정한 만남이며, 참만남이란 일회성이며, 전환성과 창조성을 가진다고 주장한다. 그가 주장하는 일회성이란 "참만남이란 많은 만남을 통해서만 이루어지는 것이 아니라 일생에 단 한 번만의 만남으로도 참만남이란 가능하다"라는 의미이다.

그리고 참만남이란 전환성을 가지는데, 자신이 믿고 있는 기존의 믿음이나 신념을 달리하는 계기를 만들어 내는 만남이라는 의미이다. 다시 말하면 지금까지 알고 있는 신념이나 지식이 새로운 만남을 통해서 새롭게 인식되거나 새로운 신념으로 변화되는 계기를 만들어 낼 때 참만남이 가능하다는 것이다.

자신이 처해있는 삶이 고달프고 힘들다고 생각할 때, 자신이 처한 현실이 다른 사람들에 비하여 열악하고, 처참하다고 생각할 때, 나약하기 이를 데 없는 길가에 핀 민들레 한 송이를 보면서, 수많은 사람들이 짓밟고 벌레에게 뜯어 먹혀도 굴하지 않고 예쁜 꽃을 피워 활짝 웃는 모습에서 새로운 인생의 가치를 터득하게 된다면 그리고 새로운 삶의 의욕을 가지게 된다면 길가에 핀 민들레 한 송이는 초라한 꽃 한 송이가 아니라 이미 나의 참만남의 소중한 생명의 은인으로 변화되는 것이다.

가슴속 깊이 간직하고 어려울 때 꺼내보는 민들레, 힘들 때 미소로 나를 격려하고 새로운 용기를 만들어 주는 소중한 보물로 변신이 되는 것이다. 이 세상에 존재하는 어떤 것도 불필요한 존재, 쓸모없는 존재란 아무것도 그리고 어디에도 없다는 사실을 깨닫게 된다면 이미 나는 참만남이 이루어진 것이다.

허브뜨락의 남새밭 식물들과의 만남을 통하여 스스로를 재창조하는 계기를 만드는 것이다.

창조성이란 무엇인가.

자신의 현실을 더욱 가치롭고 유익하다는 생각으로 바꾸어 자기탈바꿈을 하는 것이다. 창조성이란 일상적인 삶의 여정에서 스스로 생각하는 자신의 삶의 틀을 깨고, 새로운 가치를 만들어 내는 것이고, 찾아내는 일이다. 그리고 스스로를 만족스럽게 만드는 삶, 행복함을 느끼게 하는 삶으로 바꾸어 놓는 것이다.

브라멜드 여사는 우리의 역사에서 이와 같은 참만남을 다양하게 설명하고 있다. 한갓 어부에 지나지 않았던 베드로와 예수의 참만남은 베드로를 어부가 아닌 성직자로서의 삶을 살게 하였다.

석가모니와 아난존자와의 만남 또한 마찬가지이다.

페스탈로치 선생은 그가 대학교 재학 시절에 "불평등 기원론"이라는 루소가 쓴 아주 짧은 논문을 읽게 된다.

이를 계기로 진정한 평등이 무엇이고, 인간에게 불평등은 어디로부터 출발하는가에 대하여 고민하면서 대학생활을 유지하지만 결국 몸으로 불평등의 문제를 해결하기 위하여 자신의 전공학문을 종교에서 법학으로 바꾸고, 소위 운동권 학생이 되었다. 그리고 결국 학교에서 퇴학 처분을 받고 사회로 나온 그는 사업에도 손을 댔지만 실패로 끝나고, 다양한 사람들과의 만남 또한 큰 의미를 찾을 수 없는 것들이었다.

어느 추운 겨울날 아침 모든 일을 포기하고 낙향하는 길목에서 어느 농가의 처마 밑에 옹기종기 모여 있는 깡통을 든 소년들을 만나게 된다. 다리 밑에서 추운 밤을 지새고 구걸을 하기에는 아직 이른 시각이기에 따스한 아침 햇살을 쬐면서 밥때를 기다리는 소년들이었다.

페스탈로치에게 새로운 무엇인지 모를 영감이 스쳐 지나갔다.

신이 자신에게 준 마지막 기회이고 선물이라는 생각이었다.

페스탈로치는 그들과 함께 깡통을 들고 구걸을 하고 그리고 함께 다리 밑으로 들어가 생활을 하면서 3H(head, hand, heart)교육을 시작한다. 차가운 머리, 섬세한 손과 뜨거운 가슴을 뜻하는 진정한 교육이었다.

그와 같은 참만남은 많은 청소년들의 삶의 길을 바꾸어 놓았다.

진정으로 값진 삶이란 자기 스스로 차가운 이성으로 판단하고 뜨거운 사랑을 지닌 삶이며, 살아가는 방법은 섬세하고 정교한 기술을 가지도록 하는 것이라는 신념을 실천한 것이었고, 이것이야말로 진정한 불평등을 극복하는 길이라고 생각한 것이다.

페스탈로치와 짧은 "불평등 기원론"이라는 루소가 쓴 논문과의 참만남은 또 다른 "거지 아이들과의 참만남"으로 이어져 이벨당 학당을 만들어 낸다. 그리고 그곳을 졸업한 학생들은 어디에서든 환영받는 학교로 유명해진다.

스위스는 물론 독일과 영국, 프랑스에서도 학생들이 몰려오는 학교가 되었다. 페스탈로치의 참만남은 상상하기 어려운 많은 어려운 청소년들에게 희망에 찬 삶의 이정표를 만들어 주었다.

고달픈 삶에서 행복한 꿈의 씨앗을 찾아 낸 헬렌 켈러와 설리번의 삶, 시각과 청각을 모두 상실한 헬런 켈러는 성실과 봉사정신으로 가득한 설리번과의 참만남이 없었다면 그의 삶은 불행의 진흙탕에서 벗어나지 못했을 것이다. 그의 삶이 맑고 향기 나는 삶으로 만들어진 것은 두 사람의 참만남이 있었기 때문이듯 페스탈로치는 루소의 짧은 논문과의 참만남과 그리고 추운 겨울철 처마 밑에서 깡통을 들고 구걸을 준비하는 거지 아이들과의 참만남이 없었다면 그들의 참다운 삶은 기대하기 힘들었을 것이다.

3) 허브뜨락에서 이루어지는 참만남 프로그램

허브뜨락의 힐링 원예는 원예활동을 통해서 내면의 자아를 발견하고, 스스로를 각성하면서 그리고 새로운 희망을 만들어 가꿔나가는 참만남을 위한 활동이다.

허브뜨락에서 낳고 성장하고, 아름다운 꽃을 피우는 식물들과의 참만남을 통해 서로 대화하고 사랑을 나누면서 맺혀있는 한도 풀어내고, 크게 웃어도 보면서 더욱 건강하고 행복한 '새롭게 개조된 나'를 만들어보는 장소이다. 허브뜨락에서 이루어지는 참만남 프로그램은 다음과 같은 다섯 단계를 통해서이다.

1. 내가 가꿔야 할 꿈의 씨앗(나무)을 찾아 선택하기
2. 내 꿈의 씨앗(나무) 심기
3. 내 꿈의 씨앗(나무) 돌보기
4. 씨앗(나무)의 꽃과 열매 감상하기
5. 내가 가꾼 씨앗(나무)의 열매 따며 소감 나누기의 과정이다.

많은 사람들은 제각기 꿈과 희망이 있다 하지만 구체적이지 못하거나 꿈을 실현하는 과정에서 또 다른 꿈으로 빗나가기 일쑤이다. 허브뜨락에서 이루어지는 참만남 프로그램은 내가 주인공인 나의 삶을 설계하면서 나의 꿈을 구체화하고 샛길로 빠져 나가

지 않게 하려는 과정이다.

♣ 내 꿈의 씨앗 찾기

첫 단계에서 이루어지는 과정은 나를 정확히 이해하는 일부터 시작된다. 내가 나의 삶의 주인공이 되어 내가 원하는 행복을 열매로 맺어주는 '나의 행복나무' 씨앗을 찾아내는 과정이다. 누구나 열망하는 행복나무의 꿈의 씨앗들, 과연 내가 찾는 씨앗(나무)은 어디에 있을까?

행복이라는 열매를 맺는 나무의 꿈의 씨앗과의 참만남은 결코 쉬운 만남이 아니다. 어떤 사람은 평생토록 찾아 헤매다가 저세상으로 가버리기도 한다. 그러나 어떤 이들은 아주 쉽게 찾아내기도 하는 것이 꿈의 씨앗이다.

꿈의 씨앗은 아주 작기 때문이 아니며, 귀하기 때문이 아니다. 꿈의 씨앗은 어디에서든 쉽게 찾아볼 수 있으며, 귀하지도 않다. 부자가 되는 꿈, 권력을 잡는 꿈, 유명인사가 되는 꿈 등 수많은 꿈들이 도처에 널려 있으며, 가장 흔한 것이 꿈의 씨앗들이다.

그러나 그러한 꿈들은 꿈으로서의 존재 가치가 있는 것이 아니라 행복이라는 열매로 나에게 다가 올 때에만 의미를 가지며 가치가 있는 것이기 때문이다.

내가 키워야 할 꿈이 무엇인가를 찾아내는 일은 오직 나의 지혜와 정성과 사랑으로만 성장할 수 있는 오직 나만의 것이기 때문에 내가 주인이 되어 스스로 찾아내야 한다.

♣ 내 꿈의 씨앗 심어보기

세상에는 하고 싶은 일도 할 일도 많다. 그러나 내가 키워가야 할 꿈은 제한되어 있다. 참만남 프로그램의 두 번째 단계는 내 꿈의 씨앗을 심고, 가꾸면서 튼실한 성장을 위한 솎음질하기이다.

과수원의 봄은 솎음질로 바쁜 계절이다.

농부들은 과수들이 충실하고 알찬 열매를 맺게 하는 데에는 적절한 솎음질이 필요하기 때문이다. 대부분의 과수들은 한 가지에 자신이 알차게 결실할 수 있는 그 이상의 꽃을 피우고 아주 작은 과실을 맺게 된다. 그들은 지혜로운 과수들이기 때문에 작은 열매에서 제대로 된 과일로 성장할 때까지는 비바람도, 수많은 벌레와 새들의 공격도 끊이질 않는다는 사실을 알고 있다. 때문에 스스로 생존하고자 하는 본능에서 일어나는 자연스러운 현상이다.

다시 말하면 일단은 많은 열매를 만들어 놓고 살아남는 과일들만 키우자는 것이다. 그러한 속성을 잘 알고 있는 농부들은 아예 처음부터 좋은 열매가 될 될성부른 과일들을 남겨 놓고 모두 따준다. 이것이 솎음질이다. 농부들은 그와 같은 솎음질을 할 때 많은 망설임이 일어난다.

하나하나가 모두 잘 익은 과일로 보이기 때문에 아깝기도 하고, 아직은 작지만 생명체인 과일이기 때문에 측은하기도 하다. 그러나 대부분의 경력을 가진 과수원의 농부들은 과감하게 따 버린다. 솎음질하는 농부의 마음으로 진정 내가 가꿔야 할 희망의 씨앗을 찾아 선택하여 파종하고 잘 키우는 일이다.

♣ 꿈을 돌보며 가꾸기

소중한 꿈일수록 정성스런 돌봄이 필요하다. 과수원의 농부들은 과감하게 작은 열매들을 솎아낸 이후 자신이 선택한 열매들에게는 그만큼 더 크고 강한 사랑과 집념을 가지고 정성을 쏟는다.

가을 결실의 계절이 되면 영락없이 선택된 열매들은 커다란 그리고 알찬 열매를 가져다준다는 확신을 가지고 있기 때문이다. 분명히 솎음질을 하지 않은 나뭇가지의 열매들은 그만큼 보잘것없고, 작고 흠이 있는 열매들이다. 솎음질을 할 때의 농부들은 솎아내는 아픔만큼 남은 열매들에게 굳은 약속을 한 것이다.

정성 들여 잘 키우겠다는 약속이다. 가상의 상황에서 잘키워 튼실한 열매를 맺은 자신의 꿈나무를 감상하면서, 과연 꿈이 실현되었을 때 나는 행복한 사람이 될 수 있을까. 진정한 행복이란 무엇인가를 살펴보는 여유로움도 필요하다.

♣ 내 생애의 미래를 감상하기

나는 생각한다, 고로 존재한다, 데카르트의 말이다.

그가 말하는 생각이란 무엇일까?

생각은 마음이며, 의식이고, 이성이고 영혼(âme)을 이해하는 일이라고 보았다.

끊임없는 정신의 세계에서 일어나는 생각들, 즉 감각, 지각, 감정 활동을 통한 놀람, 사랑, 증오, 욕구, 기쁨, 슬픔 등을 의미하며, 이러한 생각들은 꿈의 씨앗을 발견하고 키우는 과정에서 그리고 정성 들여 키워낸 열매에서 얻어질 결과들이다.

어느 날 씨앗이 발아되어 파란 새싹을 보여 줄 때의 생각은 어떤 것인가. 노란 잎이 파릇파릇해질 때의 나의 생각은 무엇이고 식물들이 자라는 과정에서 어린잎을 갉아 먹기 위해 엉금엉금 기어오르는 벌레를 보면서 나는 무엇을 생각했는가에 대하여 자연스럽게 자신을 표현하고 다른 사람들의 생각 또한 듣고 이해하면서 소통해야 한다.

이것이 존재하는 나를 확인하는 방법이고 존재의 가치이며 존재의 필요성이다. 결국 나와 타인과 그리고 식물과 신과의 관계를 인식하고 세상을 인식하는 계기가 되어야 한다.

인간에 대한 이해 혹은 자기 이해는 나와 나 이외의 다른 것에 의한 세상의 인식만이 아닌 자기 내부로부터의 이해를 통해서 미성숙한 상태를 벗어나는 것이다.

원예식물을 통하여 '나는 누구인가, 나의 미래는 무엇인가'에 대하여 그리고 나와 다른 모든 것들과의 관계성을 이해하고 그러한 과정을 통하여 내 마음을 늘 새롭고 더 한층 감탄과 경외심으로 가득 채우는 일을 하는 것이 곧 원예활동이고 원예치료 활동이다.

원예활동은 칸트가 일상생활의 틀을 벗어나게 한 "에밀"과 같은 것이어야 한다. 칸트는 매일 시계추처럼 정확한 시간에 산책하는 습관을 가진 철학자로 유명하다. 하지만 단 한 번 루소의 에밀을 읽다가 너무나 흥미로워 산책 시간을 잊고 말았다. 언제나 제

시간에 산책을 하며 사색하는 칸트가 산책하는 시간을 잊고 흥미로움에 빠지게 하는 에밀과 같은 대상이 되어야 한다.

♣ 미래의 삶에 덧칠하기

누구나 미래에 대한 꿈은 아름답고 희망차다. 그러나 그 결과는 다르다. 허브뜨락의 참만남 프로그램은 푸른 생명체들이 꿈틀대는 원예식물들 속에서 덧칠해 나가는 진솔한 꿈과 희망이다.

작은 생명체 허브 향기에 코끝을 벌름거리면서 이 거칠고 척박한 대지 위에서, 수많은 생명체들이 호시탐탐 생명을 노리는 틈바구니 속에서 저토록 연약한 작은 생명이 어떻게 살아남을 수 있을까를 생각하면서 자신의 꿈을 재설계해 보는 것이다.

그리고 끊임없이 그들에게 격려와 사랑의 메시지를 전달하듯 나 자신에게 긍정의 메시지를 보내는 것이다.

넌 살아남을 거야, 넌 잘 자랄 수 있을 거야,

넌 아주 예쁜 꽃을 피울 수 있을 거야.

왜냐하면 너는 착하고 선한 존재이니까.

그리고 너는 나의 사랑을 받고 있으니까.

너는 아름답고 향기를 지니고 있으니까….

오늘도 그리고 내일도 너에 대한 사랑의 손길은 멈추지 않을 테니까.

이와 같은 일련의 과정들을 상상하면서 끊임없이 자신의 미래에 대한 삶을 재구성하고 덧칠해 나가게 된다.

♣ 참만남 프로그램을 통한 행동수정

허브뜨락에서의 원예활동을 통한 참만남 프로그램의 궁극적인 목표는 긍정적사고와 행동수정이다. 허브뜨락의 식물을 감상하고 자신이 선택한 식물을 파종해보거나 돌봄의 활동을 통해서 삶의 태도를 변화시키고 습관화시켜 가는 훈련의 과정이다. 프로그램의 참여자들은 물도 주고, 거름도 뿌려주고, 나쁜 벌레들이 근접하면 과감하게 잡아주며, 비바람에 넘어질세라 지줏대도 만들어 세워 주어야 한다.

자신이 사랑하는 꽃잎이 나올 때까지.

그리고 소망하는 열매가 만들어지는 순간 그동안의 고통과 어려움은 한순간에 사라져 버린다.

환희와 기쁨만 남아 있을 뿐이다.

이렇게 만들어진 작은 식물은 많은 사람들의 가슴을 설레게 한다. 이것이 프로그램에 참여하는 사람의 삶이다.

우리들이 살아가는 일상생활에서도 마찬가지이다.

우리가 소망하는 세상의 어떤 것들도 처음부터 만들어져 존재하는 것들은 아무것도 없다.

수많은 시행착오를 거치면서 때로는 중도에 포기하기도 하고, 나름대로 최선을 다해 만들어 보았지만 어느 누구에게도 감동을 주지 못하고 사라져 버리는 경우들이 허다하다.

좋은 명품을 만들기 위해서는 끊임없는 덧칠을 하면서 고치고 다듬어 나가야 한다. 중요한 것은 이렇게 덧칠을 하고 다듬어 가는 일들이 일상을 통해서 이뤄져야 한다.

바로 습관이다.

습관이란 일상생활을 통해 자연스럽게 만들어지는 행동의 연속성이다. 아무리 어렵고 힘든 일이라 하더라도 한번 습관이 되면 결코 어렵고 힘든 일이 아니다. 자연스럽게 일어나는 행동일 뿐이다.

그러나 이러한 습관은 삶의 질에 크게 영향을 주게 된다.

좋은 행동을 습관화하면 좋은 결과를 쉽게 거둘 수 있지만 나쁜 습관은 인생을 망치게 된다.

허브뜨락에서의 이루어지는 참만남 프로그램은 좋은 꿈을 현실화 하는데 필요한 생각과 행동을 습관화시켜 주는 과정이다.

어렵고 힘들고, 쉽고 재미있는 일의 차이는 마음으로부터 비롯된다. 아무리 어려운 일. 힘든 일이라 하더라도 생명을 살리는 일, 생명을 돌보는 일이라는 마음으로 하루 이틀 하다 보면 돌봄의 아름다운 마음은 습관화되어 버리게 마련이다.

자신을 극복하는 일이란 어떤 목표를 달성하기 위하여 힘든 일을 습관화하는 일이 중요하다. 성공한 사람들의 특징 중 하나는 꿈을 키워가는 독특한 습관을 가지고 있다는 것이다. 그러한 꿈은 좋은 일이며, 선하고 정의로운 일이며, 어디에 내놓아도 부끄럽지 않은 돌봄의 꿈을 키워가는 습관이다.

그러하기에 떳떳하고, 보물처럼 여기는 자신의 꿈을 언제나 가슴에 품고 다니면서 물도 주고 사랑도 주고 열정을 다해 보살펴 키우는 습관이 만들어진다. 그들의 꿈은 행복이라는 열매를 맺는 나무의 씨앗이었다.

행복이라는 열매를 맺는 나무의 꿈의 씨앗을 찾아내고, 잘 가꾸어 열매를 따고 함께 나누어 먹는 삶을 살아가는 사람들이 곧 성공한 사람들이다. 허브뜨락의 참만남 프로그램의 꿈은 모두가 자신의 행복씨앗을 찾아 가꾸어 성공한 사람이 되는 것이다.

4) 허브뜨락의 채전밭 식구들

♣ 살균 · 살충과 식중독을 예방하는-고추

최근 살충제 계란 파동으로 전국이 소란스럽다.

잔인스런 닭 사육 과정도 문제지만 해결대안도 모호하다. 근본적인 대안은 생명에 대한 소중함을 인식하는 삶의 태도가 우선되어야 할 것이다.

고추는 가지과의 식물로서 잎은 긴 계란 꼴에 끝이 뾰족하며 긴 타원형 열매는 녹색인데 익으면서 빨갛게 변한다.

당초(唐椒), 번초(蕃椒)로 불리고 영어로는 Chili pepper로 불리며 여러해살이 나무이지만 온대지방에서는 겨울에 죽기 때문에 한해살이풀로 취급한다.

볼리비아 안데스가 원산이며, 열대 아메리카, 멕시코 유카탄 반도에서 집중적으로 작물화되어 재배되고, 껍질과 씨는 매우 매운맛을 내는 캡사이신이 들어 있으며, 식용 또는 조미료 등으로 쓰인다.

고추의 매운맛을 내는 캡사이신에 대한 연구는 비교적 많은 편이다. 위염 등 각종 위 질환의 원인균으로 알려진 헬리코박터 파일로리에 감염된 위 점막 세포의 염증을 억제한다는 사실이 세포실험에서 확인되었다. 지방축적을 줄이면서 지방연소를 촉진, 체중을 줄이는 효과가 있음도 밝혀졌다.

이처럼 고추의 매운맛은 고추의 특성인데, 2010년 인도 영자지 인디언 익스프레스가 밝힌 〈가장 매운 고추〉 타이틀에서 영국 그랜섬 지역에서 개발한 '인피니티(Infinity, 무한대)'라고 이름 붙여진 고추가 세계에서 가장 매운 맛이고, 인도고추 '부트 졸로키아'가 두 번째에 속한다 보도했다.

고추가 후추와는 무관함에도 '페퍼'라고 불리는 이유는 매운맛 때문이고 매운맛을 내는 고추의 종류는 카프시쿰 아눔(C. annuum)과 카프시쿰 바카툼(C. baccatum), 카프시쿰 치넨세(Capsicum chinense)(C. chinense), 카프시쿰 프루테센스(C. frutescens), 카프시쿰 프루테스켄스(C. pubescens) 등이며, 우리 일상에서 재배하고 활용하는 고추, 파프리카, 피망, 할라페뇨 등은 카프시쿰 아눔 종에 속한다.

고추에는 비타민 A와 비타민 C가 다량 함유되어 있고, 살균과 살충 작용을 하는데, 식중독을 예방하고, 다른 원예 작물과 함께 기르면 병해를 줄일 수 있으며, 관상용으로 재배하는 품종도 있다.

우리나라를 포함한 인도와 타이 등은 고추를 양념으로 일상적으로 사용하며, 멕시코와 서아프리카, 중국의 후난 성 등은 고추를 즐겨 먹는 곳으로 분류된다.

고추를 이용하는 방법은 다양한데, 고추장, 고추기름, 고춧가루, 칠리 소스 등으로 가공하여 김치, 떡볶이, 냉면 등에 첨가하여 식용한다. 고추가 한반도에 전래된 것은 조선시대, 즉 16세기 말에서 17세기 초 사이이며, 당시에는 고추장으로 담가 먹는 단순한 식품 재료의 원료 수준에서 시작했다.

♣ 몸과 마음의 건조함을 해결해 주는-오이

여름철 시원한 오이 냉국은 이름만 들어도 청량감을 느끼게 한다. 신선한 오이 샐러드와 소박이도 맛과 향기가 특유하다.

어린 시절 도시락 반찬으로 애용되던 오이장아찌, 저녁 무렵 어머니께서 듬성듬성 오이를 잘라 만든 오이소박이도 추억과 향수가 깃든 음식 중의 하나이며, 누렇게 익어 틈이 갈라진 늙은 오이로 만든 노각[老瓜(노과)]무침 또한 침이 넘어가는 음식이다.

오이는 박과의 한해살이 덩굴식물이며, 덩굴손으로 감아 뻗으며, 초여름에 노란 통꽃이 피고, 열매는 가늘고 길며 녹색인데 나중에 누렇게 익는다.

인도가 원산인 오이는 많은 품종이 개발되어 전 세계적으로 채소로 재배되고 있는데, 줄기는 능선과 더불어 굵은 털이 있어 맨손으로 만지면 따갑게 느껴진다. 오이꽃은 암수한그루로 5~6월에 노란색으로 피고 지름 3cm 내외의 아주 작고 갸름한 꽃이 주름진 형태로 핀다.

오이 열매는 수분이 많아 등산객들이 갈증해소를 위해 날로 즐겨 먹는데 실제로 오이 성분을 조사한 결과를 보면 95% 이상이 수분이며 단백질 0.7%, 지방 0.1%, 탄수화물 3.4%, 섬유질 0.4%, 회분 0.4%로 특별한 영양가는 없으나, 비타민 A, 비타민 C 등이 풍부하여 우수한 비타민 공급체이다. 또한 오이에는 수분과 비타민 외에 무기질과 아스코르비나아제가 다량 함유되어 있으며 쓴맛을 내는 쿠쿠르비타신(cucurbitacin)이라는 알칼로이드 계통의 물질이 들어 있는데, 이는 너무 건조하거나 재배조건이 나쁠 때 생긴다.

오이는 3000년 전부터 인도에서 재배되었으며, 그리스 · 로마를 거쳐 유럽으로 그리고 중국을 통해 동아시아로도 확산되어 재배되기 시작했다. 우리나라에는 약 1500년 전에 중국을 통해 들어온 것으로 추정된다.

오이의 품종은 다양한데, 맛은 좋지 않으나 향기는 좋은 편인 온실형은 영국을 중심으로 재배된다.

슬라이스형은 유럽의 노지 재배에 적응된 오이이며, 가공에 적합한 작은 품종으로 미국 · 러시아에서 많이 재배하는 피클형, 중국과 일본에서 많이 재배하는 남지형은 만생종이다.

한국 · 일본 등지에 많이 재배하는 품종은 덩굴이 가늘고 마디사이가 길며 더위에 견디는 힘이 강한 복지형이 있다.

예전에는 여름에 대량으로 생산되어 소위 여름철 채소류로 분류되었지만 지금은 연중 생산되고 있다. 특히 재배형은 10~1월에 하우스 안에서 파종하여 1~4월에 수확하는 촉성재배, 1~2월 상순에 파종하여 3~6월에 수확하는 반촉성재배, 2~3월에 씨를 뿌려 5~7월에 수확하는 조숙재배, 4~5월에 노지에 직파하여 6~8월에 수확하는 여름재배, 7~8월에 씨를 뿌려 9~10월에 수확하는 억제재배가 있어 사시사철 신선한 오이를 먹을 수 있다.

청정한 오이의 향기가 메말라가는 너와 나의 정을 회복해주고 몸과 마음을 건강하고 행복하게 해주면 좋겠다.

♣ 국민의 먹거리-상추

상추(*Lactuca sativa*)는 국화과에 속하는 한해살이 혹은 두해살이 식물이다.

상추는 일상생활에서 다양한 형태로 애용하는 전통 식품의 채소인데 일반적으로 많이 재배되는 결구 · 반결구성의 '양상추'와 비결구성의 '아스파라거스레터스'가 있으며 우리나라에서는 주로 잎상추를 먹는데 대표적인 품종에는 치마상추 · 뚝섬녹축면상추 · 적축면상추가 있고 결구종으로는 그레이트레이크 · 팬레이크가 있다. 일반적으로 호칭되는 양상추는 '헤드레터스' 또는 '캐비지레터스'라고도 하는데, 잎이 10장 이상으로 되어 쌈채소용으로 선호하는 품종이다.

결구성 상추는 잎의 색이 선명한 녹색, 갈색을 띤 녹색 등 품종이 많다. 이 중에 잎이 빽빽하면서 결구하지 않고 완만한 반결구성으로 잎의 질이 매우 부드러워 입 속에서 녹아들 듯하는 것을 '버터헤드'라고 하는데 일반 가정에서 쉽게 재배되는 품종이다.

코스레터스는 잎이 긴 타원형이고 길이 20~30cm로 거의 직립성이며, 온난한 기후의 이탈리아에서 중세부터 재배되었으며, 영국 · 프랑스에서 많이 재배된다.

컬레터스는 잎의 수가 적고 오그라져 있다. 결구성과 반결구성이 있고 색도 녹색과 홍자색 등이 있다. 아스파라거스레터스의 잎은 긴 모양으로 많이 겹쳐 있으며 잎이 증가함에 따라 조금씩 줄기가 자란다. 줄기는 굵고 지름 3cm로 부드럽다. 잎을 차례로 뜯어 먹거나 자라서 30~50cm가 된 줄기를 아스파라거스처럼 먹기도 하는데 아삭아삭하면서 씹히는 맛으로 많은 사람들이 좋아하는 품종이다.

재래종 상추는 이미 BC 6세기에 페르시아에서 식용되었으며, 그리스 · 로마에 보급되어 유럽에 널리 퍼졌다. 5세기까지는 중국에도 전해졌으며 중국을 거쳐 한국에 전래된 것으로 보이는데, 이것이 재래종 상추이다.

상추의 생육 및 싹트기에 알맞은 온도는 15~20℃이며 그 이상의 고온에는 추대가 이루어지고 산성 토양에 약하며 충분한 수분을 필요로 한다.

상추의 재배 형태는 크게 봄재배 · 가을재배 · 겨울재배 · 고랭지재배가 있다.

♣ 쭈글쭈글한 얼굴 주름을 펴 주는-가지

엊그제까지만 해도 가뭄으로 비실대던 가지가 며칠간의 장맛비로 완전히 생기가 넘쳐 흐른다.

꽃이 주렁주렁 달리고 가뭄 속에 몇 송이 피어있던 가지꽃은 벌써 열매를 맺어 길게 뻗어나 있어 제 모양을 갖추고 있다. 만물의 근원이 물이었고, 일상에서 물이 얼마나 소중한가를 실감한다.

가지는 가지과에 속하는 한해살이 또는 여러해살이 식물이며 잘 자란 가지의 키는 1m까지 큰다.

가지의 잎은 어긋나고 자루가 있으며, 난상 타원형이다.

가지의 꽃은 꽃받침이 자줏빛을 띠고 노란 암수술이 함께 있는 꽃이 6~9월에 피는데 마디 사이의 중앙에서 꽃대가 나와 몇 송이의 꽃이 달린다.

열매의 모양은 품종에 따라 다르나 소위 인도에서 난 원종이라는 가지는 하얀색이다. 그러나 가지는 매우 다양한 품종이 나와 있는데 1대 잡종은 세력이 왕성하고 병에도 강할 뿐만 아니라 수확량도 많으며 교배 조작도 간단하므로 많이 이용하고 있으나 갈수록 퇴화되는 현상을 보이므로 새롭게 나타난 품종들이 얼마 후에는 없어지는 현상을 보인다.

한국에는 신라시대부터 재배한 기록이 있으며 여름철이 가지가 생산되는 계절이기 때문에 계절에 적합한 음식들을 개발하여 먹을 뿐 아니라 건조시켜 보관한 후에 계절에 상관없이 식용으로 하기도 한다.

가지의 색깔은 보라색을 띠면서도 검은색처럼 보이기도 하는데, 검은색 계통은 피토케미럴 클로로겐산이라고 하는 안토시아닌의 활동을 촉진시켜주는 기능을 하고, 보라색은 폴리페놀 플라보노이드의 일종인 안토시아닌 성분이 함유되어 있다. 뿐만 아니라 가지가 지닌 수분(전체의 94%가 수분임)에는 칼륨과 비타민, 미네랄 등이 적당히 들어있어 보양식일 뿐 아니라 암, 동맥경화, 고혈압, 노안, 시력저하, 간기능에 효과가 있는 것으로 알려져 있다.

가지의 활용 방법은 매우 다양한데, 지중해 지역의 고전음식의 식재료, 중국 양귀비의 피부미용을 위한 가지팩으로 사용한 경우들이 역사에 나온다.

사람이 나이가 먹어지면서 각종 질병과 쭈글쭈글한 주름이 생기는 것은 당연한 일이다. 이는 인체에 축적된 활성산소가 혈관을 손상시키기 때문에 만들어지는 동맥경화이고, 피부를 손상시킴으로써 만들어지는 주름이다. 활성화 산소를 제거 함으로써 그 근본 원인을 해결해 주는 것이 중요한데, 바로 그러한 역할을 하는 것이 가지가 지닌 안토시안이라는 색소이다.

따라서 여름철에 많이 생산되는 가지를 많이 먹으면 동맥경화와 주름 예방은 물론 각종 성인병과 암 예방에도 효과적이고, 장기능 강화, 해열, 고혈압, 각종 염증치료와 피로회복의 효과가 있는 것으로 알려져있다.

그러나 가지는 찬 성분이 있어 임산부나 몸이 찬 사람이 많이 먹는 것은 좋지 않고, 기름을 많이 흡수하기 때문에 가지 요리를 할 때 기름을 넣으면 칼로리가 높아지므로 주의해야 한다.

가지를 조리할 때 안토시안이 포함된 가지색이 변하는 것을 방지해야 하는데 이를 위하여 가지를 썰어서 물에 담가두는 것이 좋으며, 삶거나 볶아도 안토시안이 파괴되지는 않는다.

♣ 암 발병률을 3분의 1로 낮춰주는-당근

당근은 비타민과 카로틴, 칼슘 등이 풍부해서 빈혈, 심장 궤양, 암, 신장질환 등의 예방에 도움을 주는 인체에 유익한 채소이다.

특히 당근에는 베타카로틴이 다른 어떤 야채보다도 많이 들어있는데, 당근의 색깔 성분으로 색이 짙을수록 카로틴이 많이 함유되어 있음을 의미하며, 이는 체내에 들어와 비타민 A로 바뀌게 된다. 비타민 A를 충분히 섭취하면 피부가 부드럽고 시력보호, 피로회복과 혈당, 혈중 콜레스테롤 수치를 낮추는 데 영향을 끼친다.

베타카로틴은 항산화 성분으로 발암물질과 독성물질을 억제해 폐암, 후두암, 전립선암, 자궁암 등을 예방하는 효능이 있다.

당근의 효과를 보기위해서는 재배 환경이 중요하다.

특히 당근은 흡수력이 강하여 토양속의 모든 성분들 심지어는 중금속 성분이나 농약 성분, 비독, 가축분뇨의 항생제, 성장촉진제, 호르몬제, 방부제 등까지도 흡수하여 축적하기 때문에 깨끗한 좋은 토양에서 재배하는 일이 중요하다. 당근에게 좋은 토양이란 오염이 덜 되고, 산성토양이 아닌 비옥하고 보습성이 좋으며 물빠짐이 좋은 토질을 말한다.

그리고 좋은 품종을 선택하는 일도 중요하고, 씨앗은 채종 후 12개월 이내의 것이 발아율이 높다.

당근은 파종 후 100일을 전후해서 수확하는데, 얼음이 얼기 바로 직전에 수확하되 밤낮의 일교차가 크고 기온이 내려갈수록 당도가 높아진다.

당근은 생으로 먹거나 효소를 만들어 이용한다.

효소는 잎, 줄기, 뿌리 전체를 잘 씻어 칼로 자른 다음 당근과 원당을 1:1 비율로 혼합하여 옹기에서 효소를 만들어 땅에 묻어 숙성 시킨다. 당근은 사과 등과 함께 주스를 만들어 공복에 혹은 식사와 함께 마시면 호중구와 대식세포(매크로파지) 같은 백혈구의 탐식능력(세균을 잡아먹는 능력)을 50% 향상시켜 면역력을 높인다는 연구 결과도 있다.

당근은 신장 등 비뇨기의 기능을 향상시키는 효과가 있으며 강력한 정화작용을 가진 유황, 인, 칼슘 등의 미네랄을 다량 함유하고 있으며, 위장과 간장의 해독은 물론 뼈와 치아를 튼튼하게 해줄 뿐 아니라, 당근 속의 천연 살충성분 팔카리놀은 암 발병률을 3분의 1 낮춘다고 보고되고 있다.

♣ 신령스러운 먹을거리-마늘

곰과 호랑이에게 쑥과 마늘을 먹고 백 일을 견디도록 했다.

곰과 호랑이는 삼칠일(三七日) 동안 햇빛을 보지 않고 살았으나 성질이 급한 호랑이는 도중에 뛰쳐나왔고, 곰은 끈기 있게 삼칠일을 지켜, 여자가 되었다. 그렇게 사람이 된 웅녀는 환웅과의 사이에서 단군을 낳았다는 단군 신화이다.

마늘의 강한 냄새는 신령스러운 약, 즉 영약을 상징하며, 나쁜 것을 물리치는 신비스러운 것으로 믿어 왔으며, 고대 이집트 쿠프왕의 피라미드 벽면에는 노동자들에게 더 많은 노동을 하도록 마늘을 먹였다고 기록되어있다.

물론 마늘의 강한 냄새란 마늘에 들어 있는 알리인(Alliin) 때문인데, 그 자체로는 냄새가 나지 않지만 세포가 죽거나 파괴되면 공존하는 효소 알리나아제에 의해 분해되어 항균성 물질인 알리신(Allicin)과 다이알릴 다이설파이드(Diallyl disulfide)가 생겨 나는 냄새이다. 마늘은 강한 향을 만들어 내고 항균물질인 페니실린보다 그 효과가 강하기 때문에 다방면으로 활용되고 있다.

우선 마늘에 있는 베타카로틴 성분과 알리신 성분이 결합하여 체내에 흡수되면 발암물질을 막아주고, 증식을 억제시켜 주며, 위를 편안하게 하며, 장의 연동운동을 적절히 조절하여 변비나 설사를 예방하는 데 도움을 줄 수 있고, 심혈관질환에 효과가 높은 것으로 알려져 있다.

마늘의 학명은 *Allium scorodorpasum*이고, 중앙아시아와 유럽이 원산지이다. 마늘은 고대 이집트 · 그리스 시대부터 재배되어 왔는데, 주로 인도 · 중국 · 한국에서 많이 재배하며, 우리나라에 들어온 것은 명확하지 않으나 고려시대 이전으로 추정된다.

마늘은 생태적으로 온난한 지대에 적응된 난지형과 한랭지에 적응된 한지형으로 구별되는데, 난지형은 남해 연안과 그 부근의 도서지방, 제주도에서 재배하는 마늘이고, 한지형은 육쪽마늘이 이에 속하고 내륙 및 고위도 지방에서 재배된다.

육쪽마늘은 한국에서 가장 널리 재배되는 마늘로서 4개의 큰 쪽이 돌려나듯이 붙고 그 중심부에 있는 짧은 줄기에 2~3개의 작은 쪽이 붙는다.

마늘의 성분은 수분 70%, 탄수화물 20%, 단백질 1.3%이며, 무기물로는 회분, 칼륨, 칼슘, 마그네슘, 인산 등이 들어 있고, 비타민 B1, B2, C를 소량 함유한다.

비늘줄기는 양념으로 널리 애용되며, 구워 먹기도 하고 생으로 이용하기도 한다. 또 마늘종(꽃줄기)의 연한 것은 고추장 속에 넣었다가 반찬으로 이용하고, 아직 여물지 않은 마늘은 설탕 · 초 · 간장에 절여 마늘장아찌를 만든다. 약용주로 마늘주를 담그기도 하며, 분말로 가공된 마늘이 시판되고 있다. 생약의 호산은 비늘줄기를 말하며, 한방에서는 비늘줄기를 이뇨 · 거담, 살충 · 구충 · 건위 및 발한약으로 사용한다. 구미 각국에서도 소스 · 육가공 및 향신료로 널리 쓰이며, 세계에서 마늘 소비가 가장 많은 나라는 중국과 남아메리카 북부의 여러 나라이고 한국도 많은 편이다.

♣ 병원을 멀리하게 하는 식물-토마토

가지과의 한해살이 식물로 남아메리카 원산으로 키는 1~3m에 노란색 꽃이 피고 열매는 리코펜에 의해 붉은색을 띤다.

학명은 *Solanum lycopersicum*이고, 어원은 이탈리아어 포모도로(pomodoro), 즉 '황금 사과'라는 뜻으로 그리스 신화 중 헤스페리데스 동산에서 자란다는 그 황금 사과가 바로 토마토로 추정된다.

세계적으로 이름난 이탈리아의 토마토를 넣어 만든 퓌레 요리가 있다. 스페인의 토마토 축제처럼 많은 사람들이 선호하는 축제도 있다.

물론 식물학적으로 토마토의 열매는 개화식물의 씨방이 발달한 것이기 때문에 토마토의 열매를 과일로 볼 수 있다. 하지만 서양에서는 식사의 주 요리에 쓰이기 때문에 채소로 취급하기도 한다.

1887년 미국에서 과일을 제외한 채소에만 세금을 붙이는 관세법이 통과됨에 따라 이 문제가 중요한 법적 문제가 되었는데, 1893년 미국 연방 대법원은 토마토가 저녁 식사에는 나오지만 후식으로는 나오지 않는다 하여 토마토를 채소로 판결했다. 그러나 우리나라에서는 목본성 식물의 씨방이 발달한 식용열매를 과일로 취급하기 때문에 채소보다는 과일로 인식한다.

토마토에는 과당과 포도당, 비타민 C와 B1, B2가 다량 함유되어있다. 토마토 열매의 성분은 95%가 수분이며, 단백질 0.7%, 지방 0.1%, 탄수화물 3.3%, 셀룰로오스 0.4%, 회분 0.5%를 함유한다. 토마토에 있는 단맛의 성분은 과당과 포도당 등이며, 약간 신맛의 주성분은 시트르산과 말산이다.

"토마토가 빨갛게 익으면 의사 얼굴이 파랗게 된다"라는 유럽 속담이 있다. 토마토는 건강식품이기 때문에 익은 토마토를 많이 먹게 되면 병원에 올 필요가 없어진다는 뜻에서 나온 속담이다.

토마토에 함유된 리코펜이라는 성분은 아주 강력한 항산화 물질로 우리 몸이 산성화되는 것을 방지하여 이로 인해 발생하는 노화나 질병을 예방할 수 있다고 알려져 있다.

토마토의 황적색은 카로틴, 적색은 리코펜에 의한 것으로, 리코펜은 20~30℃의 맑은 날씨가 계속될 때 색이 짙어지고, 카로틴은 저온 다습한 곳에서 색이 짙어지는 특성을 가지고 있고, 황색토마토는 비타민 A 효과가 훨씬 크게 나타난다. 토마토는 날것은 물론 토마토 주스, 케첩, 퓌레, 토마토 소스로 식용하거나 피클, 육류나 생선에 곁들여 소화 촉진으로도 활용된다.

미국 하버드 대학 의과 대학의 에드워드 죠바누치 박사는 미국 국립 암 연구소(NCI) 학술지에 발표한 연구 보고서에서 "토마토의 항암 효과를 다룬 총 72건의 연구 보고서를 종합 분석한 결과, 토마토가 전립선암, 폐암, 위암을 예방하는 효과가 있는 것이 분명하며 췌장암, 결장암, 식도암, 구강암, 유방암, 자궁경부암의 위험을 감소시키는 효과가 있는 것으로 나타났다."라고 밝혔다.

♣ 하늘이 내려준 선물-신선초

신선초(神仙草: Angelica keiskei)는 미나리과 미나리속으로 분류하며 원산지는 일본의 관동동부에서 기이반도에 걸친 태평양 연안이다.

오랜 옛날부터 일본에서는 신선초를 식용으로 사용해 왔다고 전해지고, 우리나라에서는 이 식물을 '하늘이 준 유용한 식물'이라는 의미에서 '신선초(神仙草)'라고 부르고, 명일엽, 신립초(伸立草), 팔장채, 도관초, 함초 등으로도 부른다.

여러해살이풀로 높이가 약 1미터이며, 줄기는 곧게 자라서 가지가 갈라진다. 잎은 짙은 초록색으로 윤기가 있고 생육이 왕성해서 잘라낸 줄기에서 다음 날 들여다보면 새로운 잎이 나온다고 해서 '명일엽(明日葉)'이라는 이름으로 부르게 되었다.

가을에는 독특한 냄새를 가진 연노랑의 작은 꽃이 8~10월에 피며, 약간 편평하고 긴 타원형의 열매가 달린다.

신선초의 성분을 보면 먹을 수 있는 신선초 100그램당 열량은 33kcal이고, 수분이 88.6g으로 대부분이며, 나머지 단백질, 지질, 탄수화물과 당질, 섬유질, 회분, 무기질과 칼슘, 철, 나트륨, 칼륨, 비타민과 레티놀, 카로틴, 나이아신 등이 포함되어 있다.

신선초의 사용 용도는 성분이 다양한 만큼 나물이나 샐러드, 국, 즙, 버터볶음, 소금 절임 등은 물론 효소와 식초로 활용하기도 한다. 신선초는 보혈, 당뇨, 고혈압, 간염에 효능이 있어 조혈기능을 왕성하게 하고 말초 혈관을 확장시켜 혈액 순환 개선 작용이 있으며, 혈압과 고지혈증을 내리고, 간 기능을 활성화시킨다.

일본에서는 일본군의 유배지였던 '치조지'에서 유배된 죄수들이 해안에 야생한 신선초를 먹기 시작했고, 이것을 나물로 항상 먹는 그 섬사람들은 건강하게 장수하며 고혈압을 전혀 모르고 산다는 것이 세상에 알려져 건강채소로 인식되면서 붐이 일기 시작했다. 신선초를 사료로 먹는 젖소는 우유가 30퍼센트나 더 생산된다는 보고도 있다.

특히 신선초에는 비타민 B1, B2, B12, C, 철분, 인, 칼슘 등이 많이 함유되어 있어서 빈혈, 고혈압, 당뇨병, 신경통에 탁월한 효능이 있을 뿐 아니라 이뇨완하, 강심작용, 식욕증진, 피로회복, 건위정장 및 신진대사를 도와서 병후, 산후, 냉증 등에 자양 강장 효과도 뛰어나며 탈모도 방지해 주는 기적의 약초이기도 하다.

열매는 약술을 담가 피로회복, 자양강장제로 이용한다. 또 드레싱, 쿠키에도 쓴다. 잎은 녹즙을 만들어서 마시면 병의 예방 및 치료도 될 뿐 아니라 노화방지에도 한몫하므로 현대인의 성인병 노이로제를 해결할 수 있는 좋은 건강자양식품이다.

신선초 잎을 자르면 누런 즙이 나오는데 플라보노이드 배당체인 루테올린 7 글루코시드와 이소쿠에르시트린 등을 함유하고 있어, 모세혈관을 튼튼하게 하고 변통을 좋게 하는 작용을 하기 때문에 신진대사가 좋아지고, 산모의 젖이 잘 나오게 된다. 어린잎을 살짝 데쳐서 무쳐 먹거나 나물 등으로 만들어 먹으면 모유의 분비를 촉진하고, 자양강장 등에 좋다.

♣ 인삼을 닮고 세 가지 맛을 내는 채소-삼채

삼채(Allium hookeri)는 인도, 미얀마, 부탄, 네팔 등 히말라야산맥 언저리인 해발 1400~4200m 초고랭지에서 자라는 식물로 미얀마나 부탄에서는 쥬밋(juumyit, 뿌리 부추)이라 부른다.

영문명은 알리움 후커리(Allium hookeri)로 식용(뿌리, 잎, 꽃)과 약용으로 쓰이는 것으로 알려져 있다. 이들 나라에서는 생잎과 뿌리는 야채로, 꽃은 샐러드로, 분말이나 생즙으로 만들어 쓰는 조미료나 건강 약재로 사용한다. 삼채라는 이름은 뿌리와 맛이 인삼을 닮아 삼채(蔘菜), 또는 쓰고 맵고 단맛 때문에 삼채(三菜)라고 부르기 시작했다.

삼채는 유황성분이 많이 들어 있고 인체의 필수 8대 미네랄이 골고루 포함되어 있다. 삼채에 들어 있는 유황은 항산화, 항노화, 면역강화, 보양, 항우울, 지방분해, 혈관노폐물 해독기능을 하고 질소와 인산, 철 등이 많아 협심증, 고혈압, 동맥경화, 변비는 물론 갑상선호르몬 조절, 뇌기능 항진 등에 효과적이다.

삼채는 일상생활에서 된장찌개, 삼채나물 무침, 삼채전, 삼채튀김, 삼채탕, 삼채삼계탕, 삼채감자탕, 삼채밥, 삼채피클, 꽃 샐러드, 삼채김치, 삼채주, 삼채즙, 삼채떡, 삼채빵 삼채피자, 삼채꽃차 등 많은 것에 활용할 수 있다.

삼채의 뿌리는 잎과 함께 식용으로 활용하는데, 1년에 뿌리는 2~3번씩 잎은 3~4개월에 한 번씩 잘라 먹을 수 있고, 뿌리의 촉을 하나씩 분리해서 심으면 이것이 자라서 한 뿌리, 종근이 된다.

삼채는 햇볕이 많이 안 드는 서늘한 곳에 물만 충분히 주면 잘 자란다.

♣ 월담초라 부르는 채소-부추

부추(Allium tuberosum)는 수선화과의 부추아과에 속하는 여러해살이 식물로 정구지, 졸, 솔 혹은 월담초 등으로 불리는데, 잎은 길고, 꽃은 흰색으로 피며 김치 혹은 부침개, 각종 양념에 첨가해서 먹는 식품으로 이용되어 왔다.

시골에서는 포기나누기 혹은 종자로 번식하여 재배하기 때문에 봄철이 되면 겨울을 이겨내지 못하고 죽은 부추밭의 부추를 보식하기 위하여 이 집 저 집에서 뿌리를 서로 나누어 옮겨심기도 한다.

부추는 불교에서 금기시하는 달래, 파, 마늘, 생강과 함께 오신채중의 하나인데, 수양에 방해가 될 만큼 강장 효과가 뛰어난 것으로 알려져 있다. 부추의 씨앗은 한방에서 구자(구채자)라 하여 비뇨기계통의 질환에 이용된다.

부추 잎에는 단백질, 당류, 칼슘, 칼륨은 물론 비타민의 보고라고 할 만큼 비타민 A, C, B1, B2 등이 많이 들어 있고 베타카로틴, 클로로필, 플라보노이드류 등이 함유되어 있어 항산화효과와 유해산소제거, 간기능 개선에 활용한다.

♣ 밭에서 나는 소고기-콩

콩은 콩과의 한해살이 식물로 전통 곡식 식물 중의 하나이며 식물성 단백질이 풍부해 밭에서 나는 소고기라고 말한다.

콩줄기의 높이는 60~90cm 정도이고, 꽃은 백색 또는 자색의 나비 모양으로 피며, 누른빛 · 푸른빛 · 검은빛의 콩 등 다양하며, 학명은 Fabaceae이지만 주로 재배되는 콩은 다른 변종끼리 교배시켜 개량한 종류들이 주종을 이루고 있다.

우리나라에서는 약 5000년 전부터 재배되었다고 알려져 있으며, 밥에 두어 먹는 외에 된장 · 간장 · 두부 · 콩나물 등의 원료로도 이용되고, 콩에서 짠 콩기름은 식용으로도 쓰지만, 공업용으로도 쓰인다. 기름을 짜고 난 콩깻묵은 가축의 사료로 쓰이기도 하면서, 농작물의 거름으로도 사용한다.

콩은 뿌리혹박테리아가 있어서 공중 질소를 고정하는 작용을 하므로 메마른 땅에도 잘 적응하며, 땅의 힘을 유지하는 데 적합하다.

콩에는 30~50%의 단백질과 13~25%의 지방이 들어 있다. 그러나 콩에는 트립신의 활동을 방해하는 특정한 단백질이 들어있어 콩을 날로 먹으면 소화가 잘 되지 않지만 가열할 경우 이 단백질 성분이 변성되기 때문에 소화효소의 침입이 용이해진다.

허브뜨락의 채리나무 주변은 콩밭을 만들어 주변의 토양을 보호하고 있다. 콩류를 심는 이유의 하나는 빗물에 겉흙이 유실되지 않도록 하기 위함이며, 뿌리혹 박테리아를 이용하여 질소 고정작용으로 다른 식물들에게 도움을 주자는 것인데, 봄철 콩 씨앗을 직접 밭에 뿌려 놓으면 꿩, 비둘기 등의 새들이 내려와 쪼아 먹어버려 매번 실망하기도 한다.

♣ 기를 소통시키고 마음을 안정시키는 식물-달래

백합과의 여러해살이풀로 향긋한 봄나물로 선호되고 있지만 불교에서 금기시하는 오신채 중의 하나이다.

달래의 키는 20-50cm 정도까지 자라는데, 허브뜨락의 산책길에 많이 나기 때문에 종종 발에 밟혀 안타까움을 느끼게 한다.

땅속에 둥근 모양의 흰 비늘줄기는 매우 작지만 너무나 향이 강해 주변에 있는 달래의 위치를 알아내는 데 편리하기도 하다.

잎은 가늘고 긴 대롱 모양인데 나물로 무쳐 먹기도 하지만 달래 간장 혹은 된장찌개에 맨 마지막에 넣어서 먹으면 향긋한 봄의 맛을 즐길 수 있다.

달래의 뿌리줄기를 한방에서는 소산(小蒜)이라 하여 약으로 사용하는데, 가슴을 편안하게 하고, 양기를 잘 흐르게 하여 뭉쳐있는 것을 흩어주며 기(氣)를 소통시켜 체한 것을 통하게 하는 효능이 있다고 알려져 있다.

♣ 양념의 명수-파

백합과의 여러해살이 식물로 원산지가 중국 서부로 추정되며, 동양에서는 옛날부터 중요한 채소로 재배하고 있으나 서양에서는 거의 재배하지 않는다. 초여름에 높이 70cm 정도의 꽃줄기 끝에 백색 꽃이 많이 달린다.

추위와 더위에 잘 견디는 특성이 있어 한국 전역에서 재배되는데, 칼슘 · 염분 · 비타민 등이 많고 특이한 향취가 있어서 생식 · 약용 및 요리에 널리 쓰인다. 음식으로는 끓는 물에 데친 실파를 여러 재료에 감아서 만든 파강회, 파와 해물을 묽은 밀가루나 쌀가루 반죽을 부어 노릇하게 지진 파전, 쇠고기 육수에 실파를 썰어 넣고 달걀을 푼 맑은 실파장국, 연한 실파나 움파를 데쳐서 볶은 쇠고기와 함께 무친 파나물 외에도 파장아찌, 파김치 등이 있다.

♣ 기타 원예식물 식구들

허브뜨락의 남새밭에는 수많은 유익한 원예식물 식구들이 있다. 가을에 잎을 따 먹는 재미가 쏠쏠한 호박, 콜레스테롤 수치를 낮춰주는 오크라, 피부미용에 좋다는 콜라비가 있다.

한여름 너무 잘 익어 붉게 터져버린 천연 인슐린으로 불리는 여주며, 겨울 추운 눈 속에서 푸르름을 잃지 않는 시금치, 베타카로틴이 듬뿍 들어있는 쑥갓이 자란다.

언제라도 몇 잎 뚝 따다가 먹을 수 있는 들깻잎, 잎이 커 우산으로 쓰고 다니는 토란, 식용색소로 사용하는 붉은 비트 등 수많은 채소 식구들이 함께 어우러져 살고 있다.

내가 흘린 굵은 땀방울을 그들은 영락없이 풍성한 식탁에서 보상해 준다. 그래서 행복하다.

허브뜨락의 사계절은 식물 식구들의 대화방이다. 그리고 우리들은 그들의 대화를 엿듣거나 함께하면서 모두가 행복하고 평화롭게 살아가도록 노력하고 있다. 왜냐하면 그들은 우리들의 식구이고 영원한 동반자들이기 때문이다.

에필로그

I

산에 오르니 비로소 산이 보인다.

나무도 보이고, 골짜기도 보인다.

앞길 가로막던 큰 바위도 보이고 갈증 풀어주던 맑은 샘이 있던 곳도 보인다.

오르던 길을 잃어 헤매던 곳,

벗들을 만나 이야기하며 걷던 길,

혼자 외롭게 걷던 길도 보인다.

숨이 목까지 차올라 사경을 헤 메듯 가파른 길도,

미끄러지듯 신나게 뛰어 오르던 수많은 길들이,

지나간 옛 추억처럼 모두가 한눈에 들어오는 것 같다.

정상에 오른 것일까?

이제는 내리막길이란 말인가?

아무래도 믿기지는 않지만 그래도 오르던 길이 보이고 내리막길이 보이는 것이 아마도 그런가 보다.

아래에서 올려다 보이던 이곳은 막연히 높은 곳이었었다.

정신없이 올라온 길이었기에

그저 올라가야 한다는 생각으로 올라온 길이기에 섬광처럼 지나간 듯하다.

앞을 보니 내려가야 할 길은 지척에 있는 듯하다.

천천히 내려가야겠다고 다짐을 해 본다.

험난한 길일랑 아예 쳐다 보지도 않아야겠다.

그래서 가야 할 길을 잃어 방황하는 일도

"내가 왔노라"라고 소리칠 일도 없도록 해야겠다고 다짐해 본다.

서둘러 정상만을 바라보면서 달려온 걸음이 아니라

오름길에 만났던 나무친구들과 다정한 이야기도 해보고,

흘러 내려가는 작은 실개울의 졸졸 흘러가는 물줄기도 만나보고, 맑고 향기 나는 공기에 감사도 표하면서 걸어 내려가야겠다.

풀벌레 밟아 아까운 생명 해치는 일 없게 조심해서 걸어가야겠다.

때로는 별도 보고, 달도 보면서 걸어가야겠다.

한 걸음 한 걸음 버텨내는 마음으로...

새삼스럽게 뒤를 돌아다보는 심정으로 많은 내용들을 정리해 보았다.

모두가 나의 일상생활에서 나오는 생각들이었다.

허브뜨락에서 생긴 일들이고, 허브뜨락에 있는 나의 식물 친구들과의 이야기이다.

그동안 얻은 지혜는 "세상에 존재하는 모든 것들에게는 소중한 가치가 있다"는 것이었다.

각각의 존재가치를 찾아내고 정성들여 소통하면서 새로운 가치를 함께 만들어 가는 것이 "삶"인 것도 새삼 알아차렸다.

오늘 만들어진 나의 지혜는 내일을 더욱 아름답고 향기롭게 만들어 낼 때, 비로소 값진 지혜인 것도 알아차렸다.

행복함은 그렇게 새로운 가치를 찾아내고, 지혜를 통해서 만들어지는 것이다.

Ⅱ

막상 펜을 놓아야 할 시간이 되니 많은 부족함을 느낀다.

욕심 같으면 허브뜨락의 모든 식물 식구들을 다 소개하고 싶기도 하고, 더 많은 사연들을 적었더라면 하는 아쉬움들이 남는다.

그러나 내일을 위한 여백이 남겨져 있을 때 더 가슴 설레는 내일을 맞이할 수 있을 것이라고 스스로 자위 해본다.

허브뜨락의 식물 식구들을 통해 세상을 새로운 시각으로 바라볼 수있음에 진정 감사하는 마음이다.

힐링원예의 내용에 등장하는 식물 식구들을 선정하고 내용을 소개함에 혼자가 아닌 아내의 협력이었기에 가능했음을 가장 먼저 감사 한다.

식물에 대해서라면 지극한 정성을 다해 섬기는 자세는 실로 아름다운 모습이었다. 언제나 함께 하면서 허브뜨락의 주 조종사역할을 해온 사랑하는 아내에게 감사하고, 늘 함께 건강하게 살아가길 부탁한다.

처음 시작부터 줄기차게 도와준 아들과 딸, 정래와 정연이 그리고 새로운 우리 식구들 귀엽고 지혜로운 며느리 김가연과 묵직한 사위 이종철 모두 귀하고 사랑스런 식구들이다. 함께 건강하고 사랑하며 행복하게 살아가자.

그리고 언제나 변함없이 특수교육의 발전을 위해 노력 해 온 이선재, 박상희, 김경신, 강경희, 김윤실, 김양화, 황정보, 안병주, 김서안 박사와 지아영, 양애숙, 박윤 원장, 손현주 교감 모두 귀한 나의 동반자들이며, 앞으로 변함없이 더 많은 우정과 지혜를 모아 가파른 세상 함께 헤쳐 나가기를 당부하고 싶다.

앞으로 허브뜨락에서 힐링원예, 발효와 식초연구 그리고 스마트 협동조합과 정원학교프로그램 등으로 지역사회에 헌신할 수 있기를 또한 기원한다.

참고문헌

강성훈 외(2013). **서양고대철학 1: 철학의 탄생으로부터 플라톤까지**. 길.

고틀립, A. 이정우 역(2007). **이성의 꿈: 서양철학의 역사: 그리스에서 르네상스까지**. 산해.

교육인적자원부(2004). **조경 기술 Ⅰ.Ⅱ.** 교학사.

국어국문학자료사전(1998). 이응백, 김원경, 김선풍, **石竹花**(동문선.권9).

김남순(2017). **행복한 삶을 위한 생애설계**. 교육과학사.

김명오 · 이승우 · 원세호 · 윤용건(1979), **과수대백과사전**. 오성출판사.

김요한(2013). **서양 고대 그리스와 철학: 상대주의와 자연과학적 세계관과의 투쟁**. 서사.

김준석 · 김경제(1975). **화훼조원대사전**. 오성출판사.

남경희(2013). **플라톤: 서양철학의 기원과 토대**. 아카넷.

네이버 지식백과(2001). **수메르문명**. 국립문화재연구소.

네이버 지식백과(2006). **메소포타미아 의학**. 서울대학교출판부.

네이버 지식백과(2006). **중세의학**. 서울대학교출판부.

네이버 지식백과(2006). **자연철학자들과 경험철학적 의학**. 서울대학교출판부.

네이버 지식백과(2006). **히포크라테스 이후**. 서울대학교출판부.

네이버 지식백과(2007). 허브. **조리용어사전**, 광문각.

문희석(1991). **구약성서**. 배경사.

서정근, 이종석, 곽병화, 곽혜란, 이애경(2000). **원예치료학**. 단국대학교 출판부.

오병훈(2005). **사람보다 아름다운 꽃 이야기**. 도솔.

원예학범론(1983). 건국대학교 출판부.

이상석(2007). **아름다운 정원**. 일조각.

이상석(2006). **정원 만들기**. 일조각.

이윤옥(2015). **창씨 개명된 우리 풀꽃**. 인물과 사상사.

이재능(2014). **꽃들이 나에게 들려 준 이야기**. 신구 문화사.

이정아 역(2015). **서양 철학 산책: 고대 그리스부터 현재 그리고 미래까지, 이야기로 읽는 서양 철학의 역사**. 서울: 시그마북스.

자크 브로스 저 · 양영란 옮김(2006). **식물의 역사와 신화**. 갈라파고스.

전문희(2003). **지리산에서 보낸 산야초 이야기**. 화남.

정병석(2016). **천년의 신비 황칠나무**. 아카데미북스.

정연권(2916). **색향미**. 도서출판 행복에너지.

제주 농업기술원(2013). **백년초 이야기 Ⅱ**. 제주 농업기술원 서부농업기술센터.

조도행(2008). **양봉 사계절 관리법**. 오성출판사.

조태동(2006). **한국의 허브**. 대원사.

차윤정(2000). **식물은 왜 바흐를 좋아 할까**. 중앙 M&B.

최영전(2000). **허브라이프**. 도서출판 예가.

최진규(2009). **약이되는 우리 풀 · 꽃 · 나무 Ⅰ**. 한문화.

한국농업기술사(1983). 한국농업기술사발간위원회.

한국성인병 예방연구회(2012). **약초한방 대백과**. 아이템북스.

한국생약연구소(2007). **약초백과사전**. 포스트북스.

한국원예발달사 편집위원회(1980). **한국원예발달사**. 서울대학교 출판부,

홍문화(2013). **내 몸을 치유하는 식생활 건강법**. 글로북스.

황대권(2003). **야생초 편지**. 도솔.

해동약초 연구회(2013). **한국의 산나물**. 아이템북스.

해동약초 연구회(2013). **한국의 산야초**. 아이템북스.

해동약초 연구회(2013). **한국의 약초**. 아이템북스.

| 지은이 소개 |

김남순

전북 익산 출생

교육학박사. 문학박사.

미국 미시간대학교, 조지아대학교 연구교수 및 한국교육개발원 파견교수

조선대학교 사범대학 학장 및 사립사범대학장협의회 회장 등 역임

현재: 스마트 협동조합 이사장 및 조선대학교 명예교수

양영자

대전 유성 출생

춘천교육대학 졸업

한국벤처농업대학 졸업

강원도 지방공무원 역임

경기도, 충남, 전남, 광주광역시 등에서 초등교사 역임

국가공인 식품가공기능사, 발효관리사 등 다수의 공인자격 보유

허브뜨락에서의 힐링 원예 I

2017년 10월 15일 1판 1쇄 인쇄
2017년 10월 20일 1판 1쇄 발행

지은이 : 김남순 · 양영자
펴낸이 : 한정주
펴낸곳 : **교육과학사**

경기도 파주시 광인사길 71
전화:(031) 955-6956~8 팩스:(031) 955-6037
Home-page: www.kyoyookbook.co.kr / E-mail: kyoyook@chol.com
등록: 1970년 5월 18일 제2-73호

정가 17,000원

ISBN 978-89-254-1219-1

Printed in Korea.

저자와의 협의하에 인지를 생략합니다.